黑体辐射

一只会下物理金蛋的鹅

曹则贤 ▪ 著

世界图书出版公司

北京·广州·上海·西安

图书在版编目（CIP）数据

黑体辐射 : 一只会下物理金蛋的鹅 / 曹则贤著 . — 北京 : 世界图书出版有限公司北京分公司 , 2024.1
ISBN 978-7-5232-1002-4

Ⅰ . ①黑… Ⅱ . ①曹… Ⅲ . ①黑体辐射 Ⅳ .P162.5

中国国家版本馆 CIP 数据核字（2023）第 240820 号

书　　名	黑体辐射：一只会下物理金蛋的鹅
	Black-body Radiation: A Goose that Lays Golden Eggs of Physics
著　　者	曹则贤
责任编辑	陈　亮
装帧设计	彭雅静
出版发行	世界图书出版有限公司北京分公司
地　　址	北京市东城区朝内大街 137 号
邮　　编	100010
电　　话	010-64038355（发行）　64033507（总编室）
网　　址	http://www.wpcbj.com.cn
邮　　箱	wpcbjst@vip.163.com
销　　售	新华书店
印　　刷	北京中科印刷有限公司
开　　本	710 mm × 1000 mm　1/16
印　　张	23
字　　数	355 千字
版　　次	2024 年 1 月第 1 版
印　　次	2024 年 1 月第 1 次印刷
国际书号	ISBN 978-7-5232-1002-4
定　　价	109.00 元

To a budding physicist

Se vuoi sapere quanto buio hai intórno,
devi aguzzare lo sguardo sulle fioche luci lontane.

—— Italo Calvino, *Le città invisibili*

如果你想知道周围多么黑暗，你就得留意远方的微弱亮光。

—— 卡尔维诺，《看不见的城市》

The secrets of this earth are not for all men to see,
but only for those who will seek them.

—— Ayn Rand, *Anthem*

这个地球上的秘密并不是要让所有人都看透的，它们只呈现给那些追寻者。

—— 安·兰德，《一个人》

Wenn Sie die Art und Weise ändern, wie Sie die Dinge betrachten,
ändern sich die Dinge, die Sie betrachten.

—— Max Planck

若你改变关注事物的方式，你所关注的事物也就改变了。

—— 普朗克

物理学是一种什么都想理解的渴望，或曰野心。在理解的基础上我们创造。

我们不仅要学会物理，

我们还要学会做物理。

太阳，一切故事的开始。

小时不识月，呼作白玉盘。

——［唐］李白，《古朗月行》

月亮是一个球，但看似一个圆盘。一个球体视觉上表现为圆盘是因为它是朗博发射体

目　录

作者序

物理学是思考的产物，物理学家也是。

　　黑体辐射是每一个学物理的人很早就会接触到的概念，它出现在热力学、统计力学、原子物理、光学和量子力学等诸多领域的书籍中。对黑体辐射的描述，在我读过的书本中少则不足半页，多的不过两页，大致说来是这样子的："实验得到了黑体辐射谱，很多人努力想给出辐射谱分布函数而未得，1900 年普朗克大胆提出光能量量子假设，$E = h\nu$，得到了完美的黑体辐射谱分布公式，从此开启了量子力学时代。"尤有甚者，后来还有将某个射电望远镜的测量结果认定为黑体辐射谱从而确定了宇宙背景温度为 2.7 K 的说法。学生时代的我当年对此描述未作他想，等到后来获得博士学位荣幸地加入物理研究者队伍多年稍微学会了点儿思考以后，回头再看关于黑体辐射的描述便觉得有点儿不对劲儿了。一个研究者大概能体会到，一方面实践上黑体辐射谱可不好测，其对测量设备和学术能力的要求之高超出想象，再者黑体辐射牵扯到的内容博大精深，参与其中研究的物理名家众多，由其引出的概念、模型、物理分支以及应用技术也是千头万绪，这些可不是草草两页纸能说清楚的。所谓某个测量验证了某个分布函数，纯属美好愿望或者叫虚幻。

　　于是，我决定抽时间认真研究一下黑体辐射，试图了解它的来龙去脉，它对物理学发展的影响。在此过程中获得的信息让我大为震惊，我发现黑体辐射研究内容之多之深、牵扯到的物理名家之众、产出之丰硕影响之深远，都远超我的想象。读者只消看看本书所收录黑体辐射研究文献之钜，就能感受到"兹事体大，非容轻议"。多亏现在获取文献也算便利，我尽可能多地阅读了黑体辐射研究的关键文献，在这个过程中所获得的心得体会，时常让我有抓耳挠腮的喜悦，也时时有找人分享的冲动。洛伦兹在他的《辐射理论》(理论物理讲义卷一) 的序中也曾表达过这样的心情："我唯一的愿望是，听众能够分享一些我本人在学习基尔霍夫、玻尔兹曼、维恩和普朗克等人的开拓性工作时所体会到的欢乐 (Mein Wunsch war nur, den Zuhören etwas von dem Genuß zu verschaffen, den ich selbst in den Studium der grundlegenden Arbeit von Kirchhoff, Boltzmann, Wien und Planck gefunden hatte)"。本书中我会时不时写下我自己的领悟和感慨。我从前就说过，如果白纸黑字显示此前有过相同的说法，那就算我引用而未注明，属于学术不端。

多年前在教授量子力学时我就发现，一般教科书里关于黑体辐射的描述同历史事实和学问内在逻辑是严重不符的，存在太多的信口开河。量子力学叙事整体上也有这个问题。这个发现让我困惑不已，我不知道为什么光天化日之下有人会对量子力学这样严肃的话题信口开河，直到最近我才感觉有点明白了。近代原子物理、量子力学的书籍编纂者不愿从热力学开始，为了解释量子论从何而来，"编书匠"们为普朗克分布公式发明了一个看似能自圆其说的原子论前史 (pre-history) [Stephen Brush, *ISIS* **62**(4), 555–556 (1971)]。他们把普朗克公式的提出说成动机上是为了避免瑞利-金斯公式的紫外灾难，技术上是拟合 (fitting) 维恩公式和瑞利-金斯公式。然而事实是，瑞利-金斯公式于 1900 年先由瑞利提出后于 1905 年经金斯补充完善，而紫外灾难则是埃伦费斯特 1911 年的文章中同红外灾难一同随口提及的一个无足轻重的概念而已，那时候普朗克的谱分布公式 (1900) 早已经尘埃落定。当然，普朗克公式的得到是此前数位杰出物理学家十几年研究的顺理成章，内容深邃且层次分明，哪里会是个数值计算式的拟合。这套说辞长期影响着世界层面的物理教学，对中国的近代物理教学更是造成了灾难性的后果。此类自造学问 (史) 的"编书匠"之可恶，于此为甚！**学习者阅读近代物理书籍时，应当多长个心眼儿。**

关于黑体辐射这一类与实验有密切关系的学问的表述，一个有趣的现象是，当这些书本谈论实验测量时，所提及的设备是那种神才拥有的设备，满足各种测量要求无往而不利，但显而易见的是作者对实际设备的原理、测量范围、灵敏度与分辨率、会遭遇的干扰因素、测量策略与技巧，以及所感兴趣物理量的可测量性，都一无所知。殊不知实验物理领域努力得来的那些设备与技艺意义上的成就，正是工业革命最扎实的基础，也是物理学研究得以蹒跚前行的现实基础。

我读过太多的干巴巴、没头没脑的所谓数学书、物理书，如今回想起来就莫名恼火。特别想说明的是，我们学到的那点内容连皮毛都算不上，但它却给读者以被完美呈现了的印象。有太多的内容，在我们知道它存在之前完全无法想象也不曾想象过，一旦知道以后会惊讶不已。不尊重历史，不理解学问自身的内在逻辑，是这些书本的另一典型特点。

没有一样学问会是这类书本里所表达的那样是猛然间从天而降的。剥离了历史和内禀逻辑以及创造者和创造过程的所谓关于科学的表述，学习者如何代入呢？一个在学习科学时从来没有代入感的人，他成为科学家的自觉又从哪里来呢？

　　黑体辐射研究是教授如何研究物理的绝佳范本，因为关于它的历史进程的全部纪录都在。黑体辐射研究是量子力学起源之一，因其是量子论的前驱而人尽皆知。但是黑体辐射的重要性不依赖于其曾在量子概念发展过程中的角色，其影响和产物 (implication and outgrowth) 是难以估量的。黑体辐射被誉为 treasure trove of physics, Fundgrube der Physik，是不折不扣的物理学的宝藏。黑体辐射问题自 1859 年被提出以来，至今依然是有价值的研究主题。未来还会给我们带来什么意料之外的进展也未可知。黑体辐射是一本活生生的教科书，对从事实验的、做仪器的、研 究 理 论 的 以 及 从 没 打 算 把 物 理 分 得 那 么 清 的 物 理 学 爱 好 者 来 说
都是。

　　一般物理学习者学习的物理与未来物理学家应该学习的物理该有什么样的不同，这是个宏大的话题，笔者不敢贸然置喙。不过，可以举一个例子。一般教科书中，对界面上光的折射是这样描绘的：一束光从一侧以角度 θ_1 入射，在界面的另一侧以角度 θ_2 出射，满足关系 $n_1 \sin\theta_1 = n_2 \sin\theta_2$，其中 n_1, n_2 是介质相对于真空的折射率。光束就是一条直线。然而，给物理学家的折射图像应是一个光锥 $\theta_1 + d\theta_1$ 同另一个光锥 $\theta_2 + d\theta_2$ 之间的故事 (如图)。这样的 $\theta + d\theta$ 的光锥才是劳厄意义下的单元束 (Elementarbündel)。相应地，折射定律不妨写成 $n_1 \cos\theta_1 d\theta_1 = n_2 \cos\theta_2 d\theta_2$ 的形式。普朗克《热辐射理论教程》1906 年

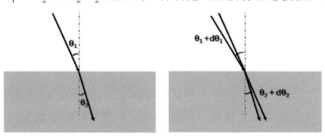

版第 35 页上的插图则表明入射束、反射束和折射束各有空间 (锥) 角 $d\Omega$, $d\Omega$ 和 $d\Omega'$。物理学家从这个图像出发可以进一步探究光在物质界面上以及接下来在某介质中的行为。博特 1927 年的文章对此问题有描述。博特指出，eine streng gerichtete und monochromatische Welle kein physikalisches Gebilde ist, ein Lichtquant einem Strahlenbündel von endlichem Querschnitt, sehr kleinem Frequenzbereich und sehr kleinem Öffnungswinkel zuordnen müssen (严格定向、单色的波没有物理图像，光量子应该被赋予有限界面、非常小的频率范围、非常小的空间角的辐射束形象)。这就是为什么黑体辐射研究中会出现关于 $d\sigma d\nu d\Omega$ 积分的原因。这个问题在光学、统计物理的许多情景中都会遇到。

黑体辐射是"近代物理最美的理论之一 (eine der allschönsten Theorien der modernen Physik)" (洛伦兹语)。有一种说法，黑体辐射在长达 70 年的时段里都是理论物理的前沿问题。黑体辐射问题始于 1859 年，所谓 70 年，那是算到 20 世纪 20 年代，那时量子论刚开始发力而量子力学尚未创立。这个论断有其历史局限，其实，时至今日黑体辐射依然有人在研究，且带来新的成果。关于黑体辐射问题的初步思考，我曾以"黑体辐射公式的多种推导及其在近代物理构建中的意义 (Derivations of Black-body Radiation Formula and Their Implication to the Formulation of Modern Physics)"为题发表在《物理》杂志 50 卷 11 期 (2021) 至 51 卷 8 期 (2022) 上。有趣的是，在 2022 年底有英文网站直接照搬拙文的英文题目发布了相关内容的英文转写。好在《物理》杂志上的文章有英文题目和大段的英文摘要，我倒也不担心有人会怀疑我抄袭。然而，我依然有了紧迫感。趁春节前后清静，遂将前段时间收集之资料再翻开草草浏览一番，略作补充后匆匆付梓。

以当代物理学的视角回顾黑体辐射研究的进程，对这项研究的领域给以粗略描画 (preliminary sketch of the terrain)，提供这项研究的历史动机或曰发展逻辑，提供未来进展同样用得上的发现背景，以及阐述那些做出重大发现的黑体辐射研究者之思维与能力上的准备，这大体算是我写作此书的动机。叙述黑体辐射这样的物理主题，遵循任何一条单一主线都会显得苍白无力。本书以黑体辐射研究随时间的展开为主线，但也会将紧密关联的内容放在一起做比较性诠释。全书共分 12 章：第 0 章引子；第 1 章讲述黑的实质以及黑体问题的提出；第 2 章以较大篇幅讨论黑体辐射的测量——某种程度由于传统的缺失，太多的人不知道这里才是物理尤其是应用物理的宝藏所在；第 3 章至第 10 章围绕一个关键进展展开，尽可能以主要研究者命名其中的章节，涉及的人物包括维恩、普朗克、爱因斯坦、金斯、艾伦菲斯特、庞加莱、劳厄、泡利、爱丁顿、博特、纳坦松、玻色、薛定谔等；第 11 章谈谈普朗克谱分布公式的面面观以及笔者对物理学的一些粗浅认识。本书不是教科书、主题综述或者科学史研究论文，它可以同时是，但笔者希望它首先是一本物理学家培训手册。因为要尽可能忠实于不同研究者的原文，有些地方的表达会稍嫌凌乱。必要时，笔者将添加说明。此书草草收尾，不是因为完成了，或者是我感到满意了，不，是因为我太累了。面对其中的学问，除了敬畏感，我还感到惶恐、无力，还有一丝丝愤怒。当前的这个状态，只能算是阶段性成果了。期许笔者继续面壁 10 年后能更加有所领悟，有机会重新从头来过。

外来文化的传入，同时存在不同的翻译是常见现象。为避免误解，对于重要的人名与概念，本书中都会附上原文。对于一些本书中偶尔出现的人物，由于他们几乎未在中文文献中出现过，故而对他们的姓名不作翻译，而是直接给出姓名原文。关于文献，我会给出最详尽的信息，方便读者查询。重要文献会在正文中被提及时随即给出，愚以为这会增加文献被正视的机会。黑体辐射研究的原始文献主要载体为德语，其次为法语和英语，另有零星的以意大利语和荷兰语发表的。英文以外的各种文献，题目和引文我都会给出汉语翻译。英文文献均不予翻译，由此给有些读者朋友造成的不便，我表示歉意。我这样做是故意的，希望读者朋友自己试着弄懂那些文献的意思——迈出第一步是艰难的，但坚持一下就会有所成就。

本书是一个一直不知如何研究物理的物理研究者为探讨如何培养物理学家而写的，作者试图让其成为一本关于如何研究具体物理问题的案例分析，一本物理学家自我培养的手册。我希望，本书能够让未来的物理学者养成历史-批判地 (histo-critically) 学习的习惯，养成关注物理学背后的历史与哲学的习惯，以及养成在对付未解问题的过程中学习的习惯，在学习中解决问题的习惯。读者可以看到，本书中我努力想给黑体辐射研究中所涉及的方法一个罗列与批判。倘若这样的尝试是有益有效的，我会推进范畴式的 (paradigmatic) 学习、研究与表述，比如关于麦克斯韦方程 (组)、量子化、最小作用原理，等等。限于作者的能力与眼界，本书对黑体辐射的阐述虽非挂一漏万，但也一定有许多内容是我不曾留意到或者理解不到位的。不过，有些著名的涉及黑体辐射的所谓科学这里未提及可不是因为我不知道，而是因为我信奉"水洗煤"的信条故意略而不谈。

这本《黑体辐射——一只会下物理金蛋的鹅》是笔者迄今为止最费心力的著作，懂物理的读者一眼就能看出我的力不从心。仅就耗费时间而言，我得算是个资深物理学研究者了。然而，我却不能形成关于黑体辐射全貌的正确理解，为此我感到遗憾。黑体辐射研究占据理论物理前沿 70 余年，其间的波澜壮阔在物理学史上鲜有其匹。我必须承认，我实在读不完那么多的原始文献，然而我会提供尽可能多的原始文献，读者可以择其以为必要者详细阅读之。科学不是单向展开的。黑体辐射知识的获得是一个错综复杂的过程，本书的表达也难免会颠三倒四，建议读者先粗略过一遍，知道一些关键的内容散落在何处，然后再细读，细读的时候可以前后相参校。从一个读者的角度来说，试图一下子就弄明白本书所呈现的黑体辐射的学问也有相当的难度，但我建议读者朋友一旦开始阅读，请务必坚持读完。一个体系的学问，有我们能瞬间明白的，也有我们很难弄懂的。如同一个大饭店里的菜肴，有我们普通人吃得起的一碗白米饭，也有价码看着就犯晕的高档菜。我们学习 (消费) 那些我们学习 (消费) 得起的；那些我们学习 (消费) 不起的，不妨先看上一眼长点儿见识。万一哪天我们忽然就豁然开朗了呢？

是为序。

2023 年 5 月初稿

于北京

黑体辐射研究人物姓名年表

　　本书中涉及的人名，除了一个信息不详以外，都会给出原名 (著作中的署名) 以及岁月跨度。此处罗列黑体辐射研究主要人物的姓名年表，大体上以人物在黑体辐射研究中的出场先后排序。其他人物的姓名年表会在正文中当人物被提及时给出，几个中文文献中鲜有提及的人物名字未予翻译。集中罗列主要人物的岁月跨度，配合其做出相关工作的具体年份，有助于勾勒出一个科学主题发生的历史逻辑。

牛顿	Sir Isaac Newton, 1642—1726/27	英国
富兰克林	Benjamin Franklin, 1706—1790	美国
普列弗斯特	Pierre Prevost, 1751—1839	瑞士
亥尔姆霍兹	Hermann von Helmholtz, 1821—1894	德国
夫琅合费	Joseph von Fraunhofer, 1787—1826	德国
朗博	Jean-Henri Lambert, 1728—1777	瑞士
沃拉斯通	William Hyde Wollaston, 1766—1828	英国
斯图尔特	Balfour Stewart, 1828—1887	苏格兰
傅科	Léon Foucault, 1819—1868	法国
皮克台	Marc-Auguste Pictet, 1752—1825	瑞士
德叟苏	Horace-Bénédict de Saussure, 1740—1799	瑞士
基尔霍夫	Gustav Kirchhoff, 1824—1887	德国
本生	Robert Bunsen, 1811—1899	德国
克劳修斯	Rudolf Clausius, 1822—1888	德国
斯特藩	Jožef Stefan / Josef Stefan, 1835—1893	奥地利
玻尔兹曼	Ludwig Boltzmann, 1844—1906	奥地利
麦克斯韦	James Clerk Maxwell, 1831—1879	苏格兰
普朗克	Max Planck, 1858—1947	德国
巴托利	Adolfo Bartoli, 1851—1896	意大利
列别捷夫	Pyotr Lebedew, 1866—1912	俄国
朗利	Samuel Pierpont Langley, 1834—1906	美国

韦伯	Heinrich Friedrich Weber, 1843—1912	德国
帕邢	Friedrich Paschen, 1865—1947	德国
蒂森	Max Thiesen, 1849—1936	德国
卢默	Otto Lummer, 1860—1925	德国
普林斯海姆	Ernst Pringsheim, 1859—1917	德国
鲁本斯	Heinrich Rubens, 1865—1922	德国
库尔鲍姆	Ferdinand Kurlbaum, 1857—1927	德国
维恩	Wilhelm Wien / Willy Wien, 1864—1928	德国
瑞利	Lord Rayleigh / John William Strutt, 1842—1919	英国
爱因斯坦	Albert Einstein, 1879—1955	德国/瑞士
洛伦兹	Hendrik Antoon Lorentz, 1853—1928	荷兰
庞加莱	Henri Poincaré, 1854—1912	法国
金斯	Sir James Jeans, 1877—1946	英国
德拜	Peter Debije/Debye, 1884—1966	荷兰
哈森诺尔	Friedrich Hasenöhrl, 1874—1915	奥地利
艾伦菲斯特	Paul Ehrenfest, 1880—1933	奥地利
弗兰克	Philipp Frank, 1884—1966	奥地利
劳厄	Max von Laue, 1879—1960	德国
沃尔夫克	Mieczysław Wolfke, 1883—1947	波兰
博特	Walther Bothe, 1891—1957	德国
爱丁顿	Arthur Eddington, 1882—1944	英国
薛定谔	Erwin Schrödinger, 1887—1961	奥地利
泡利	Wolfgang Ernst Pauli, 1900—1958	奥地利
纳坦松	Władysław Natanson, 1864—1937	波兰
玻色	Satyendra Nath Bose, 1894—1974	印度
德布罗意	Louis de Broglie, 1892—1987	法国
狄拉克	P. A. M. Dirac, 1902—1984	英国
费米	Enrico Fermi, 1901—1954	意大利
玻耶	Timothy H. Boyer, 1941—	美国

黑体辐射研究大事纪

如下罗列黑体辐射研究的一些重大事件。鉴于一些事件有较长的时间跨度，此处给出的年份只具有指示性的意义，仅供参考。

1665—1666　　牛顿用棱镜把阳光分成彩色光谱

1736—1737　　富兰克林证明黑布吸热最有效

约 1760　　　朗博提出漫反射概念，给出朗博余弦定律

1778—1786　　德叟苏、皮克台确立了红外辐射的存在

1802　　　　　沃拉斯通制作了第一个光谱仪

1809—1810　　普列弗斯特认识到物体的辐射与周围环境无关，发现辐射发射和吸收的交换律

1814—1815　　夫琅合费得到太阳光谱分布以及叠加于其上的暗线

1865　　　　　克劳修斯构造了 Entropie (熵) 一词

1858　　　　　斯图尔特发现涂上灯黑的表面同时具有最大的光吸收能力和最强的光发射能力

1859—1860　　基尔霍夫提出黑体概念，表述了基尔霍夫定律，发现气体分子的吸收谱线和发射谱线重合的现象

1860—1879　　麦克斯韦发展了气体动力学、电磁理论，预言了电磁波的存在

1872　　　　　玻尔兹曼提出分子动能量子化

1876　　　　　巴托利提出热辐射有压力

1879　　　　　斯特藩得到斯特藩-玻尔兹曼公式

1884　　　　　玻尔兹曼证明斯特藩-玻尔兹曼公式

1886　　　　　朗利发明辐射计

1888　　　　　韦伯注意到辐射谱随温度的移动

1893—1896　　维恩发现黑体辐射的维恩位移定律，引入了电磁辐射熵的概念，制作了黑体辐射源，给出了维恩谱分布公式

1895—1900　　维恩、帕邢、蒂森、普林斯海姆、鲁本斯、卢默和库尔鲍姆等人进行了系统细致的黑体辐射谱测量

1900　　　　　列别捷夫实验验证了辐射压力的存在

1900　　　　　瑞利讨论了黑体辐射谱，特别是在长波段的行为

1900—1901	普朗克得到了普朗克谱分布公式，给出一个统计的推导方法，为此将 $\varepsilon/h\nu$ 当作整数处理
1904—1905	爱因斯坦研究辐射涨落、发射过程、光电效应，给出普朗克常数的第二个来路
1905—1910	金斯修订了瑞利的工作，有了瑞利-金斯公式，从电子理论导出了基尔霍夫定律
1906	普朗克撰写了《热辐射理论教程》
约 1908	洛伦兹对黑体辐射作了概念辨析，用电子理论分析辐射的来源
1905—1908	爱因斯坦、普朗克和哈森诺尔等人的辐射体质量研究导出质能方程
1907	爱因斯坦将辐射的普朗克理论同比热联系起来
1909	爱因斯坦指出存在不涉及普朗克理论所依据假设的推导普朗克公式的可能性，给出黑体辐射的涨落公式及其波粒二象性诠释
1910	德拜给出了普朗克公式的一个推导
1902—1911	艾伦菲斯特指出为了唯一地确定谱分布函数，熵应为绝对最大；研究了量子化作为普朗克公式的必要条件问题；对谱分布函数提出了"紫外要求"和"红外要求"
1912	庞加莱给出了辐射能量量子化作为普朗克公式的充分必要条件证明
1912	普朗克给出普朗克公式的新推导，提出对应原理，引入了振子的零点能
1913	爱因斯坦从存在零点能的前提出发反推普朗克公式
1915	劳厄指出，统计上需要的辐射无序是源于单个振子振动的无序
1916—1917	爱因斯坦基于二能级模型推导了普朗克公式，提出受激辐射概念
1914—1921	沃尔夫克探讨空腔辐射的空间结构，指出辐射在光分子的意义上是空间独立的
1923	泡利给出基于光的电子散射的普朗克公式推导
1923—1927	博特对受激辐射概念深入研究，给出了普朗克公式推导
1924	德布罗意提出有重粒子的波粒二象性
1924	玻色基于相空间量子化给出了一个普朗克公式推导

1924—1925	爱因斯坦用玻色的思想发展了理想气体的量子化理论，得到了玻色-爱因斯坦统计，提出了玻色-爱因斯坦凝聚的概念
1925	爱丁顿基于多能级模型给出了一个独特的普朗克公式推导
1926	费米和狄拉克分别基于理想气体量子化得到费米-狄拉克统计
1926	薛定谔由波粒二象性最终得到了量子力学的波动方程
1943	劳厄给出一个维恩位移定律的相对论证明
2018	玻耶从相对论时空结构推导普朗克公式

符号使用说明

　　符号是对思想的浓缩。物理学的符号表示，主体为希腊字母、罗马字母和印度-阿拉伯数字。由于字母有限，故而同一个字母会被用于表示不同的物理和数学对象。另一方面，在一门学科的发展过程中，同一物理量也曾被用不同的符号表示过。本书基于原始文献讲述黑体辐射及其研究过程，为了忠实于原作以免造成不必要的曲解，故尽可能沿用原文中的符号表示。读者可以想见，一门学科在其发育的初期其记号与表述会是怎样的混乱。对于关键的符号用法，正文中都会原地加以说明。涉及的公式尽可能按照引用文章中所给的样式，虽然由此带来的一些混乱会令人困惑，但这恰好反映物理学发展的真实历程。兹将黑体辐射文献中符号使用的一些比较普遍的问题罗列如下，提请读者阅读时注意。

1. 自然对数函数会以 $\log, \lg, \ln$ 的形式出现，应都按自然对数函数 $\ln$ 来理解；
2. 光速的可能记号有 c, v, V, L, q；
3. 玻尔兹曼常数：k, k_{B}；
4. 能量的可能记号有 $E, e, \varepsilon, \mathcal{E}, U$；
5. 内能的可能记号有 U, u, E；
6. 物理量的谱分量会用频率 ν 作下标，如 $\varrho_\nu, u_\nu, s_\nu$；
7. 温度的可能记号有 T, θ；
8. 频率的可能记号有 ν, p, n；
9. 微观状态数的可能记号有 W, Ω。

第 **0** 章 引子

道可受兮，不可传；其小无内兮，其大无垠。

—— 屈原《远游》

摘要　　黑体辐射是关于辐射平衡态分布的学问，其研究涉及电磁学/电动力学、热力学和统计力学，由其引出了量子统计、量子力学和相对论热力学。一众物理学巨擘曾参与过黑体辐射的研究，所采用的方法与所获得的知识皆精彩纷呈。本章略作热力学和统计力学的概念铺垫，列出黑体辐射研究的关键人物以及关键词。

关键词　　黑体辐射，热力学，热的力学理论，统计力学，能量，内能，熵，广延量，孤立体系，熵增加原理，原始文献，关键词

0.1　就从零开始吧

本书从第 0 章开始，因为从物理学和数学的诸多内容来看，自然数始于 0。缺少了 $n = 0$ 项，内容是不完整的。随手举一例，二次项 $(x + y)^n$ 展开式的系数构成杨辉三角 (Pascal Triangle)，如果没有 $n = 0$ 项，那还是三角吗？对于物理学家来说，明白了"空"的重要性，就自然会接受自然数开始于 0 的观念。当然，黑体辐射会用别一种方式讲述 $n = 0$ 项的意义，读者阅读本书时请特别留意。[①] 物理学的第零定律，物理学中热力学的第零定律，代数的规则，都是在理论发展到一定程度时才认识到其存在而后补的。基础的、本源的或者说应该作为原理性出发点的那些内容，却是在认识发展到一定程度后才能够被认识到的，这应该算作是认识论的第零定律吧![②]

黑体辐射问题是辐射 (如何达到) 平衡态的热力学问题。热力学的两个层次上的物理量，即能量与熵，都有确定的值，因此构造出熵的表达式并求出给定条件下 (温度，或者总能量) 熵的 (绝对) 最大值 (对应平衡态)，就带出了体系的统计规律。这是黑体辐射问题的精髓。国际上至今关于黑体辐射问题的阐述，至少就教科书而言，是方法未完全理解，关键概念被误解 (methods are not fully appreciated, and key concepts

---

[①] 2023.01.13 中午我写下了这段话，晚上打开一本新书，Manfredo Perdigão do Carmo 所著的 *Riemannian Geometry* 一书，赫然发现它就是从第 0 章开始的。稍后，我又发现 Norman E. Hurt 所著的 *Geometric Quantization in Action* 一书也是从第 0 章开始的。

[②] 更多关于 0 的思考，期待拙作《0 的智慧密码》。

have been misinterpreted)。在正式讲述黑体辐射研究之前，本书拟先行铺垫几句热力学和统计物理的基础概念。这些是黑体辐射研究的底层基础，是那些研究论文所默认的。

如果我们坚持因果律，则因果，或者刺激-响应关系中的两个角色，就一起构成了一个孤立体系。描述孤立体系，可以用一个"0"作为其特征标签！对因果两者各提取一个量，可令

$$A - B = 0 \tag{0.1}$$

这里选择减法是合适的物理操作，有比较的意思。这样就有 $A = B$。它的意思是等价 (比如热功当量) 或者"守恒"。当表示为 $A = B$，或者 $A = k \cdot B$ 时 (后者强调 A 与 B 量纲的不同)，这是等价；当写成 $A - B = 0$ 或者

$$dX \equiv 0 \tag{0.2}$$

时，这表示静态或者平衡态。达成平衡态的过程有动力学的内容，体系平衡态的涨落有动力学的内容。克劳修斯 (Rudolf Clausius, 1822—1888) 由可逆热力学过程需满足的条件

$$\oint \frac{dQ}{T} = 0 \tag{0.3}$$

引入了熵概念，S，这凑齐了热力学问题的两个层面：能量与熵。对于孤立体系，

$$\oint dQ/T \leq 0 \tag{0.4}$$

普朗克对此的表述为

$$S' - S \geq 0 \tag{0.5}$$

这是概念上的转变，普朗克的表述变成了"熵增加原理"。熵增加原理，这是赋予一切生命体贪婪德性的魔咒！能量守恒定律要求一个孤立体系满足 $E = \text{const.}$，可写成

$$dE \equiv 0 \tag{0.6}$$

如果是开放体系，体系和环境一起构成一个孤立体系，则该体系的能量

变化 ΔE 与环境里的能量变化 $\Delta E'$ 须满足 $\Delta E = -\Delta E'$，微观层面上应写成 $\mathrm{d}(E+E') \equiv 0$。熵增原理则要求一个孤立体系中的热力学过程满足 $\mathrm{d}S \geq 0$，在平衡态时 S 达到最大，即

$$\mathrm{d}S = 0; \quad \frac{\mathrm{d}^2 S}{\mathrm{d}E^2} < 0 \tag{0.7}$$

此处的第二项告诉我们热平衡是动态的平衡，平衡态的涨落也是理解何为平衡态的途径。对于开放体系，体系的熵变化 ΔS 与环境的熵变化 $\Delta S'$ 须满足 $\Delta S + \Delta S' \geq 0$，在平衡态时 $S + S'$ 达到最大。热力学第一定律谈论能量的守恒，孤立体系 $\mathrm{d}E \equiv 0$；热力学第二定律谈论熵，孤立体系处于平衡态时 $\mathrm{d}S = 0$；$\frac{\mathrm{d}^2 S}{\mathrm{d}E^2} < 0$；热力学第三定律可表述为当 $\frac{\mathrm{d}S}{\mathrm{d}E} = \frac{1}{T}$ 中的 $T \to 0$ 时，必有 $S \to 0$。有些读者可能已经注意到了，此处的叙述也随大流混淆了能量和内能。热力学中的内能是个势函数，此处不作深入讨论。最后，热力学第零定律是关于温度 T 的定义的，并阐述了温度这个物理量具有可传递性 (transitivity)，即若有 $T_1 = T_2$，$T_1 = T_3$，则必然有 $T_2 = T_3$ 在物理上成立。这是温度测量的物理基础。

若将一个均匀体系虚拟地划分 (partition) 成两部分 A 和 B，满足关系式

$$F(A) + F(B) = F(A+B) \tag{0.8}$$

的量 F 称为广延量。能量与熵都是广延量。广延量同其宗量 (argument) 之间的关系可以是线性的，

$$F(A) = \alpha \cdot A \tag{0.9}$$

这太平凡了。另一种选择是

$$F(A) = \mathrm{e}^{\alpha A} \tag{0.10}$$

若将均匀体系虚拟地划分成两部分 A 和 B 时，$F(A) \cdot F(B)$ 描述整个体系的相应物理量，则函数 $k \cdot \log F(A)$ 就是广延量。熟悉统计力学的读者已经明白，这是在讲概率或者状态数 W 同熵

$$S = k \cdot \log W \tag{0.11}$$

之间的故事。这里面会遇到的数学包括整数的阶乘 $n!$ [非整数情形对应

函数 $\Gamma(x)$]，以及对数函数 $\log x$ 和指数函数 e^x。关于函数 e^x 的知识贯穿整个统计力学。

从热的理论走向统计力学，中间要经过热的力学理论，die mechanische Wärmetheorie。Mechanical theory 中的 mechanical 不应该理解为机械的、力学的，它的意思是究理的、求理的，与 phenomenological (唯象的) 相对应，马赫 (Ernst Mach, 1838—1916) 对这两种理论的区别有过阐述。热的力学理论用经典力学考察气体体系，试图从分子运动的角度去理解其热行为。热的力学理论在初问世时遭到了当地包括哲学家、化学家和物理学家的批评，这本属于应有之义。然而，一些德语区哲学家的巨大影响让"热的力学理论"成了"热的机械观"而被摒弃，后继的用其他语言的物理学表述自然也懒得多加理会，故而作者学习时就弄不清怎么热力学后面一下子就蹦出来了个统计物理，还微正则、正则、巨正则地一脸高冷？本书将借助对黑体辐射研究的介绍补齐从热力学到统计物理的过渡，会把 die mechanische Wärmetheorie 表述为其本应该是的"热的力学理论"，这样也就明白了为什么统计物理是统计力学 (statistical mechanics)，因为统计力学就来自经典力学 (classical mechanics)。[①] 热力学 (thermodynamics)，确切说是热-功学、热-动力学，其与同是 dynamics (δυναμις) 的电-动力学 (electrodynamics) 的结合是玻尔兹曼发起的，在黑体辐射研究中得以深入发展。黑体辐射研究，其核心内容是电磁的热理论。

0.2　初识黑体辐射

地球上的一切自然叙事，笔者以为，都应从太阳开始。太阳给地球送来了光和热，沐浴着阳光的人类对光和热现象感到好奇是再自然不过的事情了。自然界中有大量的黑色存在，其面对光与热的独特行为也引起了人们的好奇。黑体辐射研究的热潮兴起于十九世纪中叶的热发射体和辐射标准研究，属于对工业应用需求的响应。从对实验结果之诠释——主要是维恩谱分布公式和最终的普朗克谱分布公式——的论证

————————————
[①] 不明白这句话的读者可以读读庞加莱 1912 年的论文"论量子的理论"，那里会阐明哈密顿力学与能量均分的关系。

引出了一系列的新概念和新物理，包括量子力学、固体量子论 (比热理论)、受激辐射、辐射相干性、气-体 (Gaskörper) 量子化和玻色-爱因斯坦凝聚等，都是黑体辐射研究的直接结果。此外，这项研究还充实了热力学，带来了对光之本性的深入理解。鉴于黑体辐射的超强学术繁殖能力——这一点来自黑体辐射分布谱公式对模型的不敏感，可以说 black-body radiation is the matrix of modern physics (黑体辐射是近代物理之本)，或者说 black-body radiation is a goose that lays golden eggs of physics (黑体辐射是一只会下物理金蛋的鹅)。关于黑体辐射的实验研究，富兰克林、夫琅合费和基尔霍夫的工作可看作先驱；后继的除了维恩之外，还有柏林的物理技术研究机构的以近代物理实验五杰为代表的众多研究者，他们的努力让黑体辐射谱的测量得以完成。关于黑体辐射的理论研究，先后出场的物理巨擘，据不完全统计，有基尔霍夫、亥尔姆霍兹、斯特藩、玻尔兹曼、维恩、瑞利、普朗克、洛伦兹、爱因斯坦、金斯、艾伦菲斯特、庞加莱、纳坦松、德拜、劳厄、泡利、博特、爱丁顿、薛定谔、玻色等人，且各有建树。如果考虑辐射的一般理论的建立，还应包括约当、费米和狄拉克等。他们的研究方式之多样让人眼花缭乱，他们的研究手法之娴熟让人五体投地，他们的学术功底之深厚让人叹为观止。黑体辐射研究是近代物理研究方法的教科书，回顾这段波澜壮阔的历史，能让我们多少学会一些物理研究的真谛。

笔者初识黑体辐射问题于大学普通物理课上。在我拿到的那些光学、原子物理以及量子力学课本中，黑体辐射问题会在半页到两页不等的篇幅上被轻描淡写地、略显随意地提过。普朗克被描述为一个拟合人家的实验曲线的革命者 (有点矛盾哈)，他最先引入了量子的概念从而开启了量子力学时代。然而，事实远不是这么回事儿。当我 2008 年读到一篇名为 Max Planck—Revolutionär wider Willen (普朗克——违背意愿的革命家) 的文章时，我才知道 1900—1901 期间普朗克到底推导了什么，以及接下来二十多年里，即到 1924 年 Quantenmechanik (量子力学) 一词的出现为止，普朗克的心理历程。我慢慢地才知道，黑体辐射问题是近代物理的摇篮，一批物理巨擘们通过对这个问题的研究为我们带来了近代物理之大部，包括量子力学、固体量子论、量子统计等近代物理分支，对光之本性的深刻认识，以及受激辐射这个激光的概念基础，此外还有化学势、零点能等关键概念。尤其值得注意的是，普朗克谱分布公式可以多种不同的方式、基于不同的物理模型推导出来，这是黑体辐射谱分布的 robustness①的表现，而 robustness 是许多所谓自然规律、自然花样的重要特征——不依赖于比如相互作用的细节。回顾黑体辐射的研究历程会是一个不可多得的探讨近代物理研究方法论的课程，我深信"It is always very useful to get acquaintance with the development of original ideas and methods—even if some had led to dead ends or detours (熟悉原始思想与方法的发展历程，尽管它们有些走了弯路或者进入了死胡同，总是非常有用的)"。本书中，我将循着物理巨擘们的原初路径，再现黑体辐射研究的过程，试着就黑体辐射问题找到一些深刻的洞见。我希望，本书会是一部物理学思想史研究的范本，虽然我知道这是奢望。特别地，我希望通过撰写此书的实践支持我一贯的观点：物理学史是物理这门学问的历史。物理学史研究天然地关注物理自身并致力于襄助物理学的发展与传承。

我设想读者都和我一样思维不是那么敏捷，因此本书中我会尽可能多地关注一些细节和逻辑联系。此外，遇到值得击节赞叹处我还会偶尔加上一句半句的感慨，请读者原谅我这没见过世面的样子。因为笔者水平有限，对本书中提到的诸多关键文献其实并没有认真阅读以领会其精妙处，故书中难免存在诸多学术性瑕疵与技术性缺陷。我自己可能需要一段时间才能注意到其中的问题，未来我会在重新阅读思考以后再回头增补、修订。懂物理的朋友们自然能轻松识别出这些瑕疵与缺陷，引用时自行改正过来就好；随便抄袭本书者可能会闹笑话，一朝露馅要勇于自认倒霉，勿谓言之不预。

本书中我会故意穿插使用涉及的物理巨擘姓名和关键概念的西文拼法与相应的汉译，其基本原则是方便读者迅速过渡到西文原始文献。同黑体辐射具体研究 (者) 相关的文献或者针对性特别强的文献会直接加

---

① 这个词被粗鲁地汉译了，请允许我这里不提它。Robust (robur, robus)，来自一种"红"心的橡木，故同源词会指一些红色的存在，试比较 ruby (红宝石) 和 rust (红铁锈)。Robust 作为形容词的意思是象那种树的树皮一样格外坚韧。

在文内，方便我的叙述也方便读者的查询 (其实是为了避免改造为某种特殊的格式却被弄得面目全非)，每章后面附有更多的一般性参考文献作为补充阅读资料。然而，由于某些原始文献不易找到，因此还是有很多遗漏处。所有的英语文献会原封不动地呈现；对于非英文文献，包括德语、法语、荷兰语、意大利语的，我会将文章名或者书名译成汉语。一些关键词、关键论点我也会把当事人使用的某种语言的原文随手加上。愚以为，翻译是对理解错误的固化。故而，为对抗这种固化，将译文、原文就近即刻一并呈现出来也许是明智的选择。当然，我引用这些原文也是为了证明这些内容我确实一字一句地读过。

0.3 黑体辐射关键词

对于黑体辐射这样涉及范围太广的领域，罗列一些关键词也许有助于迅速对该主题获得一个大致认识，对应的英文 (少数几个只有德语的) 关键词则是为了方便读者后续的文献检索。

关键词：黑体，黑体辐射，空腔辐射，热辐射，发射能力，吸收能力，气体运动论，热平衡，不可逆过程，熵 (组合、统计)，绝对温度，基尔霍夫定律，斯特藩-玻尔兹曼公式，维恩位移公式，维恩谱分布，瑞利-金斯谱分布，能量均分原理，普朗克方程，普朗克函数，普朗克谱分布，振子，能量量子，不连续性，量子力学，作用量量子化，相空间，相空间体积量子化，零点能，全同粒子，玻尔兹曼统计，光电效应，受激辐射，玻色-爱因斯坦统计，玻色-爱因斯坦凝聚，费米-狄拉克统计，热力学，电磁学，统计力学，量子，光子，光分子，辐射束，涨落，比热，无序，波粒二象性 (量子-波二象性)，量子力学，波动力学，相波，辐射-物质相互作用, 态密度，系综，红色要求，紫色要求，紫外灾难，理想气体，气-体，简并 (退化)，自然辐射，自然统计，相对论，质能关系，零点辐射，关联函数，辐射结构

Keywords：Black body, Black body radiation, Cavity radiation (Hohlraumstrahlung), Heat radiation (Wärmestrahlung), Emission power, Absorption (Absorptionvermögen), Kinetic theory of gas, Thermal equilibrium, Irreversible process, Entropy (Combinatics, Statistics), Absolute temperature, Kirchhoff's law, Stefan-Boltzmann's law, Wien's displacement law, Wien's spectral formula, Rayleigh-Jeans formula, Energy equipartition, Planck's equation, Planck's function, Planck's spectral distribution formula, Oscillator/Resonator, Energy quantum, Discontinuity, Quantum mechanics, Action quantization, Phase space, Phase space quantization, Zero-point energy, Particle identity, Boltzmann statistics, Photo-electric effect, Stimulated radiation, Bose-Einstein statistics, Bose-Einstein condensation, Fermi-Dirac distribution, Thermodynamics, Electrodynamics, Statistical physics, Quantum/Quanta, Photon, Light molecule, Radiation bundle, Fluctuation, Specific heat, Disorder, Wave-particle duality (Quantum-wave duality), Quantum mechanics, Wave mechanics, Phase wave, Radiation-matter interaction, Rotforderung, Violettforderung, Violet catastrophe, State density, Ensemble, Ideal gas, Gaskörper, Degeneracy (Entartung), Natural radiation, Natural statistics, Theory of relativity, Mass-energy relation, Zero-point radiation, Correlation function, Structure of radiation

补充阅读

[1] Hendrik Antoon Lorentz, *Theorie der Strahlung* (辐射理论), Akademische Verlagsgesellschaft m.b.H. (1927).

[2] Ludwig Boltzmann, Bemerkungen über einige Probleme der mechanischen Wärmetheorie (热的力学理论问题论述), *Wien. Ber.* **75**, 62–100 (1877).

[3] Hans-Georg Schöpf (ed.), *Von Kirchhoff bis Planck: Theorie der Wärmestrahlung in historisch-kritischer Darstellung* (从基尔霍夫到普朗克：关于热辐射理论的历史批判表述), Vieweg (1978).

[4] Thomas Kuhn, *Black-body Theory and the Quantum Discontinuity 1894–1912*, The University of Chicago Press (1978).

[5] Shaul Katzir, Christoph Lehner, Jürgen Renn (eds.), *Traditions and Transformations in the History of Quantum Physics,* Max Planck Institute for the History of Science (2017).

[6] Daniel Kleppner, Rereading Einstein on Radiation, *Physics Today* **58**(2), 30–33 (2005).

[7] Clemens Schaefer, Die Entwicklung der Strahlungsgesetze seit Kirchhoff (自基尔霍夫以来辐射定律的发展), *Angew. Chem.* **61**(4), 119–123 (1949).

[8] Joseph Agassi, The Kirchhoff-Planck Radiation Law, *Science* **156**(3771), 30–37 (1967).

[9] E. G. D. Cohen, Boltzmann and Einstein: Statistics and Dynamics—An Unsolved Problem, *Pramana* **64**, 635–643 (2005).

第 1 章　从黑色存在到黑体辐射

黑，真他妈的黑啊！

——刘慈欣，《三体》III

摘要　黑色指向物质的光学性质，黑色物体吸热能力最强。辐射热同传导热、携带热相比，是一种独特的热现象。关于辐射存在普列弗斯交换律。理想的黑体将入射光全部吸收并全部转化为热。黑体辐射中的黑体是朗博发射体。夫琅合费的太阳光谱强度曲线已经呈现了黑体辐射谱分布。基尔霍夫定律指向对空腔辐射的研究，黑体辐射的谱分布曲线注定其是一个统计物理问题。太阳一类辐射体的辐射为连续谱上叠加分立谱线，其同轫致辐射谱的结构相似性意味着发生机制的关联。

关键词　黑色，吸收，发射，朗博余弦定律，普列弗斯特交换律，皮克台效应，光谱，夫琅合费线，基尔霍夫定律，黑体，黑体辐射，谱分布函数，统计物理

1.1　黑色存在

人类是炭基生物。有趣的是，地表存在大量的单元素物质——炭。关于炭，煤炭，人们的第一印象是它是黑的。炭给你留下的视觉效果，可以算是"什么是黑"的直观定义。大自然中存在大量的我们以为是黑色的物质，包括动物和植物，前者有屎壳郎、乌鸦等，后者有黑豆、黑芝麻等。在阳光照耀下，黑色物体格外显眼。那么，到底什么是黑呢？

黑首先是一种视觉判断。今天我们知道，作为炭基生物，我们所拥有的感光器官，能够有效感知的波长范围大约是 390~780 nm，波长再长了产生神经信号就费劲儿以至于最终看不见，波长再短了单光子就足以产生伤害因此不可以看所以干脆就不看了。可见光波长范围以外的光不可见，似乎不宜谈论它们引起的视觉效果。知道有红外光让人很惊喜。1681 年法国物理学家马略特 (Edme Mariotte, 1620—1684) 发现玻璃阻挡热辐射；1800 年英国天文学家赫胥黎 (William Herschel, 1738—1822) 根据温度计探测到的热效应发现红外光。让我们暂且把讨论集中于波长在 390 ~ 780 nm 范围内的所谓可见光[①]。光要想为我们所感知，除了波长要落在可见光范围以外，还要有足够的强度 (流密度)。

---

① 可见光，visible light，这个定义就是视觉的。另，那个被我们翻译成光学的 optics，词源来自"眼睛"，是关于视觉和光之属性的学科。现代意义上的光学，更多的是 the theory of light 的意思。

减弱可见光的强度到一定程度，我们就有了暗 (dark，dim) 的感觉。信号强度小到一定程度难以被探测到，这是个普遍的问题，对应仪器的探测极限[①]。可见光强度接近人眼的探测极限，就会有"暗"的感觉。为了应对弱光环境，人眼装备了两种视觉细胞 (photoreceptor cells)，在弱光环境下人眼会从视锥细胞 (cone cells) 切换到视杆细胞 (rod cells)，这就是为什么人处暗室一段时间后会发现变明亮了一些的原因。暗，常常和黑混在一起，有黑暗之说。没有人工照明的地方，黎明前有一段最黑暗的时光，有"伸手不见五指"的说法。然而，暗不是黑，黑色的东西可以很亮的。暗的物体则看不见。

黑，更多地是指向物体的属性。考察一块均匀的、表面光滑的固体，其对入射光 (只考虑可见光) 的行为可以由透过率 (transmission) τ、吸收率 α 和反射率 ρ 来表征，

$$\rho + \alpha + \tau = 1 \tag{1.1}$$

透明物体对应 $\alpha = 0$，$\rho \approx 0$，$\tau \approx 1$；白体 (white body) 对应 $\rho = 1$，$\alpha = 0$，$\tau = 0$；所谓的黑体对应 $\alpha = 1$，$\tau = 0$，$\rho = 0$。但是，这些只是粗浅的理解。黑体辐射研究里的黑体是指对所有频率的入射光都全部吸收且将其全部转化为热的物体。黑体辐射研究一样牵扯到白体，黑体辐射研究模型里的就需要白体的存在，比如维恩 1893 年的论文中就提到了白体 (见下一章)。就反射率 $\rho = 1$ 的情形而言，光滑表面把入射光朝着特定的方向反射回去，那样的面是镜面的 (spiegelnd, mirror reflective)；粗糙表面把入射光向所有方向均匀地反射，这样的面才是"白"的。在用空腔模型研究黑体辐射时，空腔的内表面常常被假设为镜面反射的。

类似 $\rho + \alpha + \tau = 1$ 这样的公式所表达的是算术，而非真实的物理。反射率 ρ 反映的是物体表面的性质，严格地说是同空气间的界面的性质；因为涉及两种物质的界面，$\rho = 0$ 原则上不可能。吸收行为则是由材料的体性质 (bulk property) 和几何共同决定的。至于透过率，那只是 $\tau = 1 - \rho - \alpha$ 的算术结果。一块材料的吸收能力 (absorptance) 反映其吸

---

① 不可以将光探测仪器的无能为力理解为观测对象的不发光。

收辐射能量的有效性，用吸收能量与入射能量之比来表示。考察光在物体中的传输，入射强度为 I_0 的光，在距离表面 d 处强度衰减为 I_f，透过率为 $T = I_f/I_0$，则 $-\ln T$ 就是所谓的 absorbance。如果强度衰减只是由吸收造成的 (不考虑散射因素)，$-\ln T = \mu d$，此处的 μ 就是吸收系数 (absorption coefficient)；它是材料的本征体性质。当一束光照射到一块物体 (假设是固体，不发光——这个说法在学过黑体辐射以后会发觉不对) 上时，光会被反射、吸收 (可能还会引起再发射)，一部分会透过去。一块物体，从后面的来光如果不能穿过这个物体进入我们的眼睛，则它在亮的背景下就可能被判断为黑色的，给人以黑色的印象；从我们所在的这一侧射出去的光打到这样的物体的表面上，如果有一部分被反射，则它会给人以黑亮黑亮的感觉。不透可见光意味着材料对可见光有强烈的吸收，则材料的能隙要小于 1.5 eV，或者其等离激元频率要高于 4×10^{14} Hz。常见的无定形炭对可见光有强烈的吸收，是黑的，故有炭黑一说 (可见光吸收率可达 0.96)。炭的一种 sp^2-键结合的晶体，石墨，其带隙约为负的 0.04 eV，为半金属，对红外光都能全面地强烈吸收，因此它更黑。但是，石墨晶体对可见光有强烈的反射，故高品质的石墨晶体带有金属光泽。近年来超黑材料 (superblack materials) 的研究方兴未艾，其关键是把窄带隙材料的表面加以无序化、粗糙化以消除反射。既不透光也不反射光的物体那是超级黑了。当前所获得的超黑材料，比如黑硅，对可见光的反射率已几乎为零，其黑色艳得邪恶 (图 1.1)。

图 1.1 不同程度的黑
左图：几乎不透光但反光的石墨晶体；右图：恐怖的超黑材料

顺便提一句,黑和暗在物理学上被用来给许多事物,真实的与虚无的,贴标签。关于夜的暗 (darkness),在天体物理领域有奥伯斯 (Heinrich Olbers, 1758—1840) 佯谬 (Olbers' paradox) 的说法。设若宇宙是无限的、静态的,在大尺度上是均匀的且有无穷多的恒星,则在任何方向上我们都能看到恒星,不应该出现背对着太阳的地球那一面会出现暗夜的现象。这个存在暗夜的事实同宇宙模型之间的矛盾被称为奥伯斯佯谬。关于奥伯斯佯谬的解释,各种动态宇宙模型也不是那么令人信服。

1.2　富兰克林的黑布吸热实验

光是人类同远方唯一的连接,光是第一物理对象和工具。光与物质间的相互作用天然地是物理学的主题。太阳给我们带来光和热。从前我们说光,先验地指来自太阳和火苗的可见光,属于视觉,是眼睛的感知;而热属于知觉,是身体的感知。物体在光照下就会变热 (后来知道是因为吸收了部分光的缘故)。中国北方的人们冬天喜欢晒太阳,而且知道穿黑棉袄、黑棉裤取暖效果比较好。历史上有记录的第一个关于黑色物体光吸收的实验观察是美国人富兰克林做的。富兰克林,一个通才型人物 (polymath),仅就学术方面而言,他是作家、科学家、发明家、出版人和哲学家 (图 1.2),因对电的研究而在物理学史上占有一席之地[1]。在 1736—1737 年间某个阳光灿烂的冬日 (笔记记录为 1737 年 1 月 25 日),富兰克林把不同颜色的布料块铺在均匀的落雪上。几个小时后,效果出来了。黑色的布在落雪上面下沉最深,灰蓝色的次之,白色的下降最少。由此富兰克林得出结论,颜色越深的布吸收的热量越多。多年以后,富兰克林写道他还曾用凸透镜 (burning glass) 汇聚阳光照射白纸和黑纸,发现白纸吸热少,要晚于黑纸许久才会被点燃。富兰克林很可能是读了波义耳 (Robert Boyle, 1627—1691)、牛顿和博尔哈夫 (Herman Boerhaave, 1668—1738) 等人关于光与热的作用的阐述受到启发的。这

---

[1] 年轻时的富兰克林曾提出过一个问题,What signifies Philosophy that it does not apply to some use (没有实际用途的哲学其价值在哪里)? 晚年的富兰克林为这个问题找到了答案:"新生儿有啥用 (What good is a new-born baby)?"西文的 philosophy 应当作"热爱智慧"或者"明白事理儿"解,而不是汉语的哲学。

个实验小孩子都能做，但关键是想到要做这样的实验 [参见 I. B. Cohen, *Benjamin Franklin's Science*, Harvard University Press (1990), Chapter 9; N. G. Goodman (ed.), *The Ingenious Dr. Franklin: Selected Scientific Letters of Benjamin Franklin*, University of Pennsylvania Press (1931), p.181]。

图 1.2 富兰克林画像 (1778)

富兰克林的实验只能说观察到了同样日照条件下黑布下面的雪融化得更多。说黑布吸收了更多的热，在当时这句话是够含糊的，因为啥是热，如何定量地描述热还需要更多的研究。有趣的是，相当多修完热力学课程的人对什么是热依然懵懂。不同颜色的物体在阳光下变热的程度不同，黑色的物体在阳光下容易变热，应该早已为人们所认识并加以应用。北方人冬天喜欢穿黑衣，因为黑布吸收阳光能力强因而更暖和；夏日里的南方阳光火辣，人们会选择穿白色服装，因为白色物体反光能力强。

然而，一个问题来了。如果选择白色服装可以有效反射阳光以免升温，那为什么热带的人肤色黢黑而不是选择白色皮肤呢？简单的"是被晒黑的"这样的解释略显浅薄。未来我们会知道，黑色物体的发射能力强。作为一个自身必须持续散热的生命体，在外部高温的环境下，如何有效地散热才是重要的考量。

1.3　普列弗斯特交换律

　　同光与热相联系的，除了遥远的太阳，还有近在眼前的火。牛顿在其《光学》一书里指出辐射是辐射体温度的函数，火是辐射着的炽热气体 (fire is but radiating hot gas)。普列弗斯特，瑞士人，一个哲学、语言学和政治经济学方面的文化学者，1780 年在柏林结识了拉格朗日 (Joseph-Louis Lagrange, 1736—1813) 后开始关注自然科学，几年后回到日内瓦研究磁与热，在 1810 年成了日内瓦的物理教授。普列弗斯特对火与热的研究颇有心得，相关著作有 *Mémoire sur l'equilibre du feu* (火之平衡备忘录)①，以及 *Essai sur le calorique rayonnant* (论辐射热) [Geneva (1809)] 等。普列弗斯特注意到，发射就是冷却，吸收就是加热。物体发射了辐射以后变凉了就不再发射了，其发射出去的辐射可以被另一个物体吸收，加热该物体并引起该物体的辐射，而这辐射又可以被第一个物体吸收。这个过程可以循环往复下去。这就是所谓的普列弗斯特交换律 (Provost's law of exchange)，是火与热研究历程中不容忽视的一个节点。洛伦兹的《辐射理论》一书就格外关注辐射的互反性 (Reziprozität，英文为 reciprocality) 问题。两种介质界面上光的反射率在界面两侧相同，就是互反性的一个体现。互反原理 (Reciprocity principle) 很重要，是物理学原理之上的原理，详见拙著《物理学咬文嚼字》078 篇。

1.4　朗博余弦定律

　　作为黑体辐射研究的基础，朗博余弦定律 (Lambert cosine law) 是必须了解的。漫反射的概念是朗博于 1760 年在 *Photometria* (光的度量) 一书中提出的。黑体辐射中的黑体是朗博发射体，与漫反射表面的表现类似，即来自其表面的辐射从各个方向上看其亮度是一样的。月亮是个球体，这个反光的球体看起来是个圆盘，也可近似看作是朗博发射体。

　　来自理想漫反射表面或者黑体的辐射，其在与法线成 θ 角的方向上在方向角 $d\Omega$ 内的能流为 $I\cos\theta d\Omega d\sigma$，其中 $d\sigma$ 为发射体上的面积元。

---

① 见于 Jean André Mongez, Jean-Claude de La Métherie (eds.), *Observations sur la physique, sur l'histoire naturelle et sur les arts* (自然科学、博物学与艺术之观察), vol. 38, Bachlier (1791), pp. 314–323。

这个表达式在黑体辐射问题的计算中总是会用到。从观察者的角度看，其通过一个面积元为 $d\sigma_0$ 的孔径进行观察，则发射体面积元 $d\sigma$ 所张的空间角为 $\cos\theta d\Omega_0$，则观察到的发射表面的亮度为

$$I\frac{\cos\theta d\Omega d\sigma}{\cos\theta d\Omega_0 d\sigma_0} = I\frac{d\Omega d\sigma}{d\Omega_0 d\sigma_0} \tag{1.2}$$

与方向无关。这就是所谓的朗博余弦定律。

1.5 光谱

随着玻璃和天然晶体 (如 NaCl，CaCO$_3$ 等) 的磨制工艺进步，棱镜的出现使得光谱的发现成为必然。进一步地，发现光谱中有分立的谱线也就成为必然，只是当时没觉得有什么意义。英国科学家沃拉斯通于 1802 年制作了第一个光谱仪 (图 1.3)，发现了太阳光谱中的暗线，他把谱线当作颜色的界线。如今人们把谱线的发现归功于沃拉斯通以及稍后一点的夫琅合费。牛顿在 1665—1666 年间用棱镜把阳光分成了彩色的光谱 (图 1.4)，他把颜色分成七种，作为诠释构造了七种不同的光颗粒 (light corpuscles)，一种颗粒占居光谱里的一段 [Isaac Newton, *Opticks* (1704)]。七种颜色的说法很容易引起质疑，因为颜色的分辨相当主观。托马斯·杨 (Thomas Young, 1773—1829) 提出要么有无穷多种光颗粒，要么光是一种波，具有无穷多可能的波长。在 19 世纪，尤其是在麦克斯韦的电磁波动方程被确立后，光就是单纯地被当作波。

图 1.3 光谱仪的主件：棱镜

图 1.4 牛顿与光谱

1.6　太阳光谱与夫琅合费线

　　对阳光之光学意义上的研究需要实现对光的操纵。幸运的是，大自然中存在玻璃这种物质。人类逐步认识到了玻璃对光的操控能力，逐步发展了玻璃制造业和制镜业[①](manufacture of lenses)，进而发展出了各种光学仪器。这方面的一个杰出人物是德国科学家夫琅合费。夫琅合费，光学镜片磨制匠人，发明了光谱仪和衍射光栅。夫琅合费在 11 岁上成为孤儿，14 岁起在一家磨镜作坊当学徒。1806年，夫琅合费转入一家专门 (研究) 制镜的修道院，在这期间得到高人 Pierre-Louis Guinand (1748—1824) 指点磨镜技术，还在那儿发明了测量镜片光学色散 (optical dispersion) 的方法。1814 年，夫琅合费发明了光谱仪 (spectroscopy)，用它重新发现了太阳光谱中的暗线，后人称为夫琅合费线 (图 1.5)。后来我们知道暗线是由于阳光在太阳

----

① Lens 和 prism 说的都是形状，汉译透镜和棱镜很难不引起歧义。Lens，来自 lentil，是一种看起来象薄凸透镜那样的小扁豆儿；prism，本义是锯出来的，指那种形状的东西，但不一定是镜子。Prism 的晶体可以用作镜子，但不能将 prism 的晶体称为棱镜。

光球中和地球大气层中被吸收造成的。这开启了光谱学这门学科。请记住，汉语谱的意思是摆列开来，光谱学关键的地方是把不同频率的光分开，故光谱仪里面的关键部件是一个棱镜。值得注意的是，夫琅合费的论文 [Joseph Fraunhofer, Bestimmung des Brechungs- und des Farbenzerstreuungs-Vermögens verschiedener Glasarten, in Bezug auf die Vervollkommnung achromatischer Fernröhre (不同玻璃的折射与分光能力的测定), *Denkschriften der königlichen Akademie der Wissenschaften zu München*, Band 05, 193–226 (1814—1815)] 中的 Fig. 6 给出了太阳光的强度谱分布 (强度无标度)，它分明就是黑体辐射谱的谱分布曲线。笔者尚未见到有人明确地将其同黑体辐射曲线联系到一起。夫琅合费还标记了574 条太阳光谱上的暗线。在这张图上用字母 D 标记的暗线，未来我们会知道那对应钠的特征双黄线 (589.0 nm, 589.6 nm)。D 和双线 (doublet)的首字母同，只是巧合。黑体辐射谱分布和原子的分立谱线在夫琅合费的图中已展露无遗，这揭示了光谱的连续 + 分立的图景，前者指向热辐射，后者指向电子的辐射跃迁，按照普林斯海姆 1903 年的说法，就是一个和温度有关、一个和温度无关的过程。两者一起催生了量子力学[①]。作为数学与物理一致性的一个证据，未来会有本征值为连续谱 + 分立谱的算符谱理论。

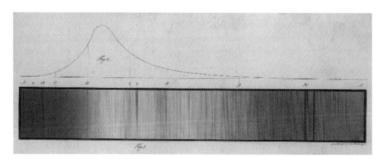

图 1.5 夫琅合费手绘的太阳光谱强度分布曲线以及所记录的 574 条太阳光谱上的暗线

[①] 我把夫琅合费的手绘图同量子力学联系到一起，有点儿惶恐，但我相信这样做是正确的。

1.7　关于物体吸收与发射的前驱性研究

　　据信法国物理学家菲涅尔 (Augustin-Jean Fresnel, 1788—1827) 针对牛顿在 *Opticks* (光学) 一书中表达的 "作为颗粒的光穿越充满热介质的空间畅通无阻" 的观点 (好象书里面没有这个观点。牛顿冤枉) 曾反驳道，光照下的物体其热会无限增加 [Charles Coulston Gillispie, *The Edge of Objectivity: An Essay in the History of Scientific Ideas*, Princeton University Press (1960)]。然而，一个物体如何能容纳其吸收的无穷多的热呢？吸收光的物体，其温度不会总升高吧？如果是这样，只要照射时间足够长，弱光也能把一块物体给汽化了。1858 年，苏格兰物理学家斯图尔特发现，涂上灯黑 (lamp-black，用今天的话说，是微纳米炭颗粒沉积物) 的表面能吸收所有照射其上的光，因而同其他表面相比具有最大的光吸收能力，但它同时也拥有最强的光发射能力。可惜，斯图尔特逻辑能力不强，未能抽象出一个普适性原理：存在 (哪怕是仅存在于想象中) 一个普适的具有最大光吸收——当然也是最大光发射——能力的表面，此事儿与光波长和温度无关。但是，斯图尔特用光线的反射与折射 (遵循 Stokes-Helmholtz 互反原理) 来讨论他的实验结果。斯图尔特得到了一个重要结论，就是在一个处于热平衡的、不管是什么材料做成的空腔里，从内壁任何部分辐射的热与灯黑的辐射相同 [Belfour Stewart, An Account of some Experiments on Radiant Heat, *Transactions of the Royal Society of Edinburgh* **22**(1), 1–20 (1858); D. M. Siegel, Balfour Stewart and Gustav Robert Kirchhoff: Two Independent Approaches to Kirchhoff's Radiation Law, *ISIS* **67**(4), 565–600 (1976)]。

　　关于吸收和发射之间的关系，1849 年法国物理学家傅科给出了一个特别直观的演示。傅科请我们观察在我们的眼睛和远处的一团大火苗之间的一团小火苗，小火苗会因为对大火苗所发光的强烈吸收而看起来是暗的。

　　如下事实对后来的黑体辐射问题研究具有前驱性意义。在 1778—1786 年间，皮克台协助德曳苏确立了红外辐射的存在。皮克台发现，把冰的 "冷" 用凹面镜反射到放置在对面的凹面镜焦点上的温度计上，效果与"热"一样会引起温度变化，这被称为皮克台效应 [Marc-Auguste Pictet, Essai sur le feu (论火) (1790)]。瑞士物理学家普列弗斯特于 1791 年指出物体不管冷热都在辐射热，从而解释了皮克台效应。这一段时间的研究，确立了辐射热不同于传导热 (conduction heat) 和携带热 (convection① heat) 的特性。辐射热是一种独特的热现象。普列弗斯特于 1809 年认识到物体的辐射与周围环境无关。所谓的平衡，不是辐射消停了，而是发射和吸收之间持平了。这个观念是其后的所有动态平衡理论的模板。

1.8 基尔霍夫定律与黑体辐射

一般文献讨论黑体辐射会从基尔霍夫定律开始，因为这是基尔霍夫 1859—1860 年提出的概念，基尔霍夫在这段时间的三篇著名论文奠立了黑体辐射研究的基础 (见下)。文献中关于基尔霍夫定律和黑体概念有出现于 1862 年的说法，应该属于误解 (1862 年的刊物 *Annalen der Physik* 上没有基尔霍夫的文章)。基尔霍夫，德国物理学家 (图 1.6)，1847 年毕业于柯尼希堡 (Königsberg，现属俄罗斯) 大学，老师中有大神雅可比 (Carl Gustav Jacob Jacobi, 1804—1851) 和纽曼 (Franz Ernst Neumann, 1798—1895)。1850—1854 年间基尔霍夫在布雷斯劳 (Breslau，现属波兰) 大学任教，然后转往海德堡大学，1875 年转往柏林大学任理论物理教授。基尔霍夫研究电、热以及光谱，都做出了奠基性的贡献。1857 年，基尔霍夫计算了无阻导线中电信号的速度，得出了电信号速度为光速的结论 [Gustav Kirchhoff, On the Motion of Electricity in Wires, *Philosophical Magazine*, Series 4, **13**(88), 393–412 (1857)；P. Graneau, A. K. T. Assis, Kirchhoff on the Motion of Electricity in Conductors, *Apeiron* **1**(19), 19–25 (1994)]。可惜，一般电学教材基本不谈论电力传播速度问题。

基尔霍夫的成果中最值得称道的是关于黑体辐射的研究。1854 年，基尔霍夫到海德堡大学任职，在那里和化学家本生 (Robert Bunsen,

---

① Convection 被错误地翻译为"对流"，其词干与另一重要数学、物理和生物学概念 vector 同。Vector 在数学、物理中被翻译成"矢量"或"向量"同样不是依据其本义，且一般中英文书中的定义都是错误的。

图 1.6　基尔霍夫

图 1.7　本生

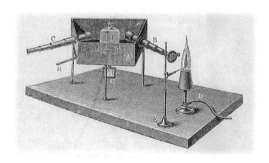

图 1.8　基尔霍夫和本生用的光谱仪

1811—1899) 合作研究 (图 1.7)，一起发明了光谱仪 (图 1.8)。本生研究
元素经加热产生的发射谱，是光化学的先驱。本生 1828 年入哥廷恩
大学学化学，其数学老师中有大神高斯。本生 1831 年获博士学位，其
后在大学研究化学。1855 年，本生和哥廷恩大学的技师改进了汽灯的
设计，新设计容易获得非常热且非常纯净的火苗，故被命名为本生灯
(Bunsen Burner)，为后继的光谱研究提供了一个比较稳定的光源。1859
年本生和基尔霍夫一起研究加热元素的光发射。这年夏，基尔霍夫建议
本生欲研究加热元素的发光应该先获得棱镜谱 (prismatic spectra)，即让
光束经过棱镜，利用不同频率的光具有不同折射率的性质把光按颜色
分开来形成谱；当年 10 月他们制作了光谱仪原型，得到的一个成果就
是确立了纯样品给出单一的光谱 (谱线数目和各自的位置固定)，即元素
存在特征光谱，这是光化学的发轫。他们很快确立了钠、锂、钾等元素
的特征谱，并于 1860 年发现了元素铯 (caesium)，1861 年发现了元素铷
(rubidium)。容易从字面上知道这两种元素是从光谱中被发现的，因为
caesium 的词根 caesius 意思是蓝灰色的，而 rubidium 的词根 rubeus 意思
是红色的。

  黑体辐射研究始于基尔霍夫，他于 1859 年提出热辐射的基尔霍夫
定律，1860 年给出证明并顺带提出了黑体的概念。基尔霍夫留下了如
下与热辐射研究有关的著作：

[1] *Gesammelte Abhandlungen* (全集), Johann Ambrosius Barth (1882). 玻
    尔兹曼编辑

[2] *Gesammelte Abhandlungen: Nachtrag* (全集增补), Johann Ambrosius
    Barth (1891). 玻尔兹曼编辑

[3] *Vorlesungen über mathematische Physik*, 4 Bände (数学物理讲义，四
    卷本), B. G. Teubner (1876—1894).
    Band 1: *Mechanik* (卷一：力学), B. G. Teubner (1876).
    Band 2: *Mathematische Optik* (卷二：数学光学), B. G. Teubner
    (1891).
    Band 3: *Electricität und Magnetismus* (卷三：电与磁), B. G. Teubner
    (1891). 普朗克编辑

Band 4: *Theorie der Wärme* (卷四：热论), B. G. Teubner (1894). 普朗克编辑

[4] *Abhandlungen über Emission und Absorption von G. Kirchhoff* (基尔霍夫论发射与吸收), Wilhelm Engelmann (1898). 普朗克编辑。此辑包含内文 3 篇共 39 页，分别是 (1) Über die Fraunhoferschen Linien [论夫琅合费线, *Monatsberichte der Preußischen Akademie der Wissenschaften*, 662–665 (1859–1860)。此文 1860 年又发表在 *Pogg. Ann.* **109**, 148–150 (1860) 上，故很多文献会说这是 1860 年的事儿]; (2) Über den Zusammenhang zwischen Emission und Absorption von Licht und Wärme (论光与热之发射和吸收之间的关系，1859); (3) Über das Verhältniss zwischen dem Emissionsvermögen und dem Absorptionsvermögen der Körper für Wärme und Licht [论物体对光与热之发射能力和吸收能力之间的关系，*Annalen der Physik* **185**, 275–301 (1860)]。这三篇文章是黑体辐射研究的开山之作，黑体 (schwarze Körper) 的概念就是在第三篇中提出来的。

注意，基尔霍夫的《全集》是玻尔兹曼编辑的，《数学物理讲义》第三、四卷是普朗克编辑的，关于黑体辐射的小册子《基尔霍夫论发射与吸收》是普朗克编辑的。玻尔兹曼和普朗克是接下来的黑体辐射研究的主角，进一步地是后来的统计力学的奠基人。什么是学术传承？这就是学术传承。**学术传承的前提是有学术可供传承**。普朗克在 1900 年给黑体辐射的研究带来决定性的突破，有历史的合理性。

1859 年，基尔霍夫在光谱研究中发现了 (气体分子的) 吸收谱线和发射谱线重合的现象。基尔霍夫的实验是这样做的。在阳光光路上放置本生灯的火苗，然后用光谱仪进行分光。如果是阳光偏强，阳光谱会表现出暗线，即夫琅合费线；当火苗足够强且还在产生火苗的酒精中加了点儿盐水的时候，会发现在夫琅合费标记了 D 的地方叠加了钠的特征双线，而加了氯化锂的火苗表现出的亮线就不对应夫琅合费线。基尔霍夫由此推测地外物质也是由元素构成的，太阳的光球 (photosphere) 中可能含有钠元素。基尔霍夫确立了元素具有特征光谱，一个发光物体发射特定波长的光谱且吸收同样波长的

光 (Welcher nur Licht von gewisser Wellenlänge aussendet und nur Licht von derselben Wellenlänge absorbiert)。进一步地，基尔霍夫说"容易证明，对于同样温度下相同波长的辐射，发射能力与吸收能力之比对所有物体是一样的 (daß für Strahlen derselben Wellenlänge bei derselben Temperatur das Verhältniss des Emissionsvermögens zum Absorptionsvermögen bei allen Körpern dasselbe ist)"。写成公式，记物体的发射能力为 E (定义见下)，吸收能力为 A，则比值

$$\frac{E}{A} = I \tag{1.3}$$

与物体无关。上式中的比值 I 就是吸收系数 $A = 1$ 的物体的发射能力。吸收系数 $A = 1$ 且把所吸收的辐射都转化为热的物体，为完美的黑体。[①] 基尔霍夫的黑体，后来会经由普朗克进一步发展而为基尔霍夫-普朗克意义下的黑体，其不会返还任何落于其上的辐射。所有来自黑体的辐射都纯粹是其发射的辐射。

热平衡时物体的热吸收与发射关系，发现对于给定的波长，发射能力与吸收率 (吸收能力) 之比不依赖于具体的物体。此结论即为基尔霍夫定律。基尔霍夫所谓的"容易证明"略述如下。设想有一无限大平板 C，只辐射和吸收特定波长 Λ 的射线，对面则是一个能吸收和发射一切波长的无穷大平板 c。[②] 两平板的表面皆为镜面。设初始时整个体系处于热平衡，则接下来两个平板都应该保持温度不变。考察平板 c，其发射的波长 λ 不同于 Λ 的辐射被平板 C 全反射而后被平板 c 部分吸收，剩余部分会被平板 C 再次反射，这样最终总会被平板 c 全部吸收。因为对不同于 Λ 的任何波长 λ 上述过程都成立，且系统温度不变，则对于波长 Λ 来说，在平板 c 上相应辐射的吸收和发射也是平衡的。对于波长 Λ，设平板 C 的发射能力为 E，吸收能力为 A；相应地，平板 c 的发射能力为 e，吸收能力为 a。从平板 C 发射的 E(那么多的辐射)，

---

① Hans-Georg Schöpf 评论道：方法上，当吸收全部为 1，只需要研究发射，其发射的黑色辐射具有普适的特征 (emittierte, "schwarze" Strahlung hat universellen Charakter)。参见 Hans-Georg Schöpf, *Von Kirchhoff bis Planck* (从基尔霍夫到普朗克), Vieweg (1978)。

② 这个模型太聪明了。一侧只涉及单一波长好计算，一侧涉及所有波长因而可以同温度 T 相联系。这构造模型的能力是物理学教科书最应该教的。

被平板 c 吸收 aE，反射 $(1-a)E$；接着平板 C 吸收 $A(1-a)E$，反射 $(1-A)(1-a)E$ 回平板 c，接着被平板 c 吸收 $a(1-A)(1-a)E$。简记 $(1-A)(1-a)=k$，则 c 从平板 C 获取的辐射量为 $\frac{aE}{1-k}$。再考察平板 c，其发射 e 最终被自身吸收的部分为 $\frac{ae}{1-k}(1-A)$。关于平板 c 的平衡，有关系式

$$e = \frac{aE}{1-k} + \frac{ae}{1-k}(1-A) \tag{1.4}$$

经简单的代数运算可得

$$\frac{e}{a} = \frac{E}{A} \tag{1.5}$$

此为基尔霍夫定律。此结果也可由考察一次过程得到。平板 c 的一次吸收为 $aE + a(1-A)e$，其中第二项是对自己发射的被反射部分的自吸收；经过这一轮，平板 c 第二次的发射减少了 $(1-A)e - a(1-A)e$。平衡时，吸收与发射持平，故有

$$aE + a(1-A)e = e - (1-A)e + a(1-A)e \tag{1.6}$$

于是得基尔霍夫定律 $\frac{E}{A} = \frac{e}{a}$。将平板 c 换成其他物质，式 (1.5) 仍然成立。因为讨论的温度和波长 Λ 是任意的，因此可以说特定温度下关于同一个波长的吸收能力与发射能力之比对所有物体都成立。吸收能力强的，发射能力也强，这就为此前的气体自身发光出现明亮谱线的地方，高温火苗的光经过这样的气体所得到的光谱会在相应的地方上出现暗线，找到了理论解释。基尔霍夫还比较了不同金属电极引起的电弧放电光谱中的亮线和太阳光谱的暗线，发现铁电极的亮线对应夫琅合费线而铜电极就不是这样，由此猜测太阳光圈里有铁元素的存在。

这个由两无穷大平板构成的模型可以用闭合的有限曲面来实现：即一个闭合空腔包裹一个有限大小的物体。物体的外表面与腔体的内表面二者都是闭合的，这就模拟了前述的模型体系。为了模型计算的简单，可以要求腔体的内表面是完全无反射的理想情形，它吸收所有落到其上的光（$\rho = 0$，$A = 1$），即黑体。对于那些能吸收所有照临其上的光的物体，基尔霍夫说"我将那样的物体称之为完全黑的，或者就简称为黑的 (Ich will solche Körper vollkommen schwarze, oder kürzer schwarze, nennen)"。一般的表述会强调黑体的特征是全部吸收, 其实这对应反射率为 0; 反射率为 0 的表面对空腔里的辐射的贡献, 只需要研究其发射行为。所谓的黑体是指表面的 (等效) 吸收率 $A = 1$ 的物体, 由于涉及的是表面性质, 其与具体的材料无关倒也合理。基尔霍夫当时列举的黑体的例子是空气包裹着的碘蒸气和玻璃盛着的沥青。对腔体所包裹的物质性质无特别要求。若保持温度不变, 则其发射的光与吸收的光持平。然而, 若腔体的内壁是黑体, 保持温度恒定, 则空旷空间 (Leer Raum, empty space) 里的热辐射是普适的, 具有普适的特征, 即与所包裹的物质的性质、几何形状等因素无关。基尔霍夫认识到, 这个体系中空旷空间里的热辐射是值得研究的对象, 是首当其冲要研究的 (Es soll hier zunächst die Strahlung im leeren Raume untersucht werden)。

强调一句, 黑体的概念除了要求吸收率 $A = 1$ 以外, 还要强调其把所吸收的辐射全部转化成热而非引起化学反应、轰击出电子或者引发荧光。黑体还是物质发射能力的极限。黑体是一个理想概念。

黑体包裹的空旷空间里的热辐射是普适的。黑体腔中的有限物体 (可以有很多个) 可以是任何东西, 后来研究者用到的模型中出现的有镜子、部分透光的金属片、炭颗粒、一个分子甚至一个电子, 最著名的是普朗克的振子, 也可以什么都没有①。那个物体不必是黑色的, 也不要求是均匀的, 从黑体腔落到其上的辐射在其表面或者内部可以被多次改变 (die mannigfaltigsten Modificationen erleiden können)。基尔霍夫设想有这样的黑体, 是为了提供一个实质性的证明辅助工具 (bildet ein wesentliches Hülfsmittel② bei dem Beweise), 后来那些研究黑体辐射的人是知道这个用意的。基尔霍夫甚至还设想过全反射的镜面以及热辐射全透过的物体 (diathermane Körper)。不过请注意, 基尔霍夫认识到黑体包裹的空旷空间里的热辐射是普适的, 是他作为物理巨擘不同凡响的地方。玻尔兹曼说基尔霍夫的思想是 "Die scharfste Prazisierung der Hypothesen, feine Durchfeilung, ruhige mehr epische Fortentwicklung mit

---

① 如果你不关心具体问题的研究, 就更可以什么都没有了。太多的教科书真就给画了一个啥都没有的空腔, 让初学者一头雾水。

② 旧德语, 即 Hilfsmittel, 辅助工具。

eiserner Konsequenz ohne Verschweigung irgendwelcher Schwierigkeit, unter Aufhellung des leisesten Schattens"。这段我都不敢翻译，因为翻译不好，其大意是"假设之最明锐的精确性，细致的打磨，具有铁定结果而不回避任何困难的、平静的更是划时代的进展，在最轻盈阴影的明亮之下"。最伟大的工作趁得上最优美且最曲折的赞扬。

　　基尔霍夫 1860 年文章的插图 2 值得一提 (图 1.9)。图中有一个物体 C，被黑腔包裹着，黑腔有内部结构，为两个带小孔的黑体屏幕 S_1 和 S_2。去掉屏幕 S_2，在屏幕 S_1 的开口 1 处加一个全反射的镜子，这相当于通过这个开口 1 向外侧出射的辐射同从外侧经过开口 1 向内流入的辐射是相等的，则包裹着物体 C 的小黑腔内的辐射平衡应该不变。这里基尔霍夫对黑体辐射问题的深入思考，后来成了维恩等人黑体辐射测量实验的思想基础——他们把实验从测量黑色物体的四下里发光改成测量内壁为黑体的空腔 (其中的气体分子可不少) 从小孔往外泄露的光。这是一个真科学的案例。与此相对照，某些对于完全不知其为何物的对象的先行测量，关于测量何以成立的问题缺乏对观众的交代。

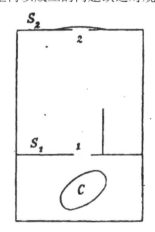

图 1.9 基尔霍夫用于证明基尔霍夫定律的插图

　　基尔霍夫还论证了黑体辐射不是极化 (偏振) 的。热平衡下的辐射是各向同性的。辐射密度在各个方向都相同的发射体是朗博发射体。基尔霍夫关于热辐射的定律可以表述为："任何物体 (做成的空腔)，其热平衡时的发射能力与吸收率之比是一个普适的、只依赖于温度的函数，该函数是完美黑体的特征。"用大白话说，就是好的吸收体也是好的发射体 (Ein guter Absorber ist auch ein guter Emitter)。黑体的辐射谱密度与方向无关，与空腔辐射的谱密度相同 (Die spektrale Strahldichte des schwarzen Körpers muss daher von der Richtung unabhängig und mit der spektralen Strahldichte der Hohlraumstrahlung identisch sein)。基尔霍夫的发现，用公式可表示为在平衡条件下，

$$\int_0^\infty a_\lambda K_\lambda \mathrm{d}\lambda = \int_0^\infty e_\lambda \mathrm{d}\lambda \tag{1.7}$$

其中 e_λ 是物体的发射能力，a_λ 是物体的吸收系数，而 K_λ 是入射的辐射强度。平衡是针对所有波长的平衡，故

$$a_\lambda K_\lambda = e_\lambda, \ K_\lambda = e_\lambda/a_\lambda \tag{1.8}$$

所谓的基尔霍夫定律，即是说平衡时的辐射强度谱分布函数 K_λ 是一个仅依赖于温度的简单函数，记为 $K_\lambda(T)$ 或者 $K(\lambda,T)$。黑体辐射等价于热平衡时空腔里的辐射，因此它应该纯粹是热的性质[①]，而与空腔的体积、形状、材料无关。也就是说，黑体辐射语境中的黑是一种极限性质。在空腔内插入任何物体，不影响空腔辐射的物理，故有普朗克模型中空腔里面有炭粉颗粒的说法 (普朗克 1906 年曾说，空腔中的炭粉颗粒所起到的作用如同量子过饱和蒸汽中的小液滴，它把低熵、不稳定的辐射状态转成平衡态)；哪怕是壁对吸收率为零的情形，$a_\lambda = 0$，也成立，故后来有黑体辐射模型用的是全由镜子组成的空腔[②]，或者腔中有只对特定频率的光透明的薄片 (请记住这一点)。基尔霍夫相信，黑体辐射的这个谱密度分布是一个简单函数，找出这个函数算得上非常有意义的成就 (crowning achievement)。当然了，他也非常明白实验上会有很多困难要克服。基尔霍夫是在海德堡大学研究光谱时得到黑体辐射定律的，他后来把黑体辐射研究带到了柏林，黑体辐射研究最终在柏林结出了硕果。实际情况是，在基尔霍夫定理提出后，经过 40 年的艰难探索，谱密度

---

① 我瞎猜，超导、超流也是一种热力学现象，应参照黑体辐射研究历程加以研究才好。进一步地，它应该被当作一种极限现象，因而期待某种逻辑上的跳跃。
② 镜子是个对特定的光波长成立的概念，哪有对全波长都表现为镜子的表面呢。针对特定的入射光,想制备合适的镜子是很难很难的。

函数在 1900 年真地就被找到了。

1.9　今日视角下的黑体辐射

我们以今日的视角学习黑体辐射，有几个因素要注意到。其一，基尔霍夫 1859 年提出辐射定律的时候，克劳修斯的熵概念（1865 年提出）还在孕育之中。其二，那时候连麦克斯韦方程组还没呢，更不知道 (热) 辐射是电磁波。其三，在 1887—1888 年，德国的赫兹才证实电磁有波的存在形式。热辐射、电磁波、熵，再加上玻尔兹曼在 1872 和 1877 年提出的能量量子化 (具体地是分子动能的量子化)，以及基于熵概念的热的力学理论的建立 ($S = k_{\mathrm{B}} \log \Omega + S_0$)，未来这几个因素凑到一起就擦出大火花了。其四，黑体辐射的研究带来了量子理论，有了量子论以后才有了关于辐射理论的深入研究 (20 世纪前期)。黑体辐射研究揭示了辐射有波粒二象性、(理想气体) 分子有波粒二象性，这导致了一般意义下的波粒二象性原则，并最终导致了波动力学的诞生。

一个发光体，特征的物理量是它的发光能力及其谱分布。早在古希腊时期，德谟克里特就将颜色同温度联系起来："加热的铁以及其他物体因为含有更多的'高度轻薄的火 (fire of higher tenuity)'而显明亮，而在粗重状态包含较少的火时则更显红色。因此说，红色的物体不那么热。"室温下一般物体的热发射，人眼看不到，这时候无照明状态下的物体是黑的。随着温度的升高，(黑色的) 物体会逐渐变为灰色、暗红、亮红、黄色、白色、蓝白色 (图 1.10)。白色对应高温，故有白热化、白炽的说法。对铁匠铺里的炉子的粗略观察可以得出结论：随着温度升高，发光向短波长方向移动，光也变得更加强烈。黑体的辐射、热平衡时空腔的辐射，以及热平衡时内有发射体的空腔的辐射，都应该表现出同样的谱特征。这是黑体辐射所涉及的模型研究的思想基础。黑体辐射 1859 年被提出不久，热力学因为熵概念的提出而深入发展，与此同时电力照明和钢铁工业也迎来了蓬勃发展，黑体辐射注定会是接下来的研究主题。黑体辐射理论体现 thermodynamics 与 electrodynamics 的统一。

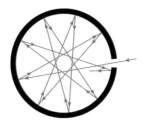

图 1.10 辐射体实物图与热空腔辐射模型

这个常见模型若当作黑体辐射理解则是错的。所有落在黑体上的辐射都会被吸收，所有空腔中的辐射都来自黑体的发射。

1.10 被误解的基尔霍夫定律

基尔霍夫定律看似简单，但恰恰因此而备受误解，或者说是对它所涉及的物理问题的误解。随手举一例，吸收率 A 常和反射率 ρ 表达在一起，$A = 1 - \rho$。然而，这是一个典型的量的关系而非物理关系，吸收是所考察物体的性质，而反射是物体-环境间界面的性质。黑体要求 $A = 1$，且把吸收的辐射都转化成热——这是理想状况。问题是，基尔霍夫定律还指向闭合腔体内的辐射是黑体辐射，或者说呈现一个普适的标准谱，$\frac{E}{A} = f(\lambda, T)$，$\frac{\varepsilon_\nu}{a_\nu} = F(\nu, T)$，但是对腔体内壁材料的吸收能力没有要求。

然而，实际情况是，黑体辐射实验用的腔体还是努力要用黑色物质做涂层，建造黑体辐射研究用的腔体是非常困难的 (见下)。至于在一个实验设备所能到达的极高温处实现温度均匀以及热平衡，更是个技术性与思想性的双重挑战。普朗克竟然借助全反射壁的腔体来实现黑体辐射。全反射壁不透光也不发射光，故而不参与热交换。然而，为了自圆其说，普朗克的全反射壁腔体里还是要有黑色物质的小颗粒以实现黑体辐射 [Max Planck, *The Theory of Heat Radiation*, P. Blakiston's Son & Co., (1914)]。

还有一点，当我们拿有限闭合空间同无穷大平面所围空间相等价的时候，这个等价只具有拓扑学的意义而不具有物理的正确性。辐射这种存在可是有空间特征尺度的 (暂且理解为波长吧)。当波长与腔体的尺寸可相比拟时，你不能指望 $\frac{E}{A} = f(\lambda, T)$ 还具有普适性。幸好，基尔霍夫定律严格说来是不正确的，否则这个世界就没有微波器件了。

　　任意材料围成的空腔从来都不是黑体。那么，空腔里的辐射不是完美的黑体辐射，这事儿重要吗？一点也不。当它不断地给我们带来新物理并且新物理在其他地方会以其他方式被证明是正确的时候，那些错误或者不严谨有什么要紧呢。**物理只在应该正确的地方正确**。一个哪怕错到底的理论，如果为我们带来了新的、正确的物理，它也是有价值的。它的出现就证明了它的意义。

　　自然的完美定律隐藏在不完美的存在中。

1.11　以 0 为起始的单峰曲线

　　图 1.5 中夫琅合费所绘的阳光强度随波长变化的曲线是一类具有特别物理意义的曲线，对于单阈值过程发生概率的描述具有普适性。设想某个商品，价格为 E_{th}，考察一下处于不同财富区间 $E \in (0, \infty)$ 的人群购买它的概率密度 $f(E)$。容易理解，从

$$f(E = 0) = 0 \tag{1.9}$$

开始，随着 E 的增加 $f(E)$ 缓慢增加，到了 $E = E_{\text{th}}$ 附近 $f(E)$ 迅速抬升 (买得起了) 一直升到某个极值 (对于一般的物理过程这发生在 $E \sim 4E_{\text{th}}$ 处)，然后开始下降 (有大财富者消费低价商品的意愿低) 直到

$$f(E \to \infty) = 0 \tag{1.10}$$

这种以 0 为起始的单峰曲线[①]，将之归一化

$$\int_0^\infty f(E)\,\mathrm{d}E = 1 \tag{1.11}$$

便是描述各种物理过程发生之概率密度的恰当函数。式 (1.9)—(1.11) 是对这类函数的一般性要求。黑体辐射中的普朗克分布函数是个单变量 (光频率，ν)、单参数 (系统温度，T) 的函数。熟悉特定事件发生之概率密度曲线一般性的研究者看到黑体辐射的强度谱分布后把它引向概率论研究 (统计物理)，是非常自然的事情。夫琅合费的手绘图注定了辐射研

---

① 自然科学中至关重要的响应函数也是以 0 为起始的，请配合格林函数理论一起参详。

究的统计特性。积分函数

$$P(E) = \int_0^E f(x)\,\mathrm{d}x \tag{1.12}$$

随着 E 的增加单调地从 0 变到 1。如果 0, 1 对应两种物理状态, 则函数 $P(E)$ 就相当于一个开关, 因此它又被称为开关函数。反过来, 若知道了开关函数 $P(E)$, 则概率密度函数就是

$$f(E) = \mathrm{d}P/\mathrm{d}E \tag{1.13}$$

对于直接从 0 跳到 1 的开关函数, 概率密度函数 $f(E)$ 就是狄拉克 δ-函数。

黑体辐射问题是一个统计物理问题, 核心在于构造一个正确的概率密度函数。读者在研习黑体辐射的时候先了解一下开关函数和分布函数的数学是有益的。麦克斯韦分布函数 (高斯函数)、玻尔兹曼分布函数、普朗克分布函数、狄拉克函数、泊松分布函数以及费米-狄拉克分布函数, 是几种比较简单的分布函数。

物理学选择了简单。

1.12 韧致辐射

如今谈论黑体辐射如果不提及韧致辐射, 会有点儿缺憾。韧致辐射, 英语文献中也是直接使用德语词 Bremsstrahlung, 字面意思是刹车辐射, 指带电粒子被减速的过程中所产生的辐射。在较窄的意义上, 韧致辐射特指高速电子在固体中被减速带来的辐射。利用这个机制可以制作 X-射线源。用能量为数万电子伏特的电子轰击金属靶材, 得到的辐射为对应靶材的特征 X-射线 (比如实验室常用的能量为 8.04 keV 的 Cu Kα 线, 波长为 1.54 Å) 叠加在一个连续谱上, 这个连续谱也接近黑体辐射谱。试比较图 1.11 和图 1.5。与黑体辐射谱不同, 韧致辐射谱在短波处有明确的截断, 即波长小于 $\lambda_c = hc/U$, U 为入射电子的动能, 之外就没有辐射了。其实, 任何实际的辐射过程都有截断, 已知的电磁波在长波和短波方向都有极限, 长波方向大约是频率为几个赫兹, 在短波方向频率不超过 10^{24} 赫兹。这个数据不确切, 一个原因是电磁波的

产生和探测都是难题。在已知的电磁波谱范围内，电磁波的产生和探测机制都是不同的。这是我们考察黑体辐射实验研究时必须牢记的。在对电磁波的特性以及光-物质相互作用有了更多理解之后，我们就能理解基尔霍夫定律不合适的地方，也就学会了如何更加珍惜它的部分正确。

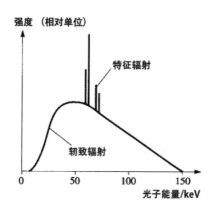

图 1.11　电子轰击固体产生的轫致辐射。尖峰为靶材的特征峰，而连续谱类似黑体辐射谱

1.13　多余的话

物理学的概念，连同支撑它的知识，都是演化而来的。有必要交代一下黑体辐射一词历史上在文献中的面目。黑体 (black-body) 一词，德语为 schwarzer Körper 或者 Schwarzerkörpe。黑体辐射 (black-body radiation)，德语为 Schwarzkörperstrahlung，强调在空腔里实现的辐射则称为空腔辐射 (Hohlraumstrahlung)。爱因斯坦喜欢用 schwarze Strahlung (黑色的辐射)，见爱因斯坦 1910 年的文章，他还曾用过腔体 (Hohlkörper) 而不是腔空间 (Hohlraum) 的说法，见爱因斯坦 1907 年的文章。许多文献干脆就叫作热辐射 (Wärmestrahlung, thermal radiation, heat radiation)。在法语文献中，常见的称呼有 raynnement du corps noir (黑体辐射)，rayonnement noir (黑辐射)，rayonnement complet (完全辐射)，rayonnement thermique (热辐射)，等等。

补充阅读

[1] Gustav Kirchhoff, Robert Bunsen, *Chemische Analyse durch Spectral-beobachtungen* (借助谱观察的化学分析), Engelmann (1860).

[2] J. S. Ames (ed.), *Prismatic and Diffraction Spectra: Memoirs by Joseph von Fraunhofer*, Harper & Brothers (1898); Forgotten Books (2018).

[3] Clemens Schaefer, Die Entwicklung der Strahlungsgesetze seit Kirchhoff, *Angew. Chem.* **61**, 119–123 (1949).

[4] Pierre-Marie Robitaille, Kirchhoff's Law of Thermal Emission: 150 Years, *Progress in Physics* **4**, 3–13 (2009).

[5] E. Haug, W. Nakel, *The Elementary Process of Bremsstrahlung*, World Scientific (2004).

第 2 章 黑体辐射研究初步

黑，有各种光的黑。

...wrong hypotheses, rightly worked from, have produced
more useful results than unguided observation.

— Augustus de Morgan, *A Budget of Paradoxes* [1]

---

① ……从错误的假设出发正确地进行探究，也会比瞎么呼哧的观察要产生更有用的结果。
— 德·摩根，《悖论包》。

摘要　　热辐射一开始被当作是与光并行的存在。等到电磁波的存在被证实以后，热辐射、电磁波和光的概念就合而为一了，可以用电动力学和热力学处理。完美发光体的发光能力与温度的关系满足斯特藩-玻尔兹曼定律，黑体辐射谱遵循维恩位移定律。基于光气作为介质的热机模型，维恩得到了黑体辐射能量密度需要满足的函数形式，进而得到了维恩谱分布公式。黑体辐射被用作辐射标准，黑体辐射谱可用于确定发射体的绝对温度。黑体辐射初步研究过程中用到的 Arbeitsquantum，Energiequantum 和 Wärmequantum 中的 quantum 就是"量、多少"的意思。

关键词　　热力学，电磁学，统计物理，光压，斯特藩-玻尔兹曼定律，维恩位移定律，维恩谱分布公式

基尔霍夫在讨论热辐射时，他将热辐射当作是光一样的波，但并没有认为热辐射是光。到了 1887—1888 年赫兹用实验证实了电磁波的存在，加之在 1862 年前后麦克斯韦就曾指出光可能就是电磁波，因此 (太阳) 光和热辐射渐渐地被认为同是电磁波，遵从麦克斯韦波动方程。注意，1876 年巴托利提出热辐射有压力，1884 年玻尔兹曼把电磁理论用于黑体辐射，这些都发生在电磁波的存在被证实之前。巴托利与玻尔兹曼的用电动力学和热力学处理热辐射的思想在 1893 年为维恩进一步推进。

2.1　辐射体的辐射能力

完美发光体的发光能力与温度的关系，在近代的物理教科书中由斯特藩-玻尔兹曼公式给出，

$$J = \sigma T^4 \tag{2.1}$$

其中 J 是自发射体出射的能量流密度 (density of flux of energy)，单位为单位面积瓦 $(W \cdot m^{-2})$，反映的是物体的热发射能力，系数 σ 的近代物理表示为

$$\sigma = \frac{2\pi^5 k_B^4}{15c^2 h^3} \tag{2.2}$$

其数值为 $\sigma = 5.67 \times 10^{-8}$ W·m^{-2}·K^{-4}。在这个表达式里，有三个普适常数 h, k_B, c (解释见下文)，辐射问题的重要性由此可见一斑。由上述公式可以估算出，在室温 (300 K) 下黑体辐射的强度约为每平方米 460 瓦，或者说一平方米的黑体辐射其功率为 460 瓦。随着温度的升高，谱线整体向高频方向移动，这个现象由维恩位移公式描述，

$$\nu_{max} = \frac{\alpha k_B}{h} T \tag{2.3a}$$

即峰值所在频率与绝对温度 T 成正比，其中的系数 $\alpha = W(-5e^{-5}) + 5$，W 是所谓的 Lambert W-函数。如果只关注数值，可写为

$$\nu_{max} = 5.879 \times 10^{10} T \ [\text{Hz}] \tag{2.3b}$$

或者

$$\lambda_{max} = \frac{2.89777 \times 10^{-3}}{T} \ [\text{m}] \tag{2.3c}$$

但是，请注意，这儿有些地方不对劲儿。在公式 (2.2)—(2.3a) 里，都出现了玻尔兹曼常数 k_B 和普朗克常数 h，但是普朗克常数 h 是普朗克 1899—1900 年才引入的，玻尔兹曼常数 k_B 是普朗克 1900 年命名的，皆在斯特藩-玻尔兹曼公式和维恩位移公式之后很久才确定下来。也就是说，用普朗克常数 h 和玻尔兹曼常数 k_B 表示斯特藩-玻尔兹曼公式与维恩位移公式却未加思索，肯定错过了这两个公式之所以被发现的研究过程，而那才是一个物理学家该学会的。

　　先补个插曲。为了从热力学的角度研究黑体辐射，有必要引入辐射压的概念。辐射压的概念一开始由开普勒 (Johannes Kepler, 1571—1630) 于 1619 年提出，用以解释彗星尾总远离太阳的现象。1862 年，麦克斯韦从自己的电磁理论出发推测有辐射压的存在。麦克斯韦预言电磁波携带动量。物体吸收了电磁波，应该感受到在电磁波传播方向的压力 [参见麦克斯韦著 *A Treatise on Electricity & Magnetism* (1873) 第 792 节]。

　　意大利人巴托利在 1876 年从热力学原理导出了辐射压的存在 [Adolfo Giuseppe Bartoli, *Sopra i movimenti prodotti dalla luce e dal calore: e sopra il radiometro di Crookes* (论光与热产生的运动以及克鲁克斯的辐射计)，Coi tipi dei successori le Monnier (1876)]。巴托利 1874 年毕业于

比萨大学，于 1876 年在 25 岁上即已是实验物理教授。巴托利借助一个想象实验[①]指出，如果从一个移动的镜子反射光，就能提升辐射温度，这样就能把能量从低温物体传输到高温物体，但这违反热力学第二定律 [A. Bartoli, Il calorico raggiante e il secondo principio di termodinamica (辐射热与热力学第二定律), *Nuovo Cimento* **15**, 193–202 (1884)]。若光对镜子也施加了压力，就解决了这个困局。其实，之所以有这个插曲是因为那个时候还没建立起光有动量的概念。光有能量容易被感知，在墙角晒晒太阳就明白，但光有动量的认识需要首先认识到它存在的物理语境。爱因斯坦在质能关系和光电效应的工作中都用到了辐射压的概念。未来确立光能量量子伴随有光动量量子 (康普顿散射实验) 也是确立光的粒子性的关键一步。有趣的是，巴托利自己却不乐意接受光压的存在。

列别捷夫在 1900 年用实验验证了辐射压力的存在 [Pyotr Lebedew, Untersuchungen über die Druckkräfte des Lichtes (光的压力研究), *Annalen der Physik*, Series 4, **6**, 433–458 (1901)]，其关键部件为悬挂在玻璃丝上的金属片，受光照会表现出转动。1901 年，Nichols 和 Hull 用扭秤 (torsion balance) 精确测量了辐射压 [Ernest Fox Nichols, Gordon Ferrie Hull, The Pressure due to Radiation, *The Astrophysical Journal* **17**(5), 315–351 (1903)]。

奥匈帝国的物理学家斯特藩是玻尔兹曼的导师，其于 1858 年在奥地利维也纳大学获得数学物理博士学位 (图 2.1)。按维基百科 Stefan-Boltzmann 条目，斯特藩在 1879 年基于丁达尔 (John Tyndall, 1820—1893) 1864 年用白金灯丝获得的发射能量测量结果得到了公式 (2.1)，$J = \sigma T^4$。斯特藩得到公式 (2.1) 的文章 [Josef Stefan, Über die Beziehung zwischen der Wärmestrahlung und der Temperatur (热辐射与温度之间的关系), *Sitzungsberichte der Kaiserlichen Akademie der Wissenschaften: Mathematisch- Naturwissenschaftliche Classe* **79**, 391–428 (1879)] 很有影响，证据是其早有法文译文 Sur la relation entre le rayonnement calorifique et la température. 但是，细读这篇文章笔者却发现斯

---

① Gedankenexperiment, 指在脑子里把事情做了。自 1883 年马赫这么用了以后，大致就是这个意思。真实的实验受条件限制，Gedankenexperiment 不受条件限制。先在脑子里过一遍，应该是做实验研究的习惯。此词的英译为 thought experiment, 有汉语将之翻译为"思想实验"或"思想性实验"，把事情性质略微抬高了。

特藩其实是用杜隆和珀替关于发射体的梯次温度分布得到物体发射的热量同其绝对温度四次方成正比 (die von einem Körper ausgestrahlte Wärmemenge der vierten Potenz seiner absoluten Temperatur proportional ist) 的结论的。法国物理学家杜隆 (Pierre Louis Dulong, 1785—1838) 和珀替 (Alexis Thérèse Petit, 1791—1820) 的这个实验非常巧妙 [A. T. Petit, P. L. Dulong, Recherches sur quelques points importants de la théorie de la chaleur (关于热理论几个重要点的研究), *Annales de Chimie et de Physique* **10**, 395–413 (1819)]，用沸腾金属作为发热体 (保持了辐射源温度的恒定)，测量不同半径的同心金属球壳上平衡时的温度 (球壳间无热源，球壳上来自内层的辐射流强度的衰减应该满足平方反比律)。笔者读到此处是击节叫好。提起杜隆-珀替，按说应该是如雷贯耳才对。后来爱因斯坦于 1907 年创立固体量子论时，又是基于杜隆-珀替的比热测量数据。热力学中有所谓的杜隆-珀替定律，是他们俩于 1819 年提出的，比卡诺 (Sadi Carnot, 1796—1832) 的第一篇热力学论文还早五年。不过，必须指出，杜隆-珀替在斯特藩所探讨的实验中，测量温度在 0 ~ 280 ℃ 之间，得到的结果是发射热量为 ma^u，其中 m 是依赖于材料的系数，u 是温度，而 $a = 1.0077$ 是个不依赖于材料的常数。这个公式是从 (小范围) 数值直接拟合而完全不思考物理图像的结果，显然其有效性大受局限，或者说稍微有点儿理论功底的人就知道它不可能正确[①]。斯特藩注意到了这一点，他把摄氏温度换算成绝对温度，轻松地得到了公式 (2.1)。斯特藩说他的公式 "……带来更大的简单性，其与观测有好的对应，就理论关系而言也有优点 (...von noch grösser Einfachheit anführen, welche den Beobachtungen auch gut entspricht und in theoretischer Beziehung noch einen Vorzug besitzt)"。

未来等有了普朗克谱分布公式，则热流可表示为

$$j = 4\pi c \int_{\Omega} \cos\theta \sin\theta \mathrm{d}\theta \mathrm{d}\varphi \int_0^\infty \frac{8\pi\nu^2}{c^3} \frac{h\nu}{e^{h\nu/kT} - 1} \mathrm{d}\nu \tag{2.4}$$

其中 Ω 是半空间。作变换 $x = h\nu/kT$，注意 $\int_0^\infty \frac{x^3}{e^x-1}\mathrm{d}x = \frac{\pi^4}{15}$ 是常数，故积

---

① 就热辐射而言，0 ~ 280 ℃ 之间的温度落在热辐射问题的效应不明显区域，且这个温度区间是个小的变量区域。

分结果显然是 $j = \sigma T^4$。普朗克谱分布同斯特藩-玻尔兹曼定律自洽。真实情形是，斯特藩-玻尔兹曼定律是黑体辐射谱分布研究的指导原则。

图 2.1 斯特藩

图 2.2 玻尔兹曼

2.2 玻尔兹曼与热的力学理论

玻尔兹曼 1844 年出生于奥地利维也纳，1863 年入维也纳大学学习数学和物理，1866 年获博士学位，论文导师是斯特藩。1869 年，玻尔兹曼获聘奥地利格拉茨 (Graz) 大学数学物理教授的位置，同年到了德国海德堡和本生一起工作了几个月。1871 年，玻尔兹曼到了德国柏林，和基尔霍夫与亥尔姆霍兹一起工作了一段时间。这些经历奠定了玻尔兹曼的研究方向选择。未来玻尔兹曼会有个博士生叫艾伦菲斯特，是统计物理和黑体辐射研究的关键人物。斯特藩/本生/基尔霍夫 → 玻尔兹曼 → 艾伦菲斯特，这构成了一个黑体辐射研究的学术链条。玻尔兹曼非同寻常，是统计物理和原子论的奠基人 (图 2.2)。

在 1868 年的文章 [Ludwig Boltzmann, Studien über das Gleichgewicht der lebendigen Kraft zwischen bewegten materiellen Punkten (关于运动点状物体间活力平衡的研究)[①], *Wiener Berichte* **58**, 517–560 (1868)] 中，玻尔兹曼奠定了如下思想：给定温度的体系，其处于能量为 ε_i 的状态的概率为

$$p_i \propto e^{-\varepsilon_i/kT} \tag{2.5a}$$

其中常数 k，经常写为 k_B，后来被称为玻尔兹曼常数，是一个普适的物理常数。这是物理学史上最有价值的表达式之一，这个 $e^{-\varepsilon_i/kT}$ 来自大数极限 $\left(1 - \dfrac{x}{n}\right)^n \to e^{-x}$，你看到统计 (排列组合) 了吧！黑体辐射是同时涉及玻尔兹曼常数 k、光速 c 和普朗克常数 h 的问题。可以这样理解，黑体辐射理论是关于光 (c) 的量子 (h) 统计 (k)。为啥是统计力学？从这篇文章你会知道那是从经典力学出发构造热的力学理论的努力。这个表达式称为玻尔兹曼分布，也称吉布斯分布。黑体辐射的一些模型研究会把玻尔兹曼分布作为出发点。

玻尔兹曼的另一大贡献，是为黑体辐射研究准备了量子的概念和统计的方法。1872 年，为了得到麦克斯韦分布，玻尔兹曼假设分子的动能是量子化的，为 $\varepsilon, 2\varepsilon, 3\varepsilon, ...$，注意不是从 0 开始的 [Ludwig Boltzmann, Weitere Studien über die Wärmegleichgewicht unter Gasmolekülen (气体分子热平衡的深入研究), *Wiener Berichte* II **66**, 275–370 (1872)]。1877 年，这次玻尔兹曼假设分子的动能是量子化的且计数从 0 开始 [Ludwig Boltzmann, Bemerkungen über einige Probleme der mechanischen Wärmetheorie (关于力学热论问题的说明), *Wiener Berichte* **75**, 62–100 (1877); Über die

---

① 活力，德语 lebendige Kraft，拉丁语为 vis viva，就是动能。不过，其早期的形式为 mv^2。

Beziehung zwischen dem zweiten Hauptsatze des mechanischen Wärmetheorie und der Wahrscheinlichkeitsrechnung, respective den Sätzen über das Wärmegleichgewicht (针对热平衡定律论机械热论之第二定律同概率计算之间的关系), *Sitzb. d. Kaiserlichen Akademie der Wissenschaften, mathematich-naturwissen Cl.* **LXXVI**, Abt. II, 373–435 (1877)]。考察一个 n 个粒子的体系，每个粒子具有 0, 1, 2, ..., p 个单位的能量，则总能量一定的平衡态是什么样子？这就是在约束条件

$$n_0 + n_1 + ... + n_p = n \qquad (2.6a)$$

$$0 \cdot n_0 + 1 \cdot n_1 + ... + p \cdot n_p = \lambda \qquad (2.6b)$$

下求分布数

$$W = \frac{n!}{n_0!\, n_1!\, ... n_p!} \qquad (2.7)$$

取最大所对应的分布，结果得

$$n_p \propto e^{-\beta p} \qquad (2.5b)$$

返回头，将能量连续化，

$$p(\varepsilon) \propto e^{-\varepsilon/kT} \qquad (2.5c)$$

对于理想气体，能量是分子动能，$\varepsilon = \frac{1}{2}mv^2$，即可得到麦克斯韦-玻尔兹曼分布。

玻尔兹曼在这里对分子动能的计数从 0 开始，这个 0 能量具有特殊的地位。分子动能为 0 让我觉得不好理解。下文我们会看到在艾伦菲斯特 1911 年的论文中，谐振子的量子化能量也是从 $n = 0$ 开始的，并有关于 $n = 0$ 之必要性的讨论。庞加莱关于能量量子化是得到普朗克公式的充分必要条件证明，也是从 $n = 0$ 开始的。这里的妙处，下文会仔细考虑 (参见 7.6 节)。存在 $n = 0$ 是有费米-狄拉克统计的前提。

1884 年，玻尔兹曼考察用光 (气) 作为工作介质的热机，又得到了这个关于辐射能力的公式 [Ludwig Boltzmann, Über eine von Hrn. Bartoli entdeckte Beziehung der Wärmestrahlung zum zweiten Hauptsatze (论巴托利先生发现的热辐射同第二定律之间的关系), *Annalen der Physik* **22**, 31–39 (1884); Ableitung des Stefan'schen Gesetzes, betreffend die Abhängigkeit der

Wärmestrahlung von der Temperatur aus der electromagnetischen Lichttheorie
(关于由电磁的光理论出发得到的热辐射对温度依赖关系的斯特藩定律
的推导), *Annalen der Physik* **22**, 291–294 (1884)]。这篇文章导出了对辐射
热力学的表述。玻尔兹曼指出，所谓空腔里的辐射处于平衡态即为穿过
其中任意体积之闭合表面的流为零的状态，这其实是关于平衡态的一般
判据。对于空腔辐射，其特点是各向同性，由此得出

$$4\pi K = uc \tag{2.8a}$$

其中 K 是强度，而 u 是能量密度。因为黑体辐射的平衡是对所有的波
长或者频率成立的，故有

$$4\pi K_\lambda = u_\lambda c \tag{2.8b}$$

或者

$$K_\lambda = \frac{c}{4\pi} u_\lambda \tag{2.8c}$$

对于垂直入射的平面电磁波，其对反射面造成的压力为其能量密度，

$$p = u \tag{2.9}$$

设想强度为 K 的光从各个方向照射到一个全反射的表面上 (不存在穿透
造成的能量损失)，则造成的光压为

$$p = \frac{2}{c} \int K \cos^2 \theta \mathrm{d}\Omega \tag{2.10a}$$

其中 θ 表示入射光线同表面法向间的夹角，$\mathrm{d}\Omega$ 表示空间角微元。黑体
辐射的特征是均匀、各向同性，因此积分

$$p = \frac{2}{c} \int K \cos^2 \theta \mathrm{d}\Omega = \frac{4\pi}{3c} K \tag{2.10b}$$

即

$$p = \frac{1}{3} u \tag{2.11}$$

将表达式 (2.11) 同斯特藩公式相联系，是玻尔兹曼和维恩工作的重
点。玻尔兹曼的热力学推导从热力学主方程 $\mathrm{d}U = T\mathrm{d}S - p\mathrm{d}V$ 出发，得
$\left(\frac{\partial U}{\partial V}\right)_T = T\left(\frac{\partial S}{\partial V}\right)_T - p$，也即 $\left(\frac{\partial U}{\partial V}\right)_T = T\left(\frac{\partial p}{\partial T}\right)_V - p$，利用定义 $\left(\frac{\partial U}{\partial V}\right)_T = u$，

以及对于辐射气体的辐射压关系 $p = u/3$，得到

$$u = \frac{T}{3}\left(\frac{\partial u}{\partial T}\right)_V - \frac{u}{3} \tag{2.12}$$

故得解

$$u \propto T^4 \tag{2.13}$$

进而有

$$J = uc = \sigma T^4 \tag{2.14}$$

其中 c 是光速[①]。这是玻尔兹曼对此前斯特藩定律的理论证明，公式 (2.14) 此后被命名为斯特藩-玻尔兹曼公式。玻尔兹曼的公式是来自热力学的结果，它是对可能的谱分布函数之形式的强约束。斯特藩的公式是关于发射流的，$J = \sigma T^4$，玻尔兹曼的公式应该是关于空腔里的能量密度的，$u \propto T^4$，两者可当作是一回事儿，因为 $J = uc$，但它们又不是一回事儿。

在玻尔兹曼的热的力学理论中，被关注的是分子的动能 (lebendige Kraft) 而不是如麦克斯韦那样考虑分子的速度。分子能量为 $0, \varepsilon, 2\varepsilon, 3\varepsilon, ..., p\varepsilon$，碰撞前和碰撞后分子的能量只能是这些值，状态由在不同能量上分子数目的分布决定。碰撞改变系统的分布。这样就自然得出统计的原则，状态数 (Komplexionsnummer) 最大的状态为平衡态，因为处在这样的能量分布的状态其概率最大 (一个特定的 Komplexion 碰撞后有最大的概率仍是这种分布状态的某个 Komplexion)。所谓的 Komplexionsnummer, the number of complexions，是形成同样状态分布的微观状态的数目。

我们更应该从玻尔兹曼那里学习其是如何开创一门学问的。玻尔兹曼们的一个独特的能力是构造模型——脱离实际的模型——的能力。在其 1877 年的文章中，玻尔兹曼写道：Es entspricht diese Fiktion freilich keinem realisierbaren mechanischen Probleme, wohl aber einem Probleme, welches mathematisch viel leichter zu behandeln ist...(这个假设不对应任何现实的力学问题，但会让问题数学上容易处理……)。那些他们得到的

[①] 我都想说，不包含这部分内容的热力学教科书都是不合格的。

物理模型，常常是理想的、抽象的、极限情形下的或者以别的什么方式脱离实际的，但重要的是从这样的模型中能得到真正的物理。当然，好的科学家光有思想只能做浅层次的工作，他还要有干活的能力，包括实验和数学演算的能力。欧拉 (Leonhard Euler, 1707—1783)、庞加莱、玻尔兹曼这类科学家手上都有不可思议的算功。

值得一提的是，玻尔兹曼 1869 年先在格拉茨大学担任了几天数学物理教授即转往海德堡，1894 年起在维也纳大学担任理论物理教授，而其间有差不多 14 年他在格拉茨大学的职位是实验物理教授。物理不是不可以分为实验的和理论的不同行当，也不是不可以分为这个那个的细碎方向，但是太执着眼界就受限了。

2.3　维恩与黑体辐射位移定律

维恩这个名字因黑体辐射研究而闻名，他几乎是唯一的黑体辐射理论与实验双料研究者 (图 2.3)，第一个将熵引入黑体辐射研究，制作了第一个近似完美的黑体辐射源。维恩是笔者心目中大神级的物理学家。维恩是亥尔姆霍兹的博士生，1882 年起念的是哥廷恩大学和柏林

图 2.3　维恩 (1911)

大学，1886 年获得博士学位①。维恩于 1883—1885 年间在亥尔姆霍兹
的实验室工作，1890 年到柏林帝国物理技术研究机构 (Die Physikalisch-
Technischen Reichsanstalt in Berlin，简称 PTR，建立于 1887 年) 工作。
PTR 是笔者所知唯一的一家得到过黑体辐射谱的研究机构，黑体辐射就
是在这里被实验地、理论地研究清楚的。1893 年，维恩发现了辐射谱
的位移定律 [W. Wien, Eine neue Beziehung der Strahlung schwarzer Körper
zum zweiten Hauptsatz der Wärmetheorie (黑体辐射与热学第二定律之间
的一个新关系), *Sitzungsberichte der Königlich-Preußischen Akademie der
Wissenschaften zu Berlin* **1**, 55–62 (1893)]。维恩在 1894 年引入了电磁辐
射熵的概念 [W. Wien, Temperatur und Entropie der Strahlung (辐射的温
度与熵), *Annalen der Physik* **288**(5), 132–165 (1894)]，在文章中还瞎猜了
黑体辐射可能的谱分布 (图 2.4)。此篇文章署名为 Willy Wien，收录
在维恩自己的书中 [Wilhelm Wien, Das Wiensche Verschiebungsgesetz (维
恩位移定律), Verone (1928)]。维恩考察处于热平衡下内有辐射的空腔
的绝热膨胀，空腔缓慢收缩时腔壁反射能量的变化和频率变化一致
(Doppler effect)，从而得出是绝热不变量的结论 (这时候，普朗克常数
的引入就是必然了。见下)，进一步地得到了所谓的维恩谱分布公式
[Wilhelm Wien, Über die Möglichkeit einer elektromagnetischen Begründung
der Mechanik (论力学基于电磁学的可能性), *Annalen der Physik* **310**(7),
501–513 (1900)]。实验方面，维恩于 1895 年制作了黑体辐射源，给出了
建造黑体辐射源的原则 [O. Lummer, W. Wien, Über die Energieverteilung
im Emissionsspectrum eines schwarzen Körpers (论黑体辐射谱的能量分
布), *Annalen der Physik und Chemie*, Neue Folge, Band **58**, 662–669 (1896)]。
更多细节见下一节。在这个讨论中，腔体内壁不仅不是黑体，维恩甚至
讨论了腔壁是镜子的情形。这部分的详细讨论见于瑞士物理学家万尼尔
(Gregory Hugh Wannier, 1911—1983) 的教科书 [G. H. Wannier, *Statistical*

① 那时候普鲁士的大学四年获得博士学位好象是制度，相当于如今的硕士班毕业。
那时候，德国、奥地利、瑞士和荷兰这些国家上三年大学获博士学位的在物理学史
上有不少。另外，普鲁士的大学生要读两个大学。黎曼大学读的分别是哥廷恩大学
和柏林大学，普朗克大学读的分别是慕尼黑大学和柏林大学。这是多么伟大的制
度啊。

Physics, Dover Publications (1987)]。此外值得一提的是，维恩 1898 年在气体放电里辨识出了带正电荷的、质量等同于氢原子的粒子，即质子；1900 年维恩假设所有的质量都有电磁起源，并给出了等价关系 $m = \frac{4}{3}\frac{E}{c^2}$。更多关于质能关系的讨论请见第 10 章及拙著《相对论——少年版》。

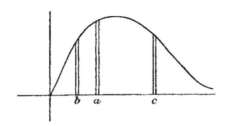

图 2.4　维恩在 1894 年的文章中瞎猜的黑体辐射谱分布
这个瞎猜的谱分布和实际差不多。对于维恩这样的既亲手测量又懂物理还熟悉经典概率函数的人来说，这个结果好理解。

维恩在 1893 年的一篇文章 [Willy Wien, Die obere Grenze der Wellenlängen, welche in der Wärmestrahlung fester Körper vorkommen können; Folgerungen aus dem zweiten Hauptsatz der Wärmetheorie (固体热辐射波长上限: 自热理论第二定律的推论), *Annalen der Physik* **285**, 633–641 (1893)] 可看作是他研究黑体辐射的牛刀初试。他用黑体辐射 (包围黑体辐射的腔体其内壁是完全镜面的，die Innenwände seien vollkommen spiegelnd) 同气体热平衡的模型得出结论，在长波长一侧，辐射强度会在有限范围内变得趋向无穷小。在当时实验能测量的范围，观察到强度随波长变大而增强，维恩基于热力学模型论证在某个波长之外强度必会减弱以至变为零 (不是没有那些波长的辐射了，是强度趋于零)。其实，笔者以为可以这么想，自然过程中的强度总不能永远增加，甚至不能保持为有限值，强度回落到零是天理，否则对强度的积分得到的总量就是无限的了。若将辐射强度 $f(\lambda)$ 当作波长的函数，总能量为辐射强度对波长的积分，显然应该有

$$\lambda \to \infty, f(\lambda) \to 0 \qquad (2.15a)$$

这样的论证不能确定 $\lambda \to 0$ 时 $f(\lambda)$ 的行为。然而，辐射强度也可当作频率的函数 $F(\nu)$，其同 $f(\lambda)$ 一一对应。式 (2.15a) 意味着

$$\nu \to 0, F(\nu) \to 0 \tag{2.15b}$$

同样也可以论证

$$\nu \to \infty, F(\nu) \to 0 \tag{2.16a}$$

此即

$$\lambda \to 0, f(\lambda) \to 0 \tag{2.16b}$$

这样，不管用波长还是用频率来表示黑体辐射谱，其轮廓 (profile) 是一致的，为两端趋于零的单峰结构，也符合对描述单一物理事件的概率密度函数的一般性要求。这里面的物理基础是关系式

$$\lambda\nu = c \tag{2.17}$$

光速 c 是黑体辐射问题里的一个普适常数，而关系式 (2.17) 保证了函数 $F(\nu)$ 同函数 $f(\lambda)$ 的一一对应。

维恩 1893 年的另一篇论文 (黑体辐射与热力学第二定律之间的一个新关系) 建立了黑体辐射的位移定律，值得关注一下其中的细节。维恩指出斯特藩-玻尔兹曼定律那是对整个谱的积分结果，应该把辐射按照波长分剖开来考察。有升温和减小体积两种方式来增加能量密度。一个用镜子围成的空间里的辐射，体积减小，则密度增大；如果体积减小的速度很慢，整个空间里的辐射可看作是保持平衡的。总能量密度相等的体系，针对每一个波长的能量密度也必须相等。

考察一个中空的柱体，两端 A 和 D 是温度为 T_1, T_2 $(T_1 < T_2)$ 的黑体，中有可移动的活塞 B 和 C，活塞上有活动门但不漏光。柱子内壁、活塞和活动门都是全反射的，可设想是白体。将由活塞 B 和 C 隔开的空间依次标记为空间 1，2，3。打开 B，关闭 C，足够长时间后把 B 也关闭，则空间 2 里是对应温度 T_1 的黑体辐射，空间 3 里是对应 T_2 的黑体辐射。移动 B 增加空间 2 里的能量密度直至与空间 3 里的相同，则按照热力学第二定律其谱分布也应该相等。接下来是一番麦克斯韦妖式的

论证，此处略[①]。如果我们知道由黑体 A 引起的能量分布，以及由活塞 B 运动带来的变化，我们就知道了黑体 D 引起的能量分布。

设 $\varphi(\lambda)$ 是空间 2 里的谱分布函数。从数学上说，对于小量 h，有

$$\varphi(\lambda + h) = \varphi(\lambda) + h\varphi'(\lambda) \tag{2.18}$$

活塞 B 的挤压运动导致空间 2 内的波长减小，有

$$\lambda' = \frac{c - 2v}{c}\lambda \tag{2.19}$$

记活塞 B 的运动造成一次光的反弹后其波长缩短为 h，谱分布函数为 $f_1(\lambda)$。设若用 $\frac{2}{3}\varphi(\lambda) + \frac{1}{3}\varphi(\lambda + h)$ 来拟合 $f_1(\lambda)$，实际上是说 $f_1(\lambda) = \varphi(\lambda + h/3)$; n 次回弹后的谱分布为 $f(\lambda) = f_n(\lambda) = \varphi(\lambda + nh/3)$。于是有关系

$$f(\lambda) = \frac{2}{3}\varphi(\lambda) + \frac{1}{3}\varphi(\lambda + nh) \tag{2.20}$$

假设 B 和 C 之间距离为 $a - x$ 时，在 B 挪动 $\mathrm{d}x$ 的时间间隔内从 B 上反弹的次数 $n = \frac{\mathrm{d}x}{a-x}\frac{c}{2v}$ 足够多。反弹 n 次后，

$$\lambda_n = \left(\frac{c - 2v}{c}\right)^n \lambda = \mathrm{e}^{-\frac{\mathrm{d}x}{a-x}}\lambda \tag{2.21}$$

因为 $\lambda_n = \lambda + nh$, 则

$$nh = -\mathrm{d}x/(a - x)\lambda \tag{2.22}$$

记 $f(\lambda) = \varphi(\lambda + nh/3) = \varphi(\lambda + \mathrm{d}\lambda)$, 有

$$\mathrm{d}\lambda = -\frac{\mathrm{d}x}{a - x}\frac{\lambda}{3} \tag{2.23}$$

积分这个式子，得

$$\lambda = \sqrt[3]{(a - x)/a}\,\lambda_0 \tag{2.24}$$

其中 λ_0 是活塞 B 在 $x = 0$ 处时相应的波长。设 B 在位置为 x 时空间 2 里的能量为 E，则能量密度为 $\psi = \frac{E}{a-x}$。[②] 改变 $\mathrm{d}x$ 带来的能量密度变化为

$$\frac{\mathrm{d}\psi}{\mathrm{d}x}\mathrm{d}x = \left(\frac{\mathrm{d}E}{\mathrm{d}x} + \psi\right)\frac{\mathrm{d}x}{a - x} \tag{2.25}$$

[①] 这种论证总是不如数学论证那么严谨，笔者不明所以也不敢苟同。
[②] 这是线密度。在活塞横截面积为单位面积时，它就是体密度。

而能量变化 dE 应该和此过程中的做功 $\frac{1}{3}\psi dx$ 等价。$d\psi = \frac{4}{3}\frac{\psi}{a-x}dx$, $\psi = \left(\frac{a}{a-x}\right)^{4/3}\psi_0$。这就有了

$$\frac{\psi}{\psi_0} = \frac{\lambda_0^4}{\lambda^4} \tag{2.26}$$

计及斯特藩-玻尔兹曼定律

$$\frac{\psi}{\psi_0} = \frac{T^4}{T_0^4} \tag{2.27}$$

于是得

$$\lambda_0 T_0 = \lambda T \tag{2.28}$$

这个推导过程中凑的成分太多，关键点是选择 $f_1(\lambda) = \varphi(\lambda + h/3)$，注意这里的 3，这可能是后世书籍中不重现它的原因。然而，它有意义，它告诉 budding physicists 物理是怎样做的。凑固然未必严谨，但知道往哪里凑很重要。凑多了就能凑出正确的内容了。

关于位移定律，正确的理解是黑体辐射谱密度是一个关于 λT 或者 ν/T 的单变量函数，其中 T 是平衡态系统的参数，可定义为温度，真正的绝对温度[①]。维恩自己的表述为 "Im normalen Emissionsspektrum eines schwarzen Körpers verschiebt sich mit veränderter Temperatur jede Wellenlänge so, daß das Produkt aus Temperatur und Wellenlänge konstant bleibt (黑体标准辐射谱随变化的温度这样移动，温度同波长之积为常数)"。这句话应该以物理图像为基础、配合谱分布函数积分正比于 T^4 来理解：温度 T_1 下的谱分布函数为 $f_1(\lambda)$，温度 T_2 下的谱分布函数为 $f_2(\lambda)$，函数 $f_1(\lambda)$ 与函数 $f_2(\lambda T_1/T_2)$ 形状相同。维恩的 Verschiebung 是指整个谱分布函数关于温度的变换，$\lambda \to \lambda' = \lambda T/T'$。此前韦伯曾注意到辐射谱随温度的移动 [H. F. Weber, Untersuchungen über die Strahlung fester Körper (固体辐射研究), *Sitzungsber. dtsch. Akad. Wiss. Berlin* **2**, 933–957 (1888)]，有 $\lambda_{\max} T = $ const. 的结果。维恩说他的推导同韦伯从他的辐射定律得到的能量最大位-移 (谱函数峰位的移动) 的结果相吻合。维恩认识到黑体辐射的能量密度随频率的变化应该用单宗量的函数 $\rho(\nu/T)$ 而非 $\rho(\nu, T)$ 描

[①] 温度不是普通的物理量，非常难以理解。参阅拙著《物理学咬文嚼字》028 篇。

述，其意义不亚于后来的普朗克提出光能量量子化。物理学史上可与其比拟的，是四十年前克劳修斯认识到描述卡诺循环等价量的某个函数应该是 $f(T_2/T_1)$ 而非 $F(T_1, T_2)$ 的形式，由此得到了熵概念 (参见拙著《得一见机》)。未来在普朗克那里，位移定律会被表示为 $S = F(U_\nu/\nu)$，即熵 S 是谱能量密度 U_ν 与频率 ν 之比的函数 (见下节)。

不管是德语的 Verschiebung，还是英语的 displacement, shift，都是移动、挪动，而非特指位置的移动。维恩的 Verschiebungsgesetz 里的移动，显然不是 $x \rightarrow x + a$ 这样单纯的位置移动。把维恩的 Verschiebungsgesetz 理解为 "位移" 定理，自动把太多的物理内容给过滤了。下文中，笔者将时不时使用 "维恩挪移定律" 的说法，提醒读者不要把它简单地理解为峰位置的移动。

2.4　再说维恩挪移定律

关于维恩挪移定律，1902 年的一篇文章 [Emil Kohl, Über die Herleitbarkeit einiger Strahlungsgesetze aus einem W. Wien'schen Satze (从维恩定律出发的辐射定律推导可能性), *Annalen der Physik*, Vierte Folge, **8** 575–587 (1902)] 让笔者对该问题有了比较明晰的理解。维恩定律指的是，对应每一个波数的能量份额经移动后会全部转移到移动后的波数上 (daß der jeder Schwingungszahl entsprechende Energiebetrag bei der Verschiebung ganz auf die verschobene Schwingungszahl übertragen wird)。维恩位移定理的物理是多方面的，要从得到这个定理的过程开始理解。维恩得到位移定律的物理模型是一个活塞中的热辐射，因此 Verschiebung 是指移动活塞堵头的过程 (Verschiebungsvorgang)，以及由此造成的活塞堵头的位置移动 (Verschiebung dx)。活塞堵头以一定速度 v 移动，因多普勒效应而造成频率改变，因此有 verschobene Schwingungszahl (被移动的波数) 的说法。这是频移，频率的挪移，进而还有整个辐射谱型的挪移 (变形)。至此，大家也就理解了把 Verschiebung (displacement) 理解为 (峰) 位置移动的错误了。有各种物理量的各种方式的挪移，仅当成峰值的位移来理解就狭隘偏颇了。就维恩挪移定律而言，Verschiebung (displacement) 有多方面的物理内容，请读者严肃对待。

考察一个空腔长度为 a、一端可移动的柱状活塞，可移动端 (面积为单位面积) 的内部为镜面，辐射到达该表面后会被反射并经历多普勒效应造成频移。设在空腔长度为 $a-x$ 时，可移动端以速度 $v \ll c$ 将位置向内移动了 dx。假设整个过程中辐射都是近似地仍处于热平衡的。

频率为 v 的光，经一次反射后频率变为

$$v' = v(1 + v/c)^2 \tag{2.29}$$

则在移动了 dx 的过程中将频率变成了

$$v' = v\left(1 + \frac{dx}{a-x}\right) \tag{2.30}$$

根据维恩定律，可以认为移动后的谱分布函数 $e_{v,T+dT}$ (移动对体系做功，让体系的谱分布对应的是温度为 $T+dT$ 的谱分布) 由 2/3 的 $e_{v,T}$ 和由 1/3 的 $e_{v\left(1+\frac{dx}{a-x}\right),T}$ 所构成。从谱分布函数来看，这等价于频率位移为

$$\delta v = \frac{1}{3}\frac{dx}{a-x}v \tag{2.31}$$

相应地，系统总能量的变化为

$$dE = \frac{1}{3}\frac{dx}{a-x}E = \frac{1}{3}u\,dx \tag{2.32}$$

此即

$$p = \frac{1}{3}u \tag{2.33}$$

是玻尔兹曼之前得到的结果。顺着相同的步骤可得到 $u \propto T^4$。然而，维恩在推导过程中还得到了方程

$$dE = \frac{E}{T}dT \tag{2.34}$$

解为

$$\frac{E}{T} = \frac{E_0}{T_0} \tag{2.35}$$

这可以理解为黑体辐射的比热是常数。维恩得到的另一个方程为

$$\frac{\partial e_v}{\partial T} = -\frac{\partial e_v}{\partial v}\frac{v}{T} \tag{2.36}$$

这表明谱能量密度 $e_v = e_v(T)$ 具有函数形式 $e_v(T) = \phi\left(b\frac{v}{T}\right)$。维恩进而

得到谱强度最大处对应的频率 $v_{\max}$ 满足

$$\frac{v_{\max}}{T} = \text{const.} \tag{2.37}$$

这就是所谓维恩位移定律 (之一个侧面)。相应的发射能力最大值满足关系 $e_{\max}T^{-5} = \text{const.}$，这也是位移定律一个侧面的表述。未来普朗克会得到单个振子的熵作为其能量函数的表示，

$$S = F(U_v/v) \tag{2.38}$$

这里的函数 F 被称为挪移函数 (Verschiebungsfunktion)。普朗克说这是对维恩挪移定律的最简单表述 [Planck (1906)。见第 4 章]。

关于维恩这个模型及证明，笔者以为值得评论几句。这整个过程中，维恩始终瞄着那个重要的因子 $\frac{1}{3}$，这是玻尔兹曼的结果 $p = \frac{1}{3}u$ 必须有的。然而，应该看到，这里的因子 $\frac{1}{3}$ 是空间为三维空间的结果。相应地，维恩公式 $u_v = v^{-3}\phi(v/T)$ 中的 3 也是我们的物理空间是三维空间的结果。辐射压公式 $p = \frac{1}{3}u$ 以及斯特藩-玻尔兹曼公式 $E \propto T^4$ 是维恩此项工作的指路灯，其模型及证明不是严谨的，但由此得出了正确的结论，解释了未曾认识到的事实。这个构造模型和摸索证明的能力，是欲成为物理学家者要学习的。

值得关注的是，玻尔兹曼在 1883 年的一篇论文 [Ludwig Boltzmann, Über das Arbeitsquantum, welches bei chemischen Verbindungen gewonnen werden kann (论化学结合可获得的能量), *Wiener Berichte* **88**, 861–896 (1883)] 的题目中就使用了 Arbeitsquantum 一词，从上下文看，这个 Arbeitquantum 的意思就是"功-量"。维恩在 1893 年的论文中用的则是 Energiequantum 一词 [Ferner sei E das Energiequantum...(进一步设 E 是能的量……)]，Energiequantum 就是能-量[1][图 2.5(a)]。维恩在 1894 年的论文中也用了 Arbeitsquantum 一词 [图 2.5(b)]，可理解为功-量，即做功的多少。在当时，Energiequantum、Arbeitsquantum 就单纯地是能-量、功-量，能或功的多少、总量。1893 年这篇文章里还有 Wärmequantum

---

① 把 quantum (量) 翻译成量-子，把 energy (能) 翻译成能量，这种习惯性的添足式翻译给我们，如果我们还碰巧是死不认错的主儿的话，理解物理带来了不少困难。Energiequantum (quantity of energy) 才是能-量。

Ferner sei E das Energiequantum im Raum 2, wenn B bei x steht. Die Dichtigkeit der Energie ist dann

$$\psi = \frac{E}{a - x}.$$

Wächst x um dx, so nimmt die Dichtigkeit infolge der Volumenverkleinerung und der geleisteten Arbeit zu.

(a) 维恩 1893 年论文中所含的 Energiequantum 字样

Sei nun die absolute Temperatur, bei der die Dichtigkeit von b gleich $b\,\varphi_b$ ist, gleich ϑ_1, die von a gleich ϑ_0, so ist bei einer irgendwie vorgenommenen Verwandlung der Farbe b in a, bei constant gehaltener Dichtigkeit aus der Volumeneinheit der Strahlung höchstens das Arbeitsquantum

$$b\,\varphi_b\,\frac{\vartheta_1 - \vartheta_0}{\vartheta_1}$$

(b) 维恩 1894 年论文中所含的 Arbeitsquantum 字样

Fortziehen des Spiegels die normale herstellen und dabei würde die schwarze Fläche hinter dem Spiegel ein bestimmtes Wärmequantum abgeben. Nach Schliessung des Spiegels müsste sich dann wieder das anfängliche Gleichgewicht der Strahlung herstellen und dabei Wärme an die im Vacuum befindliche schwarze Fläche übergehen, die sich nun auf Kosten der andern erwärmen würde. Auch wenn der isolirende, feste Körper

(c) 维恩 1893 年论文中所含的 Wärmequantum 字样

图 2.5 维恩的论文

(热-量) 一词 [图 2.5(c)]，1894 年的论文沿用了这个说法。此外，在 1900 年维恩还用了 das electrische und magnetische Quantum (电与磁的量) 这个词。

今日汉语中针对 quantum 的 "量子、存在之单元" 的含义，在黎曼 (Bernhard Riemann, 1826—1866) 1859 年的数学论文以及玻尔兹曼 1872 年、1877 年的工作里都有 (在前者形式为 Quantel)，但得到充分强调并赋予特定的意义可能要等到 1920 年代。Quantum 这个词在普朗克 1900—1901 年研究黑体辐射语境中的确切意义，也要在普朗克自己的语境中加以理解 (见第 4 章)。Energiequantum，所谓的能量量子，作为固定能量单元 (fixed energy element) 的意义在 1905 年后因为爱因斯坦的工作才变得严肃起来，那时候 $h\nu$ 同经典物理的不兼容变得越发明显。笔者愿意再次强调，词义是动态演化着的，quantum 即便作今日之中文、日文意义下的"量子概念"解，也远早于普朗克的工作，正如对质能关系的认识早于爱因斯坦的工作一样。把物理学的重大进展归结于某个人的某一个工作是只见树木不见森林，至少对于物理学的促进和物理学家的培养来说有些微的不妥。

2.5　黑体辐射问题初步描述

用不透明的物体围成一个封闭的空腔。处于热平衡态的空腔，其中的光也会达到一个稳衡分布。在空腔的壁上开一个小孔漏光，相当于这个位置吸收了所有从内部加于其上的辐射，故此处是完美黑体——从空腔壁上小孔漏出的光等价于黑体辐射，这是黑体辐射实验研究的理论基础，是当年基尔霍夫提出的。基尔霍夫的这个思想，只能算是有限正确。洛伦兹称基尔霍夫的论证依据两个杜撰 (bedingt sich zweier Fictionen)，其一是存在完美黑体，其二是对所有辐射存在全反射的镜子。往电磁波谱两头一想，就知道这两者都不成立。在长波段，当波长与器件尺寸可比拟时则对可见光的那一套光学概念可能失效；往短波段，对于波长足够短的 X-射线它会进入所有的固体。广大频率范围内的电磁波都是电磁波，但是每一个频率小区间内的电磁波都有自己独特的物理学。基尔霍夫式的杜撰，在黑体辐射后续的谱分布公式推导中会频繁出现且花样翻新。这逼迫笔者认识到了如下信条：一个假设正确不正确的有什么要紧，能带来正确的物理那就能彰显假设提出者的水平。普朗克 1906 年 [*Theorie der Wärmestrahlung* (热辐射理论)。见第 4 章] 明确指出了黑体辐射概念成立的前提为，daß die linearen Dimensionen aller betrachteten Räume und auch die Krümmungsradien aller betrachteten Oberflächen groß sind gegen die Wellenlängen der betrachteten Strahlen (所有被考察空间的尺度，所有被考察表面的曲率半径，相对于所有被考察的波长，是大的)。当然，还要加上所有尺度的变化 ΔL 相对波长是大的，且波长是远大于固体的原子间距 a 的。用公式表示，就

是黑体辐射概念成立的一个前提是

$$L, \Delta L \gg \lambda \gg a \tag{2.39}$$

此外，时间尺度上也有限制。当我们谈论光的强度时，所关注的时间间隔，包括谈论强度起伏时的时间间隔，都是要大于辐射的周期的。难怪普朗克会说，黑体的判据是很纠结的 (Das Kriterium eines schwarzen "Körpers" ist verwickelter) [Planck (1899)。见第 4 章]。

用什么物理量来描述黑体辐射呢，或者说如何描述空腔辐射和黑体辐射呢？为了照应后来的光的能量量子概念

$$\varepsilon = h\nu \tag{2.40}$$

本书选择针对频率 ν 来展开关于黑体辐射的讨论。

对于空腔辐射，这是一个孤立的热力学体系，总能量守恒。在一个有限空间里分布着一定量的能量，显然能量体积密度这个标量是一个恰当的物理量，量纲应为 $J \cdot m^{-3}$。一个体系如果是运动的，对应某物理量，比如体密度为 ρ 的电荷，还有流密度 j 的问题，如果是定向流，则有 $j = \rho v$。热平衡时空腔里的光场分布是各向同性、均匀、无偏振的，黑体辐射文献中一般将能量密度记为 u，则相应的强度，即流密度，为

$$K = uc/4\pi \tag{2.41}$$

其中的因子 4π 来自空间角为 4π 的事实。如果关切不同频率的光对平衡时能量体积密度的贡献，可引入能量的谱密度 (spectral energy density)，ρ_ν，$\rho_\nu d\nu$ 的量纲为 $J \cdot m^{-3}$。等到普朗克公式出来以后，其中的 $\frac{h\nu}{\exp(h\nu/k_B T)-1}$ 项是温度 T 下的黑体辐射谱中频率为 ν 的光子的平均能量，可知它前面系数的量纲必须是 m^{-3}，看看普朗克公式

$$\rho_\nu d\nu = \frac{8\pi\nu^2 d\nu}{c^3} \frac{h\nu}{\exp(h\nu/k_B T) - 1} \tag{2.42}$$

前面的因子之量纲真就是体积的倒数。我总以为，物理公式的图像要写对。图像清楚，公式形式便一目了然。如式 (2.42) 这样的空腔辐射谱分布公式，正确不正确的再说，乍看起来它没毛病，而且其图像看起来也挺舒服 (图 2.6)。其实，普朗克公式就是一个合适的开关函数的导数，

不明白的同学请多学学法国的统计物理教材①。简单地说，统计的概率
累积就是一个从 0 单调地增加到 1 的开关函数，分布函数必然是这个开
关函数的导数。再强调一遍，分布函数的共同特征是：它们是某个开关
函数的导数。

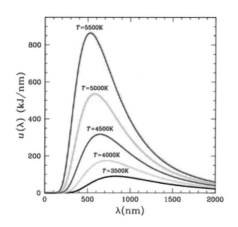

图 2.6　许多文献中出现的黑体辐射谱分布曲线
这一看就是没有实验感觉的人拿函数画的图。地球上的固体物质，
熔点最高的要数炭，但也不过 4000 ℃ 左右。②5500 K 下的黑体辐
射曲线，肯定不是基于实验测量值。

　　如果要描述某个黑体表面的辐射，那是个动态的图像，发射能力
(反过来是辐照度) 是个合适的物理量，即从辐射体的单位面积上、在单
位时间内、向空间的单位立体角内 (或者向整个半空间内) 辐射的能量，
其量纲应该是 $J \cdot m^{-2} \cdot s^{-1}$，如果关切不同频率的光对发射能力或辐照度
的贡献，可引入谱发射强度 (spectral radiance)，B_ν，则 $B_\nu d\nu$ 的量纲应
该是 $J \cdot m^{-2} \cdot s^{-1}$。比如，瑞利-金斯公式 (Rayleigh-Jeans formula) 可写为

$$B_\nu d\nu = \frac{2\nu^2 d\nu}{c^2} k_B T \tag{2.43}$$

的形式。经典统计物理指出，气体的粒子数密度 ρ 同其撞击壁的流强度
j 存在关系 $j = \frac{\nu}{4\pi}\rho$，ν 是速率。将光设想成由某种粒子组成的气体，考

① 我负责任地说，英、德、法三种文本的物理教科书的风格、侧重点绝对不一样。
大体说来，德语的更重视实验细节，法语的更重视数学思想，来自不列颠的英文物
理书各方面比较均衡得体。
② 不好确定其熔点哦。想想为什么。

察单一频率的情形，粒子数和能量成正比，则辐射的能量谱密度 ρ_v 同谱发射强度 B_v 之间的关系为

$$\rho_v = \frac{4\pi}{c} B_v \tag{2.44}$$

黑体辐射研究中会经常用到这个关系。

    自黑体辐射问题被摆上桌面以来，许多人从阶段性研究中就获得了一些有意义的成果。1887 年，俄国人迈克耳孙 (Владимир Александрович Михельсон，1860—1927) 结合斯特藩-玻尔兹曼公式和一个关于辐射发射的统计假设，得出了辐射公式

$$K_\lambda = \frac{b}{\lambda^6} T^{3/2} e^{-a/\lambda^2 T} \tag{2.45}$$

[Опыт теоретического объяснения распределения энергии в спектре твердого тела (固体辐射谱中能量分布的理论解释)，Санкт-Петербург (1887)]。韦伯在 1888 年批评了迈克耳孙推导的理论基础，同时给出了自己的公式 (文献见 2.3 节)，

$$K_\lambda = \frac{b}{\lambda^2} e^{hT - a/\lambda^2 T^2} \tag{2.46}$$

但这个公式从形式上就失去了正确的可能性。维恩谱分布公式是 1896 年得到的 [Wilhelm Wien, On the division of energy in the emission-spectrum of a black body, *Philosophical Magazine*, Series 5, **43**(262), 214–220 (1897)]。维恩研究的是光作为工作气体的圆柱状热机，一端可以移动活塞以改变体积，被移动的活塞反射的光因为多普勒效应而波长变长。维恩首先得到的位移定理，指的是谱线的整体位移 (当然有变形)，谓 v/T 是个绝热不变量。用频率表示，就是平衡态时能量密度谱分布的函数形式为

$$u_v = v^{-3} \varphi\left(\frac{v}{T}\right) \tag{2.47}$$

这样，从前寻找一个关于频率和温度两个变量的普适函数的任务就变成了寻找一个单一变量的普适函数。在维恩的原文中，谱分布公式的形式为

$$\varphi(\lambda) = \frac{C}{\lambda^5} \frac{1}{e^{c/\lambda T}} \tag{2.48}$$

是空腔中能量体积密度的谱分布。维恩的黑体辐射谱发射强度，根据如今的普朗克常数，我愿意把它写成如下形式，

$$B_\nu(T) = \frac{2\nu^2}{c^2} \times h\nu e^{-h\nu/k_B T} \tag{2.49a}$$

维恩公式是基于他自己测量得到的数据，他是有感觉的。维恩公式满足维恩位移定律和斯特藩-玻尔兹曼定律。改写公式 (2.49a) 成

$$B_\nu(T)d\nu = \frac{2h\nu^3}{c^2} e^{-h\nu/k_B T} d\nu \tag{2.49b}$$

的形式，进一步地有

$$B_\nu(T)d\nu = \frac{2h\nu^3}{T^3 c^2} e^{-h\nu/k_B T} \frac{d\nu}{T} \times T^4 \tag{2.49c}$$

这样就能看到，若 ν/T 是不变量 (即满足维恩位移定律)，则有关系

$$\int B_\nu(T)d\nu \propto T^4 \tag{2.50}$$

维恩分布和未来的普朗克分布在低温高频情形下重合，这一点是维恩公式的亮点，也是未来哪怕是量子论被提出来以后它依然不断被用来做物理的基础。

维恩公式基于绝热不变量 (adiabatic invariance) 的概念。愚以为，这就有深意了。这里暗合时间和温度的内在关系，或与量子多体理论中 $T + it$ 的表达式之思想基础同，此处 T、t 分别是温度和时间。维恩分布函数得自分子动力学的考虑，是建立在 "辐射是如何从振动分子发射出来的" 此一相当随意的假设基础上的，因此受到了瑞利的强烈批判，认为其假设不过是猜测而已。后来，普朗克也不得不做了一些假设 (Planck had also been compelled to make assumptions that were somewhat arbitrary)，也招致了维恩遭遇过的类似批评。这里有用局部实验数据同函数的吻合来导出理论的凑合行为，但不是问题的全部。关于黑体辐射的理论研究，其中涉及随意假设的内在需求，这也是我们学习黑体辐射理论的难点，下文会格外着墨。

2.6　黑体辐射作为辐射标准

到了 1896 年，黑体辐射有了基尔霍夫定律，斯特藩-玻尔兹曼公式，维恩位移公式和维恩谱分布公式，这些内容成了后来的黑体辐射研

究的起点和指导原则。一般黑体辐射教科书就是从这里才开始讲故事的。实际上，黑体辐射研究吸引了很多物理学家的注意。1895 年帕邢也想获得黑体辐射谱函数，在此过程中他证实了维恩位移定律，确定了其中的常数。1896 年他还提出了自己的经验公式，几乎与维恩的相同。据说，居里先生 (Pierre Curie, 1859—1906) 在大学期间也对黑体辐射做了初步研究 (mene une des premieres études de rayonnement du corps noir)，但未见细节描述。顺带说一句，黑的事物本身是非常有趣的研究课题。勒庞 (Gustave Le Bon, 1841—1931)，就是那位写了《乌合之众》的先生，其实是一位医生、多才多能的科学家，他的《力的演化》一书就讨论过黑光 (black light)，有 apparatus for the study of black light 等小节 [Gustave Le Bon, *The Evolution of Forces*, D. Appleton and Company (1908)]。更多细节请参见拙著《磅礴为一》。

黑体辐射的普朗克公式确定以后，黑体辐射反过来可以作为辐射标准，黑色发射体可以作为辐射参照物，故德语里有 Schwarzer Körper (黑体) 和 Normkörper (标准物) 之说——确立辐射标准本就是黑体辐射研究的原初动机之一。一个具体的发射体，其发射谱可以用黑体辐射谱近似，从而计算出一个温度来。图 2.7 是太阳的发射谱，其和普朗克公式只能说勉强符合，由此得到的太阳表面的温度约在 5800 K。作为温度估计，这是很好的结果了。据说宇宙背景接近完美的黑体辐射，温度为 2.728 K。我对此抱持审慎的态度①。感兴趣的读者，学点物理测量基础然后去读几篇原始文献吧。真正的伪科学，是看起来象是真科学但细想想却感觉哪儿哪儿都不对劲儿的那种。至于那种进一步延伸的技术应用，比如红外体温计，说是也依据黑体辐射的性质，具体细节我就不清楚了。不过，我可以给大家分享一下我的体验，就是这种所谓的红外体温计经常是对着我时没有数字输出，弄得测温的人一脸迷茫。1988 年前后有对某区域天体的辐射测量报道，忽而就不是完美的普朗克辐射体了，忽而又是完美的普朗克辐射体啦，是和不是都产生了一堆论文。你

① 从前编神话的人都不敢这么编。试考虑一下那口天线锅测量的无线电波段的谱范围是多宽？波长分辨本领是多少？强度响应范围是多大？实际测量结果的噪声比信号高几个数量级？……

如果知道得到一个普朗克辐射体的谱密度分布实验曲线有多难，大概对这些所谓的研究会一笑置之。

　　基于黑体辐射公式可以估算某个发光体的温度，但拿那个温度当作严肃物理研究的出发点，就有点儿不走心啦。关于这个问题，也许直接引用普朗克的话比较有说服力 (1906。见第 4 章)。普朗克指出，有必要把辐射温度 (Strahlungstemperatur) 同物体温度 (Körpertemperatur) 分开。关于太阳的温度，基于阳光计算而来的太阳温度是表观温度或者有效温度，是假设太阳是黑体且把阳光光谱用黑体辐射谱曲线凑合而来的结果。太阳的表观温度不过是太阳射线的温度，取决于其辐射的构成，是射线的特性而非太阳的特性 (Die scheinbare Temperatur der Sonne ist nun offenbar nichts anderes als die wirkliche Temperatur der Sonnenstrahlen, sie hängt lediglich ab von der Beschaffen der Strahlen, ist also Eigenschaft der Strahlen und nicht eine Eigenschaft der Sonne)。所谓宇宙背景温度，也当如此理解。把类似宇宙背景温度这样的说法当作一个引申的结论了解一下就好，但不可以把它当作延伸研究的起点。树梢是不可以用来作基础的，连树干也只能当栋梁。

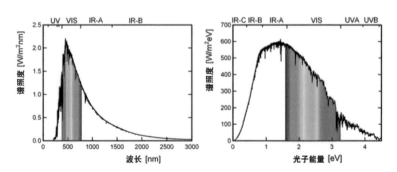

图 2.7 在大气层以上测量到的太阳照度随波长或者光子能量的分布，大约对应温度为 5800 K 的黑体辐射

补充阅读

[1] Jagish Mehra, *The Golden Age of Theoretical Physics*, 2 Volumes, World Scientific (2001).

[2] Rudolf Clausius, *Die mechanische Wärmetheorie* (机械热论), 3 Bände, Vieweg (1887).

[3] Harold A. Wilson, On the Statistical Theory of Heat Radiation, *Philosophical Magazine*, Series 6, **20**(115), 121–125 (1910).

第 3 章 黑体辐射精密测量

想过各种办法，就是没想过放弃。

—— 佚名

摘要　　黑体辐射研究需要精密的测量，为此要准备合格的测量对象和精密的测量仪器，这包括黑体辐射源、温度计、光谱仪和辐射计等。黑体辐射实验研究是一个基于科学理论的旷日持久的努力，一批具有科学素养的实验物理学家[①] 藉此展现出了高超的实验技能，其对近代工业和实验物理的影响是不可估量的。测量是独特的物理学分支，好的实验都是理论的。对黑体辐射在长波长一端的精确测量带来了对维恩分布的怀疑，从而将黑体辐射研究引入深水区。

关键词　　辐射体，温度计，光谱仪，光束计，红外光，远红外，精密测量，维恩谱分布公式，瑞利-金斯公式

3.1　黑体辐射测量刍议

在诸多物理学和物理学史文献中，黑体辐射大多会被从理论的角度加以探讨，人们喋喋不休地谈论的是什么普朗克的绝望行动 (Akt der Verzweiflung)[②]，而普朗克谱分布公式建于其上的黑体辐射谱得以精确确定所依赖的那些仪器的准备和测量方法方向上的努力却鲜有人提及，可能是因为理解不了吧！实际上，黑体辐射研究也是工业进步需求带来的课题，其数据的精确获得体现的是十九世纪末德国优秀的实验家文化 (Experimentierkultur)，恰是这种文化为我们带来了近代物理学。关于这一点，熟知近代物理学史的人应该没有异议。如果你教过近代物理实验，应该多少有点儿感觉。

如前所述，1859 年基尔霍夫确定了黑体辐射的强度只依赖于温度和波长的结论 (见第 1 章)。基尔霍夫写道 (大意)："当一个等温物体围成的空间没有辐射泄漏出去，则在此空间内部的射线束从各方面来说可看作是由完全黑体发射的，只和温度有关。"找到这个普适函数具有高度的重要性 (es eine Aufgabe von hoher Wichtigkeit ist, diese Funktion zu

---

① "有科学素养的"这个修饰词在从前也许是没有必要的。

② 我就想不明白，普朗克应该是水到渠成地得到了正确的表达式，绝望从何说起？普朗克的绝望，应该是指他后来理解或者合理化自己的公式时的感觉吧。在如何学着玻尔兹曼将求极限进行下去时，普朗克有了绝望的感觉。这是普朗克在 30 年后的一封信里自己说的。

finden)。只有这个问题解决了，那得到证明的定律之富有成果才会展现出来 (Erst wenn diese Aufgabe gelöst ist, wird die ganze Fruchtbarkeit des bewiesenen Satzes sich zeigen können)。基尔霍夫是大神，没有数据，也一样获得关于世界的深刻洞见！后来的发展完全证明了基尔霍夫的先知先觉。

要实验证明基尔霍夫定律，做比说可难多了。研究物理的测量比给买来的仪器插上电源然后看着它吐出数据让计算机画图要略微麻烦一点儿。就黑体辐射测量而言，研究对象要制备，测量用的仪器要制备，测量的原理以及相关的物理也是要研究的。需要发明测量原理、测量方法和测量仪器的测量很有可能真是科学。对黑体辐射的实验研究稍作思考，会发现如下几个条件可能是必需的：

(1) 能在大温区内长时间保持温度恒定、均匀的腔体；

(2) 能在大温区内标定体系温度的温度计；

(3) 能在大波长范围内工作的、具有强分辨本领的分光仪；

(4) 能在大波长 (频率) 范围内标定波长 (频率)；

(5) 能在大波长范围内工作的辐射 (流量、功率、光能) 计；

(6) 具有极弱信号响应能力的辐射计。

上述所谓的大温区、大波长范围不妨直说是不同温区、不同波长区间，因为单一温度计、单一分光仪的工作范围不可能有那么大的跨度 (别指望一套设备能得到一条完整的黑体辐射谱，人眼还配备两套感光细胞呢)，勉强地大跨度使用一套仪器则会在测量极限、分辨本领方面力不从心。就实验设备的实际使用而言，还有设备的抗干扰 (比如空气中的水蒸气对光谱仪的干扰) 能力等问题。上述这些条件没有一样是容易实现的，甚至有些是客观上无法实现的，这也是黑体辐射测量为什么研究机构那么少、研究时间跨度那么长的原因[①]。在 1900 年前后似乎只有柏林的帝国物理技术研究机构有这些条件。同时期的帕邢在汉诺威做了不多的测量工作。

---

① 对于任何宣称只用一台仪器就获得了黑体辐射谱的说法，我都只表示勉为其难的相信。

黑体辐射研究在基尔霍夫做出预言式论断 40 年后获得了累累硕果。黑体辐射谱的获得归功于一批杰出的实验物理学家持续多年的努力。他们分别是维恩和蒂森，此外还有德国的近代物理实验五杰 (quintuple of contemporary German experimental physicists)，包括帕邢、卢默、普林斯海姆、鲁本斯和库尔鲍姆。这些人，除了维恩和帕邢 (在介绍氢原子谱线时会提到帕邢线系) 以外，一般文献中几乎鲜有介绍，很多量子力学家甚至不知道是库尔鲍姆第一个使用普朗克谱分布公式拟合实验数据得到普朗克常数值的 (此前对应的值是用维恩公式得到的)。其实这些人对整个近代物理的开启都做出了卓越贡献，故而被称为德国近代物理实验五杰，但他们对近代物理的贡献没能得到公正的评价。这其中的缘由，愚以为是因为物理学家们一般都缺乏理解真正物理实验的能力——那可是一门需要天分、理论功底、技巧匠心、耐心和奉献精神的行当。理论家可以对实验一窍不通，回到家连个灯泡都不会换，但合格的实验物理学家则首先要有深厚的理论功底，好的实验家才有能力促进物理学的理论与实验的共生 (symbiosis between theory and experiment)。仔细回顾一下黑体辐射研究的历史，看看基尔霍夫、维恩、劳厄等实验物理学家的理论水平，当知愚所言不虚。将黑体辐射测量一笔带过是对实验物理学的蔑视，那可是带来变革性结果的努力与智慧挥洒。黑体辐射谱每一个曲线片段的获得都是实验物理史上的一大步。

3.2 红外光

黑体辐射的测量在波长的两端显得尤为困难。在短波长一端，由于客观存在高频截断，所以含含糊糊的也就算能测量到 $\lambda \to 0$ 了；但在长波长一端，实际发生的辐射会延伸到波长远超可见光的范围。一个大约完全的辐射谱的测量范围要深入远红外的区域。红外光的发现是个有趣的过程。1681 年法国物理学家马略特发现玻璃透光却隔热。1778—1786 年间皮克台发现把冰的"冷"用凹面镜反射到温度计上，与"热"同样会改变温度计的状态。瑞士物理学家普列弗斯特于 1791 年指出物体不管冷热都在辐射热，从而解释了皮克台效应。1800 年天文学家赫胥黎发现来自太阳的辐射能量多在光谱的红光一侧的不可见区域，用的探测装置是热偶温度计。笔者想指出，这里与人体感受光热很重要的不同之处在于实现了光同热的空间分离。从前人们的观念中，太阳、火都发出光和热，热是某种和光平行存在的概念，也许空间上是叠加的。然而，一个棱镜对入射物的空间分剖应该是连续的，则可见的光与红光之外不可见的所谓热两者可能原则上是同一个存在。把入射的光、热的某种特性在空间上进行解析后观察之①，这是"谱 (spectrum)"字的本义。等到 19 世纪后半叶有了麦克斯韦电磁波动方程和赫兹在实验室产生了电磁波以后，人们认识到来自太阳、火的辐照都不过是波长不同的电磁波而已，从前的光与热的分别便退出了历史舞台。然而，长波长的红外光同热效应相关联的认识却是根深蒂固的。当然，长波长的红外光也确实容易被吸收后转换为物体的热激发。

补充一句。一般把波长从 800 nm，也即 0.8 μm，到 1000 μm 的电磁波算作红外线，波长在 15 μm 以上的就算是远红外了。即便对于太阳这样的高温物体 (表面温度 ~ 5800 K)，其辐射谱的大部也是落在红外区域，因此对于黑体辐射谱的实验研究，靠谱的红外测量是重头戏。确实，(近) 红外光也容易让物体满足黑体的前提：尺度相比波长是大的，还把所有吸收的辐射都转化成了热。注意，对长波长辐射的分光，即在空间上将不同波长的光分开，对于晶体棱镜来说有点困难，长波长对应小的单光子能量 (1.24 μm ~ 1.0 eV)，对于光电探测器来说可能意味着弱的响应，加上一般黑体辐射谱的长波部分在中红外 (3.0 ~ 8.0 μm) 之外，黑体辐射谱之测量困难由此可见一斑。早期的黑体辐射谱在红外一端都会草草结束，就是因为探测困难。红外线一开始被发现时，作为探测器的是热偶温度计。1886 年，美国天文学家朗利研究发射体的发光，所涉及的温度 < 1000 ℃，故辐射集中在红外区，为此他发明了光束计 (见下)。在今天，红外探测依然是重要的研究课题，在许多工业门类中都有重要的应用。

---

① 就是 analysis。分析，解析，分剖，意思都差不多。

3.3 光谱仪与光束计

黑体辐射研究需要光谱仪 (optical spectrometer)，其主件包括实现谱分析 (spectroscopic analysis) 的棱镜或者格栅 (grating) 以及测量强度的探测器。棱镜或者格栅将入射光铺开成谱 (to spread the light into a spectrum)，见图 3.1。落在不同位置上的光，其波长需要精确标定。波长测量是个专门的问题，相关问题请读者参阅专业文献①。据信法国物理学家居里曾试着测量不同温度物体发射的波长，他的尝试开启了帕邢和维恩的相关研究 (Ces travaux initient l'étude empirique de Friedrich Paschen et les travaux de Wilhelm Wien)。帕邢精于红外测量。氢原子对应终态能级主量子数为 $n = 3$ 的谱线归于帕邢线系，波长落在 $0.8204\,\mu\text{m}$ 到 $1.875\,\mu\text{m}$ 之间，属近红外区。顺便提一句，库尔鲍姆是黑体辐射测量的关键人物，23 岁才中学毕业，1887 年获博士学位的论文题目为 "Bestimmung der Wellenlänge von Fraunhoferschen Linien (夫琅合费线波长的测量)"。普林斯海姆在博士期间就开始研究辐射计，其 1882 年的博士论文题为 Über das Radiometer (论辐射计)。其人擅长远红外光的波长测量 [Ernst Pringsheim, Eine Wellenlängenmessung im ultrarothen Sonnenspectrum (远红外太阳光谱的波长测量), *Annalen der Physik und Chemie*, Neue Folge, **18**(1), 1–32 (1883); *Vorlesungen über die Physik der Sonne* (太阳物理教程), Teubner (1910)]。

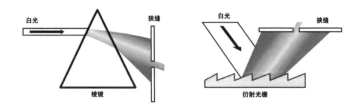

图 3.1 光谱测量的重要一步分光：棱镜与衍射光栅

黑体辐射谱的确定需要高灵敏度、宽谱的探测器，特别地为此要

---

① 光波长测量是个让作者非常困惑的问题，但一般光学文献却对此语焉不详。光波长测量涉及对光的本性的理解以及在高达 20 多个数量级上的空间尺度校准问题。笔者不懂，故不作妄议。

发展出红外光的探测方法。PTR 不仅研究空腔辐射体，也研究热辐射探测器。实际上，没有辐射探测器的研制，就没有后来的黑体辐射理论研究。黑体辐射的实验研究在光束计于 1878 年被发明后迅速取得长足的进展。接下来对辐射计的改进，就其学术与技术意义而言，本身就值得大书特书。辐射计，bolometer，字面意思是"光束计"，bolo 见于希腊语 ακτινοβολώ 的后半部。来自 ακτινοβολώ 前半部的 actinometer (汉译光能计) 是由约翰·赫胥黎 (John Herschel, 1792—1871) 于 1825 年发明的，该设备对辐射，主要是针对可见光和紫外部分的辐射的热效应进行评估。朗利的光束计，其原理是将两个涂有炭黑的金属片作为惠斯通电桥中电流计两侧的电阻元件，其一暴露于外来的辐射。当外来辐照落到一金属片上时会引起电阻变化，测量电阻变化能得到由此而来的温度变化。利用这个方法，当年朗利能测到 0.00001 ℃ 的变化。现在的问题是，如何对应一个恒定的输入强度 P 得到一个与之正相关的温度提升 ($\Delta T > 0$) 呢？一个做法是在吸光元件 (热容量为 C) 与一个温度恒定的热库间建立起热弱连接 (由热导率 G 标定)，见图 3.2。随着技术的进步，如今有各种各样的光束计，甚至有 microbolometer，其中多采用半导体热传感器。在 1900 年之前几年的黑体辐射测量中，光束计立下了汗马功劳。读者朋友可以参阅如下几篇文章找找感觉，例如 O. Lummer, F. Kurlbaum, Bolometrische Untersuchungen (采用光束计的研究), *Annalen der Physik* **282**, 204–224 (1892)；F. Paschen，Bolometrische Arbeiten (采用光束计的工作), *Annalen der Physik* **289**, 287–300 (1894)；F. Paschen, Über die absolute Messung einer Strahlung (Kritisches) [关于辐射的绝对测量 (批判性论述)]，*Annalen der Physik* **343**, 30–42 (1912)；等等。

电磁辐射的流量 (flux，power) 可以依据不同的物理过程加以测量，此方向上一直有新的进展。任何测量电磁辐射流量的设备也都称为 radiometer (辐射计)，这词儿在汉语里估计会引起误解。把光照转化为电流进行测量的一般称为 photometer (光度计)，比如如今有用光二极管 (photodiode) 的测量电路——光二极管将入射光转化成电流，由其所在的电路测量到的电流反推入射光的强度。如果在转换前光必须经过一个滤光元件 (比如衍射光栅) 进行波长选择，从而实现对特定波长之窄范

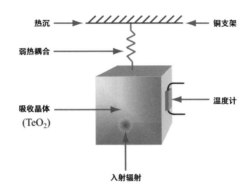

图 3.2 辐射计 (bolometer) 的工作原理图

围内的光的测量，则是 spectrophotometer (光谱光度计)。带分光镜的光束计则被称为 spectrobolometer (光谱光束计)。

3.4 完美黑体制作

为了开展黑体辐射实验研究，首先要做出满足黑体辐射问题所要求的热发射体。一开始热辐射就是简单的来自加热金属的向外辐射。当有了黑体的概念后，人们首先用金属板来实现黑体 (腔体)，其内表面通过氧化、喷涂等工艺变黑，但是结果都不是很理想。直到 1895—1898 年间，PTR 的卢默和同事库尔鲍姆、普林斯海姆才往前取得了一小步的进步。1895 年，卢默和维恩认识到，既然黑体的辐射可以理解为热平衡的状态，这样处于均匀温度下的空腔自开孔处漏出的辐射就是黑体辐射了。维恩指出加热的气体可以作为黑体辐射源，其实这句不在于气体而在于包围气体的空腔。气体扮演了基尔霍夫原文模型中黑体空腔所包含的物体 M 的角色。

基尔霍夫定律关于吸收和发射的分析，得到了闭合腔体内的平衡态辐射是黑体辐射与腔体材质和形状无关的结论。然而在物质一侧，就固体而言，固体的光学性质是一门复杂得一言难尽的专门学问，不是简单的吸收能力与发射能力之间的代数关系能概括的。在光这方面，$\lambda \to 0$，$\lambda \to \infty$ 这种在理论论证时上嘴唇一碰下嘴唇就有的便利其实是不存在的，人们能探知的 (低频部分是人能产生的) 电磁波频率范围大概在 1 ~

10^{24} Hz。光，其实你管它叫电磁波也未必对，在每个频率上都有特殊的光学。对于微波或者射频电磁波，其波长同腔体的尺寸可相比拟，因此实际的腔体内存在什么样的电磁波取决于腔体的材质、形状。基尔霍夫定律断言的或者说关切的 universal function，对于长波电磁波是不存在的①。球形腔体的辐射测量结果容易受探测器接收角度影响，可作为腔内辐射不是黑体辐射的一个证据。黑体辐射实验用的腔体，内壁还得是黑的，要费力把它弄成完美的黑体。低发射率的材料从不会用于制作黑体辐射研究用的腔体。普朗克模型讨论中用完全反射的内壁，但腔内会包括炭颗粒以便借助其吸收与发射来实现黑体辐射。

不过，尽管实际的发射体很难算是完美黑体，但若其在感兴趣的频率范围内 (over the frequency range of interest) 有黑体辐射特征，就足以启发我们去发掘物理了。正确的物理问题存在于物理学家的头脑中。我们不妨设想存在着完美黑体辐射。黑体辐射是各向同性的、均匀的、无偏振的，可以说没啥用，但它作为物理研究对象的价值却是无与伦比的。由完美黑体模型上得到的 (虚的) 物理所带来的 (实的) 新物理，会为其正确性作证。

黑体不是问题，热平衡才是大问题。为了接近完美的黑体辐射，必须找到实用的办法，让空腔处于均匀温度，允许其辐射通过一个 (可关闭) 小孔透出去。为此人们用金属，或者金属加陶瓷，内壁涂抹炭黑或者氧化铀，来实现黑体 [Wilhelm Wien, Otto Lummer, Methode zur Prüfung des Strahlungsgesetzes absolut schwarzer Körper (验证绝对黑体辐射定律的方法), *Annalen der Physik und Chemie, Neue Folge* **56**, 451–456 (1895)]。这样，卢默就和库尔鲍姆一起找到了实现黑体的近似方案。卢默 1884 年在柏林的物理研究所给亥尔姆霍兹当助手，1889 年转入 PTR。这是一位实验高手，与合作者发展出了 Arons-Lummer 水银蒸汽灯以及 Lummer-Gehrcke 干涉仪。卢默和库尔鲍姆采用电发光黑体在 1898 年得到了 1600 °C 下的黑体辐射。

---

① 至于基于射频波段、微波波段的电磁测量结果所作的关于宇宙的论断，笔者不懂，不敢妄言。笔者只对频率为 13.56 MHz, 27.12 MHz, 60 MHz 和 2.45 GHz 的电磁波有多年的切身体会。

注意一个背景，19 世纪后半叶是电磁学和热力学蓬勃发展的时期，熵和电磁学的概念都是 1860 年代前后的产物。PTR 的研究课题不只着眼于当时的工业需求，而且关注基础问题，因为它的创始人西门子 (Werner von Siemens, 1816—1892) 和亥尔姆霍兹认为 "工业不该把科学降格为使女，而是应该擎之为指路女神 (Dass die Industrie die Wissenschaft nicht zu ihrer Magd degradieren dürfe, sondern sie vielmehr zu ihrer Pfadpfinderin erheben müsse)"，这个思想对于国家发展的伟大意义，今天也许值得我们中国人参详[①]。PTR 的黑体辐射研究 (图 3.3) 动机除了要验证基尔霍夫定律，还因为想拥有灯标 (Lichtnormal)。那时候刚有了气体放电灯和电灯。气体放电灯和电灯之间是发展路线竞争关系，跟后来的直流电机与交流电机之间的路线竞争类似。将黑体辐射作为标准，将光源的辐射同恒温黑体光源作比对，借助系统的辐射研究与发光物理基础的新知识可以优化光源设计。具体地，就是要回答如卢默所提的问题："为什么此一光源比彼一光源发光多，为什么发光量随着温度增加而增加？" 热的物体发光问题，必然带来电磁现象的热理论。

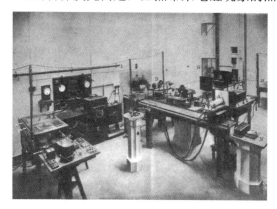

图 3.3 柏林帝国物理技术研究机构的（热）辐射实验室

19 世纪下半叶，工业发达的德国为现代物理的建立贡献了许多非常重要的实验。就黑体辐射而言，贡献者除了维恩之外，还有前述的德国近代物理实验五杰，即帕邢、卢默、普林斯海姆、鲁本斯和库尔

① 这句话对于率先呼唤工业 4.0，又要在科学与技术方面奋起直追的当下中国具有特别的意义。

鲍姆。此外，还有蒂森，其人在 1899 年提议修正维恩定律。卢默和库尔鲍姆于 1892 年对辐射计作了改进，据说其温度分辨达 10^{-7} K [O. Lummer, F. Kurlbaum, Über die Herstellung eines Flächenbolometers (平面型光束计的制作), *Zeitschrift für Instrumentenkunde* **12**, 81–89 (1892)]，后来卢默和普林斯海姆又作了进一步的改进。至于黑体辐射源，维恩和卢默根据基尔霍夫关于完美辐射体 (perfect radiator) 的建议于 1895 年实现了带有小孔的空腔作为黑体辐射源，卢默和库尔鲍姆于 1898 年制作的电加热黑体辐射源，规格为 ϕ 4 cm × 40 cm。这阶段在 PTR 实现的黑体辐射源温度范围约为 −188 ℃ 到 1200 ℃。有了辐射源和辐射计 (图 3.4) 之后，维恩和卢默先验证的是斯特藩-玻尔兹曼公式。自 1895 年起，帕邢经过努力，获得了从 400 K 到 1400 K 的温度下、波长在 1 μm 到 8 μm 之间的辐射谱分布，验证了维恩位移定律。更长波长区域的测量还得等 20 多年以后才由很多人，特别是鲁本斯，努力完成的。

图 3.4 (左图) 卢默和普林斯海姆使用的辐射计。辐射计基于热测量，入射的光被接收的金属片吸收，被加热的金属片的电阻由惠斯通电桥精确测量。(右图) 卢默和库尔鲍姆 1898 年制作的电加热黑体辐射源，为柱状的陶瓷包裹白金内胆

　　从 1896 年开始，卢默和普林斯海姆很快就得到了从 600 K 到 1650 K 温度下波长在 1 μm 到 8.3 μm 之间的谱分布，测量结果和维恩谱分布公式之间的误差变得明显起来。后来，他们又把测量的波长范围延伸到 12 ～ 18 μm，得出结论，维恩公式在高温下以及长波长处有问题。鲁本斯和 Friedrich Kurlbaum[①] 于 1900 年更是将波长扩展到了 51.2 μm，温度

---

① 疑为 Ferdinand Kurlbaum 之误。

范围扩展到从 85 K 到 1773 K。然后温度被升到了 1600 ℃。将温度在 1600 ℃ 上稳定下来，技术上这可是一个巨大的进步。在小学自然课课堂上做过实验的人都知道，在 1000 ℃ 以上实现稳衡、均匀的温度场并将之保持住，不是一件容易的事儿。

关于这一部分历史的内容，如下的参考文献会有帮助：

[1] Claes Johnson, *Mathematical Physics of Blackbody Radiation*, Icarus iDucation (2012).

[2] Hans Kangro, *Vorgeschichte des Planckschen Strahlungsgesetzes* (普朗克辐射定律前史), Franz Steiner (1970).

[3] Dieter Hoffmann, Schwarze Körper im Labor (黑体的实验室研究), *Physikalische Blätter* **56**(12), 43–47(2000).

[4] Sean M. Steward, R. Barry Johnson, *Blackbody Radiation: A History of Thermal Radiation Computational Aids and Numerical Methods*, CRC Press (2016).

柏林帝国物理技术研究机构 1887—1900 年间发表的关于黑体辐射研究论文见于目录 *Verzeichnis der Veröffentlichungen aus der Physikalisch-Technischen Reichsanstalt: 1887–1900* (帝国物理技术研究机构文章目录：1887—1900), Springer (1901)，愚以为对于实验型人才培养极具参考价值。

3.5　几句感慨

行文至此，加几句感慨。子曾经曰过："工欲善其事, 必先利其器。"这句话两千年来被敷衍潦草地解释为工匠要想做好事情，必须把工具准备利落了，说得好象手里已经有工具了似的。工欲善其事必先利其器，那你有啥器可利啊？你知道该有啥样的器啊？你怎么才能有器呢？须知，就自然科学实验研究而言，工具常常出现在对问题有了深度认识之后，而工具本身可能是理论认知的结果，实验研究过程也是 theory-laden (带理论的)。你如何知道问题需要什么样的工具呢？工具运行的原理又是什么呢？这些问题是要有人 (通过实践) 认真回答的。一个好的理论物理学家是心里时刻装着物理现实的, 一个好的实验物理学是用物理理论充分武装起来的。做过实验，再来谈理论；学会理论，再来玩实验。君若不信，倩君看取维恩与爱因斯坦。爱因斯坦是人们心目中的理论物理学家，但他在母校 ETH 的所学专业是数学教育，后来的教授职位也是先选择实验物理，他老人家自己选的，后来在 1915 年还实验研究了 Einstein-de Haas 效应，即悬空物体因磁矩改变发生转动的现象。反过来，一个好的实验物理学家应是通晓理论物理的。维恩制作黑体辐射实验研究装置，推导出位移定理并给出黑体辐射谱的维恩分布公式。维恩对黑体辐射研究的贡献，是理论和实验双重意义上的。维恩是物理学家中的最杰出者。

有一本专门谈论 PTR 的书 [Helmut Rechenberg, Jürgen Bortfeldt (eds.), *Forschen-Messen-Prüfen: 100 Jahre Physikalische-Technische Reichsanstalt/Bundesanstalt, 1887–1987*, Physik-Verlag (1987)]，书名中包括 Forschen-Messen-Prüfen 的字样。嗯，研究-测量-验证，这个三位一体应该是一个实验物理学家的日常吧？

3.6　对维恩公式的怀疑与瑞利-金斯公式

基尔霍夫定律和斯特藩-玻尔兹曼公式是理性思维的结果。关于斯特藩-玻尔兹曼公式，即总出射功率 (total radiant exitance) 关于温度四次方的依赖关系，针对一些不那么完美的黑体由 August Schleiermacher (1857—1953) 等人粗略证实过 [August Schleiermacher, Über die Abhängigkeit der Wärmestrahlung von der Temperatur und das Stefan'sche Gesetz (热辐射对温度的依赖以及斯特藩定律), *Annalen der Physik* **262**, 287–308 (1885)]。1895 年以后，因为有了好的黑体辐射源和长波段的辐射仪，黑体辐射谱分布的测量范围更宽且数据也更加可靠一些。1896 年的维恩谱分布公式是根据测量结果的模型研究结论，有凑的成分。

随着实验技术的不断进步，1898 年的黑体辐射研究关注对维恩公式的验证。一开始研究者就发现在高温兼或长波区 (波长测量到 6 μm) 测量结果同维恩的公式有偏差。卢默和普林斯海姆在 1899 年做到辐射体温度高达 1400 ℃，波长测量范围达到 8.3 μm，此时已能确信维恩定理有问题 [O. Lummer, E. Pringsheim, Die Verteilung der Energie im Spektrum des schwarzen Körpers (黑体辐射谱中的能量分布), *Verhandlungen der Deutschen Physikalischen Gesellschaft* 1, 23–41 (1899)；Die Vertheilung der Energie im Specktrum des schwarzen Körpers und des blanken Platins (黑体和白金板辐射谱中的能量分布), *Verhandlungen der Deutschen Physikalischen Gesellschaft* 1, 215–235 (1899)]；等到了温度能达到 1500 ℃，波长范围延伸到 18 μm，偏差达到了 50%，已经是很明显了 [O. Lummer, E. Pringsheim, Über die Strahlung des schwarzen Körpers für lange Wellen (论黑体的长波长辐射), *Verhandlungen der Deutschen Physikali- schen Gesellschaft* 2, 163–180 (1900)]。吊诡的是，1899—1900 年帕邢的实验 [Friedrich Paschen, Über die Vertheilung der Energie im Spectrum des schwarzen Körpers bei niederen Temperaturen (低温下黑体辐射谱的能量分布), *Sitz. Berlin*, 405–420 (1899); Über die Vertheilung der Energie im Spectrum des schwarzen Körpers bei höheren Temperaturen (高温下黑体辐射谱的能量分布), *Sitz. Berlin*, 959–976 (1899)] 又说维恩公式是对的。与此同时，普朗克的理论工作 [Max Planck, Entropie und Temperatur strahlender Wärme (辐射热的熵与温度), *Annalen der Physik* **306**, 719–737 (1900)] 从熵的角度研究黑体辐射，得到了维恩公式。确切地说，是针对维恩谱分布公式找到了辐射熵的一种可能的表达式。这是普朗克取得突破的必要铺垫。

与维恩公式齐名甚至被同等对待的有瑞利-金斯公式。笔者此前从各种书籍中读到的印象是，维恩公式在高频部分同实验符合得很好，瑞利-金斯公式在低频部分同实验符合得很好，但高频端会发散，出现所谓的"紫外灾难"。普朗克公式一出 (感觉是通过对上述两个公式的拟合)，就和实验曲线符合很好 (fit very well) 了，此过程中普朗克引入了辐射能量量子化的思想，于是这成了量子力学的滥觞。我希望这只是我一个人得到的错误印象，且错误在于我的阅读理解能力太差。实际情况完全不是这么回事儿。普朗克不是 1900 年才研究黑体辐射谱分布的，1900 年他也没提出能量量子化 (量子的概念早在 1859 年就有了，而且 quantum 一直也就是"量、多少"的意思)，瑞利-金斯公式里之所以有金斯是因为金斯 1905 年的工作，金斯到 1910 年才认输转而信奉量子论，而普朗克本人要到 1913 年才不为能量量子化的概念继续挣扎。

瑞利-金斯公式出现于 1900 年，在维恩公式 (1893) 出现之后但在普朗克公式 (1900，1901) 出现之前，且其中的金斯是 1905 年才参与其事把瑞利的公式弄得有点模样的。Lord Rayleigh 是英国物理学家 John William Strutt 的爵位名 (图 3.5)，中文一般称为瑞利爵士。瑞利作为物理学家那是理论与实验全能，对光学、流体力学等领域有全面的贡献。瑞利曾被誉为当代最伟大的科学家，是一个引用圣经的句子会被误解的人物[1]。英国物理学家金斯则是个天才人物 (图 3.5)，1901 年在 24 岁上即成为剑桥三一学院的成员 (fellow)，1904 年任普林斯顿大学数学物理教授。瑞利 1900 年上半年给出了没有系数数值的黑体辐射谱分布公式版本，其中包括指数函数试图同 λT 很小时的实验数据相吻合 [Lord Rayleigh, Remarks upon the law of complete radiation, *Philosophical Magazine* **49**, 539–540 (1900)]，1905 年提出了该公式后来常见的带比例因子的版本但没提供常系数的数值 (那时候黑体辐射谱实验结果已经相当充分了)，差个因子 8 [Lord Rayleigh, The dynamical theory of gases and radiation, *Nature* **72**, 54–55 (1905)]。后来，瑞利声明，是金斯正确指出了他的错误来源 [Lord Rayleigh, The constant of radiation as calculated from molecular data, *Nature* **72**, 243–244 (1905)]。

图 3.5 瑞利 (左) 与金斯 (右)

---

[1] 英文 Lord 在圣经的语境中指上帝。

在 1900 年的文章 [Lord Rayleigh, On the law of partition of kinetic energy, *Philosophical Magazine* **49**, 98–118 (1900)] 中，瑞利先给出维恩公式的表示

$$f(\lambda, \theta)\,d\lambda = c_1 \lambda^{-5} e^{-c_2/\lambda\theta}\,d\lambda \tag{3.1}$$

指出此公式也不比猜测强到哪儿去 (appears to me to be little more than a conjecture)，不过普朗克以热力学为基础给予了加持 (指普朗克 1900 年初的文章)。瑞利说，虽然看着维恩公式和实验数据很符合 [1]，但是从理论的角度很难接受，特别是它意味着在高温情形给定波长的辐射趋于一个极限值 (Nevertheless, the law seems rather difficult of acceptance, especially the implication that as the temperature is raised, the radiation of given wave-length approaches a limit)。实验数据表明，在 $\lambda = 60\ \mu m$ 处，当温度超过 1000 ℃ 时辐射 (强度) 几无增加。瑞利要对维恩公式给个先验的修订。根据麦克斯韦-玻尔兹曼的能量剖分 (partition) 原则，每个振动模式都同样地得到允许。尽管一般来说这个原则是错的，但它也许对重要的模式是成立的 (it may apply to the graver modes)。在一个立方空间内介质振动的模式数可循如下考虑求得。记三个方向上振动的波节数为整数 p, q, r，引入

$$k^2 = p^2 + q^2 + r^2 \tag{3.2}$$

其中 k 为实数，对应的物理量为波矢。在 p, q, r 所张成的空间里，半径在 $k \to k + dk$ 之间的球壳中用 (p, q, r) 表示的点的数目正比于该球壳的体积 (的 1/8)，即 $\propto k^2 dk$。如果运用能量均分原理，则能量 (密度) 正比于 $\theta k^2 dk$，此处 θ 是温度；写成波长的函数，则是 $\theta \lambda^{-4} d\lambda$。加入维恩公式中的指数函数部分，得到了表达式

$$f(\lambda, \theta)\,d\lambda = c_1 \theta \lambda^{-4} e^{-c_2/\lambda\theta}\,d\lambda \tag{3.3}$$

这就是后来的瑞利-金斯公式，不过未同实验曲线拟合以给出 c_1, c_2 的值。

瑞利 1905 年 5 月 18 日的题为 "气体与辐射的动力学理论" 一文也

---

[1] 物理理论的正确性从来都不是靠实验验证的。参见拙文 "天大的误解——物理学是一门实验科学"。

经常在黑体辐射的语境中被提起 [Rayleigh, The dynamical theory of gases and of radiation, *Nature* **72**, 54–55 (1905)]，其关键论点可看作是对能量均分定律的否定。关于气体，能量均分在平动模式上容易实现，在平动和振动模式之间如金斯所言也许需要很长的时间才能实现。当将能量均分原理扩展到以太①振动模式 (modes of aethereal vibration) 上时，就有麻烦了。因为任何空间里辐射的模式都是无穷多的，显然能量均分定理不能全盘照搬 (the law of equipartition cannot apply in its integrity)。或可往前一步，用来确定辐射定律中的系数。瑞利还是循着经典波动理论给出了波长 $\lambda \to \lambda + \mathrm{d}\lambda$ 之间的能量体密度为 $128\pi e\lambda^{-4}\mathrm{d}\lambda$，其中 e 是单个模式的动能 (瑞利此处求模式数目时忘了波数空间只占一个卦限，应有个 1/8 因子)，按照能量均分应有 $e = k\theta/2$。这个推导的前提是波长够长。这个结果同普朗克公式的长波极限

$$E\mathrm{d}\lambda = 8\pi k\theta\lambda^{-4}\mathrm{d}\lambda \qquad (3.4)$$

相符合，只是差个因子 8。如果认定能量均分适用于所有波长，则给定温度下的辐射总能量就趋于无穷。瑞利指出，看来必须承认能量均分定理的缺陷，但如果真要放弃，则找到可以这样做的道理就具有重要意义了。

金斯在 1905 年 6 月 1 日的同名文章 [Sir Jeans, The dynamical theory of gases and radiation, *Nature* **72**, 101–102 (1905)] 中对瑞利的文章做了回应。金斯指出，关于向高频振动模式的能量传递过程是个慢过程的说法，那是个计算而非猜测的事儿 (a matter of calculation, and not of speculation)。如果碰撞时间是振动周期的 N 倍, 则平均传递能量中会有个因子 e^{-N}，这是个极小的数。以分子碰撞的时间尺度为基准，振动模式可以分为快过程和慢过程，显然快过程的模式上能量转移很难。金斯指出，就能量均分的结果 $E\mathrm{d}\lambda \propto \theta\lambda^{-4}\mathrm{d}\lambda$ 而言，可能波长一直小到 $\lambda \sim ac/v$ 时还算有效，其中 a,v 分别是分子的半径和速度。

1905 年，金斯修订了瑞利的结果 $128\pi e\lambda^{-4}\mathrm{d}\lambda$ 中的错误因子，指出

---

① 以太是对 ether, aether, Äther 的音译。原指天上的轻飘飘的物质。屈原《远游》"问太微之所居"中的太微，或可大致比拟之。

多出个因子 8 的原因是未注意到波节数只能取正整数，这样结果就和普朗克公式的长波极限相符合了。这个修订是作为文章 [James Jeans, On the partition of energy between matter and aether, *Philosophical Magazine* **10**, 91–98 (1905)] 的后记出现的。金斯同年的相关文章还有 James Jeans, On the application of statistical mechanics to the general dynamics of matter and ether, *Proceedings of the Royal Society of London* A **76**, 296–311 (1905)；James Jeans, On the laws of radiation, *Proceedings of the Royal Society of London* A **76**, 545–552 (1905)； James Jeans, A comparison between two theories of radiation, *Nature* **72**, 293–294 (1905)。在后一篇文章中，金斯对普朗克的单振子熵以及概率的应用提出了批评。普朗克的熵定义，结合 $\frac{1}{T} = \partial S/\partial U$，有

$$\frac{1}{T} = \frac{k}{\varepsilon} \log (1 + \varepsilon/U) \tag{3.5}$$

其中 ε 是理解为能量原子的小量。金斯说，这个 ε 是为了简化计算才引入的，可以取极限情形 $\varepsilon = 0$ 来合法地消除这个不自然的量 (We may legitimately remove this artificial quantity by passing to the limit in which $\varepsilon = 0$)，从而得到 $\frac{1}{T} = k/U$，也就是能量均分定理要求的 $U = kT$。其实，在普朗克那里 $\varepsilon = h\nu, \varepsilon \to 0$ 就是取长波极限，结果与金斯公式符合应是应有之义。有趣的是，这个 $\varepsilon \to 0$，也就是 $\varepsilon = h\nu$ 中的 $\nu \to 0$，从而有普朗克分布退化为瑞利-金斯分布的推导，将来会有 $h \to 0$ 量子物理回归经典物理对应的诠释，此等物理玩法着实令人唏嘘。h 是普适常数，$h = 1$，是个孤零零的存在。$h = 1$ 同 $c = 1$ 的意义是不一样的，参见拙著《得一见机》。

注意，1900 年底普朗克提出了黑体辐射的正确公式，到 1905 年爱因斯坦都用光量子概念解释光电效应了。1900 年还有好几个候选的黑体辐射谱分布公式①，但瑞利-金斯公式这个错误却奇迹般地存活下来了，这是因为它和能量均分原理有关，所谓的有扎实的经典物理基础 (its solid classical physics foundation)。被讹传为"物理学的两片乌云"的开尔文爵士 (Lord Kelvin, 即 William Thomson, 1824—1907。Lord Kelvin

① 什么物理理论的错误版本不是一串一串的呢。

是爵位名) 在 1900 年 4 月 27 日的讲座，其主题是 "笼罩在热与光之动
力学理论上的十九世纪疑云" [Lord Kelvin, Nineteenth century clouds over
the dynamical theory of heat and light, *Philosophical Magazine*, Series 6, **2**,
1–40 (1901)]，其中的第二朵疑云即是能量均分原理。能量均分原理来
自麦克斯韦和玻尔兹曼的统计力学。开尔文在文中指出，瑞利在过去
20 年里一直是玻尔兹曼-麦克斯韦信条坚定的信奉者 (...for the last twenty
years been an unwavering supporter of the Boltzmann-Maxwell doctrine)。

　　有趣的是，在一般物理文献的表述中，好象瑞利-金斯公式比普朗
克公式早，普朗克是对维恩公式和瑞利-金斯公式作 interpolate (不可理
解为插值！) 才得到他的公式似的。实际上，普朗克对瑞利 1900 年的文
章可能毫不知情，在其 1900 年、1901 年的文章中也不曾提起过。尤其
过分的是，当普朗克的量子假说被确立后，不带指数函数的瑞利-金斯
公式总是被当作同普朗克公式对比用的靶子 (图 3.6)，弄得跟瑞利和金
斯这两位物理学大家不会研究物理似的。再说一遍，瑞利 1900 年的表
达式 $f(\lambda, \theta)\,\mathrm{d}\lambda = c_1\theta\lambda^{-4}\mathrm{e}^{-c_2/\lambda\theta}\mathrm{d}\lambda$ 在数学上才可以当作分布律。瑞利-金
斯公式在黑体辐射问题的讨论中被当作一回事儿，确实不好理解。一个
可能的合理解释是，他们的文章是用英文写的。

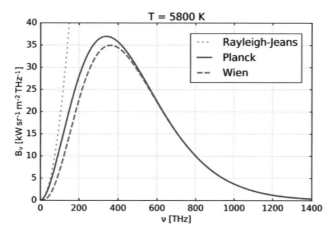

图 3.6　维恩分布、瑞利-金斯分布和普朗克分布的对照
此图中的瑞利-金斯公式可能用的是表达式 $\rho(\nu, T) = \frac{8\pi\nu^2}{c^3}k_{\mathrm{B}}T$，
它就不是合格的分布函数

瑞利-金斯公式表示的空腔能量谱密度为

$$\rho(v, T) = \frac{8\pi v^2}{c^3} k_B T \tag{3.6a}$$

或者黑体的谱发射强度 (spectral radiance) 为

$$B_v(T) = \frac{2v^2}{c^2} k_B T \tag{3.6b}$$

在低频处和测量数值符合得较好。金斯从未接受这个公式只是一个极限情形下的定律，是有原因的 (Jeans never accepted the idea that his formula was only a limit law。见下)。瑞利-金斯公式和实验数据在高频处不吻合在 1911 年被艾伦菲斯特称为紫外灾难。换成用波长表示，$B_v(T) = \frac{2v^2}{c^2} k_B T$ 对应 $B_\lambda d\lambda \propto \frac{d\lambda}{\lambda^4}$；$\rho(v, T) = \frac{8\pi v^2}{c^3} k_B T$ 对应 $\rho_\lambda d\lambda \propto \frac{d\lambda}{\lambda^5}$，故一些文献中会有 λ^{-4}-或者 λ^{-5}-依赖关系的说法。此处容笔者感慨一句，数学等价的物理公式不一定是物理正确的。物理正确的公式对应实际的物理图像，它的一个优点是提供进一步发现更多物理的可能，而写成数学等价的、但是物理图像不正确的物理公式可能就丧失这个能力了。一个物理表达者如果眼中没有物理公式的正确形式，那他的著作很可能是前往云里雾里的直通车。

式 (3.6) 形式的瑞利-金斯公式是不可积的。随着频率的增大谱密度单调地增加，这当然与现实不符。笔者以为关键在于它就不该被当作分布函数 (见 1.1 节的一般性讨论)，它被当真可能与它同玻尔兹曼的经典统计 (能量均分) 相连接有关。1911 年艾伦菲斯特把瑞利-金斯公式在高频部分的失效称为紫外灾难，这已是普朗克给出正确表达式 10 年以后的事儿了——紫外灾难的说法对黑体辐射研究连一毛钱的价值都没有。这个说法是遗腹子型的，1910 年时瑞利-金斯公式早因普朗克的工作而过时了 (...was fixed posthumously, because by 1910 the Raleigh-Jeans formula had long been rendered obsolete by Planck's work)。有趣的是，在此后的许多书本里紫外灾难仍被津津乐道，愚以为除了人们热衷怪力乱神的心理因素以外 (同样被曲解且泛滥的还有薛定谔的猫，海森堡的不确定性原理)，一个可能的原因是以后理论物理中还源源不断地涌现各种在变量或参数足够大时发散的无脑理论。宇宙没有无穷，宇宙也没有矛盾。我们在物理理论中看到的无穷与自相矛盾都是人构造物理时遭遇的无奈。在好的理论中，它们不会带来困惑。

1905 年，金斯指出以太和物质不可能达到热平衡 (Jeans published a paper in the Philosophical Magazine which showed the impossibility of the ether reaching thermal equilibrium with matter) 实际是经典理论的无力 [James Jeans, A comparison between two theories of radiation, *Nature* **72**, 293–294 (1905)]。金斯在反对能量量子化多年后，于 1910 年成了量子不连续性的拥趸 [James Jeans, On Non-Newtonian mechanical systems, and Planck's theory of radiation, *Philosophical Magazine* **20**, 943–954 (1910)]。金斯不放弃这个公式有他的道理，那时候整个物理学界对普朗克的公式还没完全理解 (its full significance not appreciated)。这方面的科学史研究可参见 Rob Hudson, James Jeans and radiation theory, *Studies in History and Philosophy of Science*, part A, **20**(1), 57–76 (1989)。又，爱因斯坦的传记作者派斯 (Abraham Pais, 1918—2000) 建议把 $\rho(\nu, T) = \frac{8\pi\nu^2}{c^3}k_B T$ 称为 Rayleigh-Einstein-Jeans law [Abraham Pais, *Subtle is the Lord*, Oxford University Press (1982), p.403]。

鲁本斯和库尔鲍姆 1900 年的测量结果严重偏离维恩公式 (so gravierende Abweichungen von der Wienschen Strahlungsformel)，这提醒人们维恩的分布公式可能是错的。找出更加显得正确的谱分布公式于是提上了日程。普朗克说是蒂森想到有理由提出新的谱分布公式。

接下来的故事许多人耳熟能详。鲁本斯在德国物理学会报告其测量结果之前于 1900 年 10 月 7 日到普朗克家串门，和普朗克进行了交流 (Als am Sonntag, dem 7. Oktober 1900 Rubens mit seiner Frau bei Planck einen Besuch machte, kam das Gespräch auch auf die Messungen, mit denen Rubens beschätigt war)，说谱分布的长波部分和瑞利公式符合，当晚普朗克就给出了那个幸运地猜到的公式。1900 年 10 月 19 日，普朗克在柏林科学院的会议上在库尔鲍姆之后报道了他的理论工作，即关于黑体辐射谱分布函数及其推导。1900 年 10 月 25 日，鲁本斯和库尔鲍姆详细报道了他们完整的实验数据，接着由蒂森、维恩、瑞利、Lummer & Jahnke 以及普朗克分别报告了五家各自提出的谱分布函数。鲁本斯和库尔鲍姆认为普朗克的分布函数和实验结果符合得最好，库尔鲍姆还给出了初步的普朗克常数值 $h \sim 6.55 \times 10^{-34}$ J · s [H. Rubens, F. Kurlbaum, Über die Emission langwelliger Wärmestrahlen durch den schwarzen Körper bei verschiedenen Temperaturen (不同温度下黑体热辐射长波的发射), *Sitz. d. k. Akad. d. Wiss. zu Berlin*, 929–931 (1900)]，这个值比普朗克 1899 年自己得到的值大一些 (依据的是维恩公式。普朗克常数最初的功能是将频率转化为能量量纲)。卢默和普林斯海姆基于他们的测量结果也持同样的观点。这样，到了 1901 年底，普朗克公式在形式上胜出。持续四十年的找寻关于黑体辐射的基尔霍夫普适函数一事算是尘埃落地了。然而，一场物理学的大戏，才刚刚拉开大幕。

任何一个事件的完美结局，必然是更微妙事件的揭幕。

补充阅读

[1] Max Planck, *Vorlesung über die Theorie der Wärmestrahlung* (热辐射理论讲义), Barth (1906), 有 1913，1921 修订版；英文版为 *The Theory of Heat Radiation*, translated by Morten Masius, Tomash Publishers (1988).

[2] Armin Hermann, Die Deutsche Physikalische Gesellschaft 1899–1945 (德国物理学会 1899—1945), *Phys. Bl.* **51**, F61–F105 (1995).

[3] Hans Kangro, *Vorgeschichte des Planckschen Strahlungsgesetzes: Messungen und Theorien der spektralen Energieverteilung bis zur Begründung der Quanten-hypothese* (普朗克定律前史：从谱能量分布的测量与理论到量子假说的建立), Franz Steiner (1970); 英译本为 *Early History of Planck's Radiation Law*, translated by R.E.W. Maddison, Taylor and Francis (1976).

[4] Dieter Hoffmann, Schwarze Körper im Labor (实验室里的黑体), *Physikalische Blätter* **56**, 43–47 (2000).

[5] David Cahan, Werner Siemens and the Origin of the Physikalisch-Technische Reichsanstalt (西门子与帝国物理技术研究机构的起源), 1872–1887, *Historical Studies in the Physical Sciences* **2**(12), 253–283 (1982).

[6] David Cahan, *Meister der Messung: Die Physikalisch-Technische Reichsanstalt und der Aufstieg (Forschen-Messen-Prüfen)* [测量大家：PTR 的崛起 (研究-测量-验证)], Weinheim (1992).

[7] Victor Sapritsky, Alexander Prokhorov, *Blackbody Radiometry*, 2 Volumes, Springer (2020).

[8] Pierre-Marie Robitaille, Kirchhoff's Law of Thermal Emission: 150 Years, *Progress in Physics* **4**, 3–13(2009).

[9] Don S. Lemons, William R. Shanahan, Louis J. Buchholtz, *On the Trail of Blackbody Radiation: Max Planck and the Physics of His Era*, The MIT Press (2022).

[10] Ross McCluney, *Introduction to Radiometry and Photometry*, Artech House (1994).

[11] William R. MacCluney, *Introduction to Radiometry and Photometry*, 2nd edition, Artech House Publishers (2014).

[12] Iñigo González de Arrieta, Beyond the Infrared: a Centenary of Heinrich Rubens's Death, *The European Physical Journal H* **47**, 11 (2022).

[13] Robert Bruce Lindsay, *Men of Physics, Lord Rayleigh—The Man and His Work*, Pergamon (1970).

[14] Pushpendra K. Jain, IR, Visible and UV Components in the Spectral Distribution of Black-body Radiation, *Physics Education* **3**(31), 149–155 (1996).

1911 年的第一届索尔维会议。如今回过头来看，说它是黑体辐射研讨会也不为过，参会者中对黑体辐射研究做出过杰出贡献的包括：洛伦兹（前排左 4）、庞加莱（前排右 1）、维恩（前排右 3）、普朗克（后排左 2）、鲁本斯（后排左 3）、哈森诺尔（后排左 8）、爱因斯坦（后排右 2）和金斯（后排右 5）。在 1911 年，那时候的爱因斯坦尚属资历浅的

第 4 章 普朗克的黑体辐射研究

Revolutionär wider Willen.[①]

大自然从不为难，为难的是人类的物理模型。

① 违背意愿的革命家。这是 2008 年德国马普协会纪念普朗克特别展览的标题。

摘要　　普朗克是那种被称为开路人的伟大学者。普朗克的一生是献给热力学的一生，其自 1879 年入道起即研究热力学的基础。普朗克类比热的力学理论所构造的电磁的热理论，是黑体辐射理论建构的基础，也是统计力学建构不可或缺的一环，可惜被一般文献忽视了。普朗克的黑体辐射研究跨越 1894—1913 之间近 20 年的时间，黑体辐射因普朗克的研究获得了实质性的意义。普朗克得到了黑体辐射谱分布公式，此前为此还得到了玻尔兹曼熵公式 (也被称为普朗克熵公式)，深刻揭示了常数 $k_{\rm B}$ 和 h 的普适性，后期还引出了零点能概念和对应原理。普朗克的工作带来了量子物理的曙光。普朗克取得这些成果过程中所展露的研究方法是物理学的瑰宝。

关键词　　自然辐射，(分析) 振子，受迫振动，无序，熵，普朗克方程，不可逆辐射过程，热辐射理论，组合，玻尔兹曼熵公式，普适常数，作用量单元，能量量子，普朗克公式，黑体辐射第二理论，零点能，对应原理

4.1　普朗克简介

普朗克 1947 年生于德国基尔一个学术之家，其祖父是哥廷恩大学的神学教授，父亲是基尔大学的法学教授，后者于 1867 年转入慕尼黑大学任教。1874—1879 年间，普朗克在慕尼黑大学和柏林大学修习物理 (图 4.1)。在慕尼黑大学开始学习初等物理时，普朗克跟随的是约利教授 (Philipp von Jolly, 1809—1884)，一个认为物理学只剩下一些漏洞要修修补补的学者 [1]，因而他不鼓励普朗克学物理。普朗克回答说他没想做出什么新发现，只是想学会那些基础物理 [Alan P. Lightman, *The Discoveries: Great Breakthroughs in Twentieth-century Science, Including the*

---

[1] 这个认为物理学只剩下一些修修补补的活儿的观念，Albert A. Michelson 在 1894 年曾表达过，不过说是听 "an eminent physicist" 说的。1988 年，有人把这个杰出物理学家当成了英国的开尔文了，甚至煞有介事地说是他在 1900 年关于两块疑云的著名报告里这么说的 [John Horgan, *The End of Science*, Broadway Books (1996)]，这有点冤枉开尔文了。开尔文如果真说过这样的话，那可不是 an eminent physicist 应有的眼界。不读原始文献，真不是一个特别好的习惯啊。如今人们觉得物理学又来到了停滞期。这一次前方还会有突破在等着吗？

图 4.1 青年普朗克

Original Papers, Vintage (2006)]。这期间普朗克做过的实验是研究氢在白金体材料中的透过行为，是为了证明世界上确实存在半透的墙，这也是他唯一的实验物理经历。普朗克 1877 年转往柏林大学，师从基尔霍夫和亥尔姆霍兹，于是进入热力学领域，更重要的是由此接触到了 Berlin Circle[①]。那时候克劳修斯刚引入熵概念不久 [Rudolf Clausius, Über verschiedene für die Anwendung bequeme Formen der Hauptgleichungen der mechanischen Wärmetheorie (论热的力学理论之主方程的方便应用的不同形式), *Annalen der Physik und Chemie* **125**(7), 353–400 (1865)；*Die Mechanische Wärmetheorie* (热的力学论), Vieweg (1876)]，这对普朗克的职业塑造有重要的影响。普朗克 1879 年的学位论文题目为 Über den zweiten Hauptsatz der mechanischen Wärmetheorie (论热的力学理论的第二定律)，1880年的Habilitationsschrift[②] 题为 Gleichgewichtszustände isotroper Körper in verschiedenen Temperaturen (不同温度下各向同性物体的平衡态)。由此可见，普朗克的黑体辐射研究以及伴随而来的统计物理奠基性工作都是有直接学术传承的。特别提一句，普朗克整理编辑了克劳修斯的两本书、基尔霍夫的三本书，此可看作是他的深厚热力学功底之因

---

① 柏林圈子。记住，关于学术，还有个更加著名的维也纳圈子 (Viena Circle)。
② 德语国家中博士为获得私俸讲师资格所进行的独立研究 (含教学) 的总结报告。通过后获得教授职位者，可以把头衔写成 Prof. Habil. Dr.。

与果。

4.2 普朗克黑体辐射研究著述概览

一般文献中关于普朗克得出黑体辐射的描述，多少有些传奇色彩。1900 年 10 月 7 日，鲁本斯夫妇到普朗克家串门，向普朗克讲述了其最新的黑体辐射长波长段谱分布的测量数据，这引起了普朗克的关注。当晚普朗克就给出了那个幸运地猜到的 (erratene) 谱分布公式，并寄给了鲁本斯一张明信片，希望鲁本斯第二天一早就能见到这个公式。把普朗克得到黑体辐射谱分布公式的努力说成灵光一现的结果，是懒惰和鸡贼心理的折射。普朗克后来说他是瞎猜得到的那个谱分布公式完全属于误导性的谦虚，至少他知道 $(1 + e^{-x}) \log(1 + e^{-x}) - e^{-x} \log e^{-x}$ 这样的函数就强过绝大部分著名物理学家，而这个函数在凑黑体辐射谱分布公式的过程中扮演着关键的角色。黑体辐射研究是一个长期探索的过程，恰是那种 Eureka moment[①]传奇的反面。就普朗克本人而言，其黑体辐射研究至少可以说跨越 1894—1913 年间这近 20 年的时段，其人的数学、物理功底是深厚的，关于黑体辐射研究的铺垫是充分的，研究方式是近乎疯狂的 (a touch of madness)。至于说那是 (数值) 拟合维恩分布律和瑞利-金斯公式，则是错误理解与错误翻译相叠加的结果。普朗克于 1900 年 10 月 19 日发表了关于黑体辐射谱分布正确公式的第一篇文章，此后该分布函数被称为普朗克分布或普朗克律 (Plancks Gesetz)；1900 年 12 月 14 日发表的第二篇文章则给出了该公式的统计物理推导。普朗克似乎对由自己的工作所引出的一些结论和由此而来的发展难以接受，日后直至 1913 年进行了长达十年多的思想挣扎。

必须指出，普朗克最终在 1900 年底给出了正确的黑体辐射谱分布公式是一种历史的必然。他的一生，如后人所评，是献给热力学的一生 (Ein Leben für die Thermodynamik)。从热力学、电磁学的基础知识到黑体辐射谱分布公式，这中间是需要创立新的物理 (桥梁) 的，可不是凭借什么 interpolation 或者 fitting (解释见下) 能一窥门径的事儿。就黑体

---

① 据信阿基米德想到如何用浮力判断金皇冠中是否被掺杂时激动地大喊 Eureka (εὕρηκα，我找到啦)。后来 Eureka moment 被指灵光一现时刻。

辐射研究而言，如下普朗克的著述是值得关注的，仔细阅读这些文献有助于理解普朗克关于黑体辐射工作的内在逻辑，并顺带见识一下普朗克构造物理学的方法。

[1] Max Planck, Über den zweiten Hauptsatz der mechanischen Wärmetheorie (论热的力学理论的第二定律), Ackermann (1879). 此为博士学位论文

[2] Max Planck, Gleichgewichtszustände isotroper Körper in verschiedenen Temperaturen (不同温度下各向同性物体的平衡态), Ackermann (1880). 此为私俸讲师资格申请报告

[3] Max Planck, Über das Prinzip der Vermehrung der Entropie (熵增加原理), *Annalen der Physik* **30**, 562–582; **31**, 189–203; **32**, 462–503 (1887).

[4] Max Planck, *Das Prinzip der Erhaltung der Energie* (能量守恒原理), Teubner (1887).

[5] Max Planck, Allegemeines zur neueren Entwicklung der Wärmetheorie (热理论最新进展概论), *Verhandlungen der Gesellschaft deutscher Naturforscher und Ärzte*, Pt. 2, 56–61 (1891).

[6] Max Planck, Über den Beweis des Maxwellschen Geschwindigkeitsvertheilungs-gesetzes unter Gasmolekülen (气体分子的麦克斯韦速度分布律证明), *Sitz. Berich. Bayer. Akad. Wiss.* **24**, 391–394 (1894).

[7] Max Planck, Absorption und Emission elektrischer Wellen durch Resonanz (借助共振的电波吸收与发射), *Annalen der Physik* **57**, 1–14 (1896).

[8] Max Planck, Über elektrische Schwingungen, welche durch Resonanz erregt und durch Strahlung gedämpft werden (借助共振以激发、借助辐射以衰减的电振动), *Annalen der Physik* **60**, 577–599 (1897).

[9] Max Planck, Notiz zur Theorie der Dämpfung elektrischer Schwingungen (电振动衰减理论小札), *Annalen der Physik* **63**, 419–422 (1897).

[10] Max Planck, Über irreversible Strahlungsvorgänge (不可逆辐射过程), *Sitz. Berich. Preuss. Akad. Wiss*, 57–68 (1897); 715–717 (1897); 1122–1148 (1897); 449–476 (1898); 440–480 (1899).

[11] Max Planck, Über irreversible Strahlungsvorgänge (不可逆辐射过程), *Annalen der Physik* **306**(1), 69–122 (1900).

[12] Max Planck, Entropie und Temperatur strahlender Wärme (辐射热的熵与温度), *Annalen der Physik* **306**(4), 719–737 (1900). (此前维恩用过相同的题目)。

[13] Max Planck, Über eine Verbesserung der Wienschen Spectralgleichung (论维恩谱方程的一种改进), *Verhandlungen der Deutschen Physikalischen Gesellschaft* **2**, 202–204 (1900).

[14] Max Planck, Zur Theorie des Gesetzes der Energieverteilung im Normalspectrum (标准谱之能量分布律的理论), *Verhandlungen der Deutschen Physikalischen Gesellschaft* **2**, 237–245 (1900).

[15] Max Planck, Über das Gesetz der Energieverteilung im Normalspektrum (论标准谱能量分布律), *Annalen der Physik* **4**, 553–563 (1901).

[16] Max Planck, Über die Elementarquanta der Materie und Elektrität (论物质与电的基本量子), *Annalen der Physik* **4**, 564–566 (1901).

[17] Max Planck, Über irreversible Strahlungsvorgänge (Nachtrag) [不可逆辐射过程 (补缀)], *Annalen der Physik* **6**, 818–831 (1901).

[18] Max Planck, Über die Verteilung der Energie zwischen Aether und Materie (论以太和物质之间的能量分配), *Annalen der Physik* **9**, 629–641 (1902).

[19] Max Planck, *Treatise on Thermodynamics*, A. Ogg (transl.), Green & Co. (1903).

[20] Max Planck, *Vorlesungen über die Theorie der Wärmestrahlung* (热辐射理论教程), Johann Ambrosius Barth (1906). 此书多次再版，有修订。第二版同第一版有很大差别；第 5 版、第 6 版用的名称为 *Wärmestrahlung von Max Planck* (普朗克的热辐射)。英文版为 *The

Theory of Heat Radiation, M. Masius (transl.), 2nd edition (对 1913 年德语第 2 版的翻译), P. Blakiston's Son & Co. (1914).

[21] Max Planck, Bemerkung über die Konstante des Wienschen Verschiebungsgesetzes (维恩位移定律中的常数), *Verhandlung der Deutschen Physikalischen Gesellschaft* **8**, 695–696 (1906).

[22] Max Planck, Zur Dynamik bewegter Systeme (运动系统的动力学), *Sitzungsberichte der Königlich-Preussischen Akademie der Wissenschaften*, Berlin, Erster Halbband, **29**, 542–570 (1907).

[23] Max Planck, Zur Theorie der Wärmestrahlung (热辐射理论), *Annalen der Physik* **31**, 758–768(1910).

[24] Max Planck, Zur Hypothese der Quantenemission (量子发射假说), *Berl. Ber.*, 723–731 (1911).

[25] Max Planck, Eine neue Strahlungshypothese (一种新的辐射假说), *Verhandlungen der Deutschen Physikalischen Gesellschaft* **13**, 138–148 (1911).

[26] Max Planck, Über die Begründung des Gesetzes der schwarzen Strahlung (黑体辐射定律的论证), *Annalen der Physik* **37**(4), 642–656 (1912).

[27] Max Planck, La loi du rayonnement noir et l'hypothèse des quantités élémentaires d'action (黑体辐射定律与作用量子假设), In P. Langevin, E. Solvay, M. de Broglie (eds.), *La Théorie du Rayonnement et les Quanta* (辐射理论与量子), 93–114, Gauthier-Villars (1912).

[28] Max Planck, Über das Gleichgewicht zwischen Oszillatoren, freien Elektronen und strahlender Wärme (论振子、自由电子和辐射热之间的平衡), *Sitz. Berich. Preuss. Akad. Wiss.*, 350–363 (1913).

[29] Max Planck, Eine veränderte Formulierung der Quantenhypothese (量子假设的换一种表述), *Berl. Ber.* 918–923 (1914).

[30] Max Planck, *Eight Lectures on Theoretical Physics*, A. P. Wills (transl.), Dover Publications (1915).

[31] Max Planck, Die physikalische Struktur des Phasenraumes (相空间的结构), *Annalen der Physik* **50**, 386–418 (1916).

[32] Max Planck, *Vorlesungen über Thermodynamik* (热力学教程), De Gruyter (1922).

[33] Max Planck, Die Energieschwankungen bei der Superposition periodischer Schwingungen (周期振荡叠加的能量涨落), *Sitz. d. Preuß. Akad. Wiss.*, 350–354 (1923).

[34] Max Planck, Über die Natur der Wärmestrahlung (热辐射的本质), *Annalen der Physik* **378**, 272–288 (1924).

[35] Max Planck, *Zur Frage der Quantelung einatomiger Gase* (单原子气体的量子化问题), Walter de Gruyter (1925).

[36] Max Planck, Das Weltbild der neuen Physik (新物理学的世界观), Vortrag 18, Februar 1929, Physikalisches Institut der Universität Leiden.

[37] Max Planck, Zur Geschichte der Auffindung des physikalischen Wirkungsquantums (物理作用量子的发现史), *Naturwissenschaften* **31**(14– 15), 153–159 (1943).

[38] Max Planck, *Vom Wesen der Willensfreiheit und andere Vorträge* (自由意志的实质以及其他报告), Fischer (1990).

[39] Max Planck, *Die Ableitung der Strahlungsgesetze: Sieben Abhandlungen aus dem Gebiete der elektromagnetischen Strahlungstheorie* (辐射定律推导：在电磁辐射理论领域的七篇论述), Auflage 4, Harri Deutsch Verlag (2007).

　　普朗克出道即研究热力学，后人评价他的一生是献给热力学的一生，非为过誉。至于从何时算他开始研究黑体辐射的，不好说。以回顾的眼光而论，应该说 1887 年的论熵增加、论能量守恒原理和 1894 年的论麦克斯韦速度分布律等几篇文章算是理论基础准备，而 1895 年和 1896 年的论电波的共振激发与辐射衰减则可算是为黑体辐射研究做了直接的模型化准备。1900 年的关于维恩方程改进的论文，以及 1900 年

和 1901 年题目带 "Normalspectrum" 字样的两篇论文，得到了普朗克
谱分布公式并为其寻找合理性，但若认定这时候普朗克提出了光量子的
概念，笔者以为值得商榷——读过原文的学者估计都很难认同这个说法
(见下)。如前所述，直到这个时期使用的 Quantum 还是应该简单地按照
"量"来理解。1901 年另一篇论文题目中的 Elementarquanta 指的是电的
"基本量"，即电子或者单价正离子的电量。这时候的 Elementarquanta
才勉强有了今日汉语里的 "量子" 的意思。在 1901 年的两篇论文中，由
普朗克的振子熵 $k \log \mathfrak{R}$ 同玻尔兹曼的气体熵 $\omega R \log \mathfrak{B}$ 的可加性关系得
到了关系式 $R = N_A k$，其中 N_A 是阿伏伽德罗常数 (Avgardro constant)，
这奠定了把 k 称为玻尔兹曼常数的基础 (有时为了强调，记为 k_B)[①]。再
强调一遍，常数 k_B 是普朗克引入的，直到 1911 年洛伦兹都坚持称之为
普朗克常数 [Hendrik Antoon Lorentz, *Entropie en Waarschynlykheid* (熵与
概率), Brill (1923), p.39]。

4.3 普朗克与热力学

为什么是普朗克而不是别人得到了黑体辐射谱分布的公式？这个问
题是一个会被反复提及的问题。笔者试着从热力学的角度瞎猜一个线
索。回顾普朗克的黑体辐射研究，这是一个从尝试走向尝试最终得到
正确结果的过程。首先，普朗克是热力学的继承人。热力学的主方程
(cardinal equation) 形式为

$$dU = TdS - pdV \tag{4.1}$$

而普朗克把它改写成了

$$dS = \frac{dU}{T} + \frac{p}{T}dV \tag{4.2}$$

此即所谓的普朗克方程。这个举动，可不是简单的改写，愚以为这具有
不凡的意义，它是构造出黑体辐射谱分布公式的一个关键步骤。在方程

---

① 普朗克把常数 k 称为玻尔兹曼常数以示对玻尔兹曼工作的赞赏，以及稍后的希尔
伯特不与爱因斯坦争引力场方程的优先权，与其说是因为他们人品高尚，不如说是
因为他们伟大成就太多超越了争名的层次。对科学家的评价，学术成就应为第一判
据。不懂科学的人赞美没有科学成就的科学家，可以另辟蹊径。

(4.1) 中，主角是内能 U，而在方程 (4.2) 中，主角是熵 S，这个角色转换几乎标志着热力学研究的时代变迁。(振子) 辐射熵是研究辐射谱分布的突破口。另一方面，我认为从情怀角度来看的原因是，普朗克是那个学会了物理的人。近代科学史上这样的人不多，愚以为洛伦兹、普朗克、爱因斯坦、索末菲、玻恩等少数几位可算是。如前所述，当年在慕尼黑大学，当约利教授告知普朗克物理这块田地 (field) 里没啥好发现的时候，普朗克的回答是我没想发现什么，我只想弄懂已知的基本问题。这个回答让笔者感到非常震撼。命运回报了普朗克的这个朴素信条。著名的玻尔兹曼熵公式

$$S = k \log W \tag{4.3}$$

是普朗克先写出来的，著名的相对论质能方程

$$E = mc^2 \tag{4.4}$$

是普朗克先写出来的，正确的黑体辐射谱分布公式是普朗克先写出来的，把这一切放在一起就好理解了。普朗克因此成了统计力学、量子力学和相对论的奠基人。一个保守主义者，做出的都是惊天的成就，带有革命性的色彩，难怪被称为 Revolutionär wider Willen (违背意愿的革命者)。普朗克的研究深受克劳修斯的影响，而克劳修斯正是熵概念的提出者。普朗克选择 Eletrodynamik und Thermodynamik (电动力学和热动力学) 作为自己的研究对象。Eletrodynamik, Thermodynamik，都是 Dynamik，有啥好区分的。电-动力学和热-动力学的结合是黑体辐射研究的一个关键点，这一点对普朗克来说却是显而易见的。可惜，汉语把 Thermodynamik 翻译成 "热力学" 时字面上就错失了这一层意义，应该是热-功学或者热-动力学，也难怪用中文学物理、教物理时在理解上会感觉隔着一层。普朗克中学时期就熟读克劳修斯的著作，而克劳修斯留下的两本书就是《热的力学理论》和《电的力学处理》(Die mechanishce Behandlung der Electricität, Vieweg, 1879)，热通过光同电磁之间建立起了联系。普朗克从 1879 年起研究不可逆过程，自 1891 年因为受赫兹的麦克斯韦理论启发开始将热力学用于电磁过程。有评价认为 Planck hat nicht aus Nichts geschaffen [普朗克可不是从"不 (没有)"中创造的],非常有意思。

4.4　普朗克热辐射研究路线简述

普朗克 1906 年出版的《热辐射理论教程》是对他本人在 1894—1901 年间的黑体辐射研究的详细回顾,从中可以看出其思路。全书分为五部分,第一部分:基本事实与定义;第二部分:电动力学与热力学推论;第三部分:线性振子对电磁波的吸收与发射;第四部分:熵与概率;第五部分:不可逆辐射过程。如果阅读本书有困难,正好普朗克同年还出版了《热力学教程》,而这是热力学领域的经典。将这两本书放到一起参详,可以获得一个对热力学、热的力学理论、电磁的热理论、统计力学和黑体辐射理论比较深入的认识,这是关于学问创造过程的第一手资料。限于篇幅,此处只将关键节点摘录出来并偶尔辅以评论,以求对问题有个粗略的框架性理解,对推导细节感兴趣的读者请拨冗阅读原文献。

在给出了热平衡态下的辐射、基尔霍夫定律以及黑体辐射等相关问题的简单介绍后,普朗克在第二部分给出了一些电动力学和热力学的推论。辐射体的总能量满足斯特藩-玻尔兹曼定律 $U = \sigma T^4$,则均匀的空腔辐射 (黑体辐射) 的熵密度应为

$$s = aT^3 \tag{4.5}$$

黑体辐射研究的重要问题就是对真空中的黑体辐射确立能量谱密度 u_ν 和谱强度 I_ν 作为频率 ν 与温度 T 的函数。维恩定律的意义在于指出这些关于频率 ν 和温度 T 这两变量的函数其实是一个单变量的函数 (Funktion eines einzigen Arguments)。那么,如何从热力学出发得到这个函数呢?

黑体辐射的绝热、可逆膨胀 (压缩) 过程意味着

$$\delta u_\nu = \left(\frac{\nu}{3} \frac{\partial u_\nu}{\partial \nu} - u_\nu \right) \frac{\delta V}{V} \tag{4.6a}$$

可以改写为

$$V\frac{\partial u_\nu}{\partial V} = \frac{\nu}{3}\frac{\partial u_\nu}{\partial \nu} - u_\nu \tag{4.6b}$$

此方程有形式解

$$u_\nu = \frac{1}{V}\varphi(\nu^3 V) \tag{4.7a}$$

或者说

$$u_\nu = \nu^3\varphi(\nu^3 V) \tag{4.7b}$$

由于在黑体辐射的绝热、可逆过程中有 $T^3 V = \text{const.}$，因此得

$$u_\nu = \nu^3 F(\nu^3/T^3) \tag{4.8a}$$

或者

$$u_\nu = \nu^3 F\left(\frac{\nu}{T}\right) \tag{4.8b}$$

顺带说一句，绝热、可逆过程让黑体辐射保持是黑的。

认识到黑体辐射熵是由不同频率的辐射所贡献的，熵满足可加性，因此可以对熵密度作谱分解，

$$S = V \cdot \int_0^\infty s_\nu \mathrm{d}\nu \tag{4.9}$$

一定体积内、给定总能量 U 的黑体辐射在约束条件

$$\delta V = 0, \quad \delta U = V \cdot \int_0^\infty \delta u_\nu \mathrm{d}\nu = 0 \tag{4.10}$$

下熵最大，$\delta S = 0$，即

$$\int_0^\infty \delta s_\nu \mathrm{d}\nu = 0 \tag{4.11a}$$

为此用到了 $\delta V = 0$。式 (4.11a) 可写成

$$\int_0^\infty \frac{\partial s_\nu}{\partial u_\nu}\delta u_\nu \mathrm{d}\nu = 0 \tag{4.11b}$$

其对任意的 δu_ν 成立，故有

$$\frac{\partial s_\nu}{\partial u_\nu} = \text{const.} \tag{4.12}$$

此方程暗含黑体辐射的能量分布律。对熵 S 作变分

$$\delta S = V \cdot \int_0^\infty \frac{\partial s_\nu}{\partial u_\nu} \delta u_\nu \mathrm{d}\nu = \frac{\partial s_\nu}{\partial u_\nu} \delta U \tag{4.13}$$

由热力学关系 $\frac{\partial S}{\partial U} = \frac{1}{T}$，可得

$$\frac{\partial s_\nu}{\partial u_\nu} = \frac{1}{T} \tag{4.14}$$

这是一个一般文献不会提及的重要结果。对于任意能量分布的辐射，上式针对特定的频率定义了一个温度，由此可见黑体辐射的特征是，所有不同频率的辐射具有同一个温度。

由式 (4.8) $u_\nu = \nu^3 F\left(\frac{\nu}{T}\right)$ 可得关于温度的表达式

$$\frac{1}{T} = \frac{1}{\nu} F\left(\frac{u_\nu}{\nu^3}\right) \tag{4.15}$$

结合式 (4.14)，可得方程

$$\frac{1}{\nu} F\left(\frac{u_\nu}{\nu^3}\right) = \frac{\partial s_\nu}{\partial u_\nu} \tag{4.16}$$

有解形式为

$$s_\nu = \nu^2 F\left(\frac{u_\nu}{\nu^3}\right) \tag{4.17a}$$

或者写成

$$s_\nu = \frac{\nu^2}{c^3} F\left(\frac{c^3 u_\nu}{\nu^3}\right) \tag{4.17b}$$

此为空间里的熵的谱密度 s_ν 同能量的谱密度 u_ν 之间的关系。类似地，针对一个射线束，可得其熵 S 同射线能量强度 J 之间的关系为

$$S = \frac{\nu^2}{c^2} F\left(\frac{c^2 J}{\nu^3}\right) \tag{4.18}$$

在一般的热力学文献中，人们会谈论能量密度和能量流的强度，或者传播中的能量束 (fortschreitende Energiestrahlung) 的密度与流密度。普朗克同样谈论传播中的熵束 (fortschreitende Entropiestrahlung) 的密度 s 与流密度 J，同样有关系

$$s = \frac{4\pi}{c} J \tag{4.19}$$

上述几个式子中的 F 都是表示某个未定函数。相关内容都与维恩挪移

定律有关，容易看到，那不仅仅是关于辐射强度峰位置的移动的，仅仅当作位移定律理解有失偏颇。

第三部分关注线性振子对电磁波的吸收与发射。受迫振动这个模型简直是电磁理论的救命稻草，被广泛用作各种激发过程的模拟，所谓谱线的洛伦兹线型就是研究电磁受迫振动模型得到的结果。普朗克更是一个对受迫振动模型中的物理作深度挖掘的人物，我们将看到，普朗克从受迫振动模型中为我们挖掘出了太多的物理知识。

普朗克采用的电磁受迫振动公式为

$$Kf + L\dot{f} - \frac{2}{3c^3}\dddot{f} = \varepsilon_z \tag{4.20}$$

其中 ε_z 是外电场强度，此项表示激发过程；含振幅三阶微分 $\dddot{f}$ 的项是阻尼项，表示辐射过程 (辐射让振子体系能量减少，是一种阻尼机制)。振子在单位时间内吸收的能量由 $\overline{\varepsilon_z \dot{f}}$ 给出。对于各向同性的黑体辐射，其能量体密度为 $u = \frac{3}{4\pi}\overline{\varepsilon_z^2}$，而照射振子的强度为 $J = \frac{c}{4\pi}u$。基于方程 (4.20) 的电磁学计算所得到的一个重要结果是，振子的平均能量 U 同辐射场对应频率的能量密度 u_0 之间的关系为：

$$U = \frac{c^3 u_0}{8\pi v_0^2} \tag{4.21a}$$

其中 v_0 是振子的频率。也有

$$u_v = \frac{8\pi v^2}{c^3}\overline{\varepsilon_v} \tag{4.21b}$$

这样的表示。此公式的长波极限情形式 (对应瑞利公式) 为

$$u_v = \frac{8\pi v^2}{c^3}kT \tag{4.22}$$

基于金属围成的立方体中的电磁驻波模型，普朗克后面用简单的统计又得到过这一结果。接下来由平衡态时体系总熵的变分为零的条件

$$\delta S + V \cdot \int_0^\infty \delta s \mathrm{d}v = 0 \tag{4.23a}$$

也即

$$\frac{\mathrm{d}S}{\mathrm{d}U}\delta U + V \cdot \int_0^\infty \frac{\partial s}{\partial u}\delta u \mathrm{d}v = 0 \tag{4.23b}$$

配合能量守恒条件

$$\delta U + V \cdot \int_0^\infty \delta u \mathrm{d}v = 0 \tag{4.24}$$

近似后，得 $\dfrac{\mathrm{d}S}{\mathrm{d}U} = \dfrac{\partial s_0}{\partial u_0}$，其中 s_0 是空间中在振子特征频率 v_0 上的熵的体密度，进而硬性得到 $S = \dfrac{c^3 s_0}{8\pi v_0^2}$ 以及

$$S = \frac{c^2}{v_0^2} J_0 \tag{4.25}$$

考虑到式 (4.21)，以及在第三部分推导得到的关系式

$$J_0 = \frac{v^2}{c^2} F\left(\frac{c^3 u_0}{8\pi v_0^3} \right) \tag{4.26}$$

由此可得

$$S = F(U/v_0) \tag{4.27}$$

普朗克说这是维恩挪移定律之最简单形式，函数 F 是挪移函数 (Verschiebungsfunktion)。这是黑体辐射的近代表述中一般都不会提及的另一个概念。

第四部分谈论熵与概率，主要是要建立起振子熵的一般表示。在电磁理论中引入概率是个崭新的话题，乍一看无从下手，因为电磁场方程之外的任何考量原则上都是无理的，场方程和边界条件/初始条件一起完全决定了动力学过程。为了建立电磁的热辐射理论，热的力学理论似乎可资参考，两者面临同样的情景、同样的困难。如果不是采用热力学的方式而是以纯电动力学为基础，是难以得到一些宏观关系的，比如振子吸收能量同围绕它的辐射强度之间的一般性关系。此处给了概率溜进来的缝隙。

为此，普朗克提出了自然辐射 (natürliche Strahlung) 的概念，即在辐射的无数振动的分量之间只存在由可测量平均值所决定的关系。这个只由可测量量描述关系的思想后来在海森堡 (Werner Heisenberg, 1901—1976) 构造量子力学时又得到了强调。热运动是分子无规的 (molekular-ungeordnet)，而自然辐射是单元无规的 (elementar-ungeordnet)。相应地，有如下假说："在自然界中，所有包含无数不可

控组成部分的状态或者过程都是单元无规的 (in der Natur alle Zustände und alle Vorgänge, welche zahlreiche unkontrollierbare Bestandteile enthalten, elementar ungeordnet sind)"。关键的问题是，什么电磁物理量会表现出熵？对于辐射，可实现的状态的概念由传播方向、谱分布和偏振所表征。状态数描述无序，就可以依循玻尔兹曼公式通向熵。普朗克认为，对于 (电磁) 振子的热振动来说，无序是时间的；对于气体运动来说，无序是空间的。这部分类比热的力学理论以建立电磁的热辐射理论的内容，愚以为是物理学之重要环节，其在一般英文教科书中也是被遗漏的。

　　由熵的可加性，普朗克得到了公式

$$S = k \log W + \text{const.} \tag{4.28}$$

将 N 个粒子分布到相空间小室 (Zelle, cell)[①]$\mathrm{d}\sigma$ 上, 若分布函数为 f, 则概率为

$$W = \frac{N!}{\prod (f \mathrm{d}\sigma)!} \tag{4.29}$$

注意，普朗克在这里故意直接将状态数目 (Komplexionsanzahl) W 当作概率。这里的 $f\mathrm{d}\sigma$，代表相空间中分立的小室里的粒子数，是当作一个整数对待的，而且还是当作一个大数处理的。普朗克接下来用到了把 $\sum f\mathrm{d}\sigma[\ln(f\mathrm{d}\sigma) - 1]$ 表示为积分，其也就是积分 $\int f \ln f\mathrm{d}\sigma$，最终得到了

$$S = \text{const.} - k \int f \log f \mathrm{d}\sigma^{②} \tag{4.30}$$

这里看到了玻尔兹曼的 H-函数 $f \log f$，太酷了！

　　普朗克参照气体运动论中把粒子分配到相空间中的小室里然后求概率的那一套，针对振子振荡把问题改造成 P 个单元的能量分布到 N 个

---

① Zelle, 即英语的 cell, 本义为小屋, 特别指隐者隐居的小屋。Cell 在生物学中汉译为细胞, 在固体物理中汉译为单胞、元胞, 而 electric cell 则被译成电池。中国人想学个科学真难啊。
② $S = \text{const.} - k \int f \ln f\mathrm{d}\sigma$, 变分条件下 $\delta S = 0$, 就是 $\int (\ln f + 1)\delta f\mathrm{d}\sigma = 0$; 但是粒子数给定, 意味着 $\int \delta f\mathrm{d}\sigma = 0$; 总能量守恒, 意味着 $\int (v_x^2 + v_y^2 + v_z^2)\delta f\mathrm{d}\sigma = 0$, 故而解是 $\ln f + \beta(v_x^2 + v_y^2 + v_z^2) = 0$。这就是麦克斯韦分布啊。

振子上的问题，为此要引入能量单元的概念，

$$P = \frac{U_{\text{tot}}}{\varepsilon} \tag{4.31}$$

其中能量单元 ε 是待定的量。由于

$$W = \frac{(N + P - 1)!}{(N - 1)! \, P!} \tag{4.32a}$$

得到振子熵的表达式为

$$S = k \left\{ \left(1 + \frac{U}{\varepsilon}\right) \log \left(1 + \frac{U}{\varepsilon}\right) - \frac{U}{\varepsilon} \log \frac{U}{\varepsilon} \right\} \tag{4.33a}$$

为了和维恩挪移定律 $S = F(U/\nu)$ 相契合，则要求

$$\varepsilon = h\nu \tag{4.34}$$

这个引入辐射能量量子的理由，后来文献中未见到。

注意，在振子熵的表示中，出现的不是气体理论里的那个相空间单元区域 (Elementargebiet) $d\sigma$ 了 [见式 (4.29)—(4.30)]，而是一个量纲为作用 (Wirkung, action) 的常数 h，普朗克把它称为单元作用量 (elementares Wirkungsquantum)，或者作用单元 (Wirkungselement)。从后来的发展来看，普朗克当时的结论草率了。1924 年，印度人玻色把这个相空间单元区域 $d\sigma$ 用 h 给表达了，$d\sigma = h^3$。这样，黑体辐射又可以当作 "普通" 气体分子处理了，于是有了玻色-爱因斯坦统计 (见第 8 章)。

令 $\frac{\partial S}{\partial U} = 1/T$，得振子平均能量为

$$U = \frac{h\nu}{e^{h\nu/kT} - 1} \tag{4.35}$$

进而有辐射能量体密度

$$u = \frac{8\pi\nu^2}{c^3} \frac{h\nu}{e^{h\nu/kT} - 1} \tag{4.36}$$

顺便提一句，式 (4.36) 表示的是真空中的黑体辐射能量密度。相应地，在充满介质的空间中，黑体辐射的能量密度为

$$u = \frac{8\pi\nu^2 n^3}{c^3} \frac{h\nu}{e^{h\nu/kT} - 1} \tag{4.37}$$

其中 n 是介质的折射率。

维恩公式 $U = h\nu e^{-h\nu/kT}$ 对应的与式 (4.33a) 类似的熵公式应该为

$$S = -k\frac{U}{h\nu}\log\frac{U}{eh\nu} \tag{4.38}$$

求二阶导数，得

$$\frac{\partial^2 S}{\partial U^2} \propto \frac{1}{U} \tag{4.39}$$

有一种说法，维恩公式在短波处和实验比较相符。然而，这种说法是容易引起误解的。维恩公式是一个"分布函数"，它同黑体辐射测量结果的偏离是在分布的长波尾端。与此相对，许多文献中出现的不带指数函数的瑞利公式本身不是一个"分布函数"，它描述的是长波尾端的极限情形。不是在短波、低温的情形下，所谓的维恩公式同实验结果符合得较好，是在高温下维恩公式也是大体上同实际的 (整个) 辐射谱符合得较好；不是在长波、高温情形下瑞利公式较好地描述了辐射谱，在低温情形下瑞利公式也是描述了长波端的极限行为。

第五部分谈论不可逆辐射过程。谈论趋向平衡态，离不开时间，因此黑体辐射研究中如何处理 (电动力学意义下的) 时间是一个关键。普朗克为此七论"不可逆辐射过程"，其采用的电磁振子受迫振动模型的方程为方程 (4.20)，这个方程中的阻尼项 $-\frac{2}{3c^3}\dddot{f}$ 描述振子的发射。对于这一项的系数 $\frac{2}{3c^3}$，笔者一直很困惑它是从哪儿来的。这个问题在普朗克的研究中属于前期准备，但这些最见研究真功夫的内容在一般的教科书中却见不到 [请参详洛伦兹的电动力学研究]。普朗克注意到，玻尔兹曼曾指出 [Ludwig Boltzmann (1897), p.660]，麦克斯韦方程组在变换

$$\begin{aligned} t &\to -t \\ E &\to E \\ B &\to -B \end{aligned} \tag{4.40}$$

下是不变的。方程 (4.20) 是满足 $t \to -t$ 对称的，因而外部辐射场在振子处的场强的变换是

$$\varepsilon_z(t) \to \varepsilon_z(-t) + \frac{4}{3c^3}\dddot{f}(-t) \tag{4.41}$$

在时间 dt 内振子吸收的能量是用 $\overline{\varepsilon_z \dot{f}}\,\mathrm{d}t$ 表示的。普朗克的思路是，从受

迫振动的振幅与相①f, θ 出发，推进到或者说把问题转化为强度与能量 (J, u) 的问题，最终再到熵 S。记系统的总熵为

$$S_{\text{tot.}} = \sum S + \int s\mathrm{d}\tau \tag{4.42}$$

分为振子部分 $\sum S$ 和空间辐射部分 $\int s\mathrm{d}\tau$ (s 是空间里的辐射熵密度)。一通推导 (近似) 后，得到振子能量变化的方程为

$$\frac{\mathrm{d}U}{\mathrm{d}t} + 2\sigma\nu U - \frac{2c^2\sigma}{\nu}J_0 = 0 \tag{4.43}$$

进一步地被近似为

$$\frac{\mathrm{d}U}{\mathrm{d}t} + 2\sigma\nu \cdot \Delta U = 0 \tag{4.44}$$

其中 ΔU 是振子能量对平衡态值的偏离。$\frac{\mathrm{d}U}{\mathrm{d}t}$ 可经 $\frac{\mathrm{d}S}{\mathrm{d}t} = \frac{\mathrm{d}S}{\mathrm{d}U}\frac{\mathrm{d}U}{\mathrm{d}t}$ 导向 $\frac{\mathrm{d}S}{\mathrm{d}t}$，得到系统的总熵随时间的变化近似表达

$$\mathrm{d}S_{\text{tot.}} = -\frac{3}{5}k\frac{\mathrm{d}U \cdot \Delta U}{U(U + h\nu)} \tag{4.45}$$

此时，你看到了最后得到普朗克谱分布的那个关键表达式

$$\frac{\partial^2 S}{\partial U^2} \propto -k\frac{1}{U(U + h\nu)} \tag{4.46}$$

的影子了吧？哪一个伟大思想的孕育都需要时间，也都有迹可循。

　　普朗克的研究过程可以归结为基于谐振子模型讨论了由各种频率的振子充满的空间中辐射是如何趋向平衡态的。某一天笔者终于认识到，普朗克的振子仿佛是《不存在的骑士》② 中的骑士，是由理性、规则和目标凝结而成的。普朗克自己也认识到，他的理论有个漏洞 (爱因斯坦会指出其中更多的漏洞，见下)，就是那是关于一个特定频率 ν_0 的过程，而单个频率达到熵最大不意味着整个黑体辐射体系的熵最大。用数学的语言来说，普朗克以频率 ν 为参数的方式得到谱公式函数，而描述黑体辐射的谱公式中频率 ν 应该是变量。这一点，笔者在阅读普朗克诞辰 150 周年的一些文章时才认识到。认识到了振子模型针对单个频率的缺点，普朗克指出如果纳入碰撞过程，就有了吸收和发射之外的改变振子能量的机制了。普朗克还指出，也许关于辐射电动力学的研究可以更

---

① Phase, 是相，不是什么位相、相位。

② Italo Calvino, *Il Cavaliere Inesistente*, G. Einaudi (1959).

好地解释普适作用单元 (das universelle Wirkungselement) h 的物理意义。应该说，普朗克是有远见卓识的。1905 年爱因斯坦关于光电效应的解释就被爱因斯坦理解为 h 的第二来路 (second coming)，而未来关于原子谱线的跃迁机理以及正则量子化条件都是在叙说 h 的故事。分立的原子谱线和连续的黑体辐射谱，是夫琅合费记录的太阳辐射的一个硬币之两面，它们一起催生了量子力学。

顺带说一句，普朗克对吸收和发射过程之间关系的如下论述，对于理解相关的物理至关重要。发射，如果不伴随吸收，是不可逆的；与此相对的反过程则是：吸收，如果不伴随发射，在大自然中是不可能的 (Emission ohne gleichzeitige Absorption ist irreversibel, während dagegen der umkehrte Vorgang: Absorption ohne gleichzeitige Emission, in der Natur, unmöglich ist)。

4.5 略评热力学及普朗克的研究思路

黑体辐射研究在实验上是关于温度、光波长和光强度的测量，理论上则关切平衡态热力学 (而且是特殊的辐射热力学) 和系统趋向平衡态的过程。由热力学基础知识我们应该能够想到，与温度这个强度量共轭的那个广延量，熵，会扮演重要的角色。当统计力学把平衡态认定为熵最大的状态以后，这一点就变得更加显而易见了。明白了这一点，就很容易明白普朗克的研究思路了。

黑体辐射是辐射的热力学平衡态问题。欲知平衡态下的分布，研究通向平衡态的过程是获得答案的可能路径之一。根据玻尔兹曼的观点，平衡态对应熵最大的体系状态，闭合体系中的自发过程是熵增过程，是不可逆的过程。普朗克对热辐射这样的不可逆过程有持续的、深入的思考，这体现在他的七篇 "论不可逆辐射过程" 同名系列报告中。其中，1901 年的那篇是在得到正确的谱分布公式之后，故此论文题目添加了 "补缀 (Nachtrag)" 的字样。同时期，使用同一题目玻尔兹曼也是三篇连发 [Ludwig Boltzmann, Über irreversible Strahlungsvorgänge I, *Berl. Ber.* 660–662 (1897); II, *Berl. Ber.* 1016–1018 (1897); Über vermeintlich irreversible Strahlungsvorgänge (论设想为不可逆的辐射过程), *Berl. Ber.*

182–187 (1898)]，第三篇额外加了一个修饰词。这十篇关于不可逆辐射过程的论文应是理解黑体辐射研究的思想性文献，推而广之也可以说是统计物理建立初期的思想性文献。

普朗克研究的初衷在于热力学。热力学有第一定律，能量守恒，这与基尔霍夫有关。他对基尔霍夫定律的兴趣是因为它引起了普适性问题[①]。黑体辐射是平衡态下各向同性的、均匀的辐射，有如何趋近平衡态的问题，自然其研究会牵扯到热力学第二定律。提及热力学第一、第二定律，笔者觉得有谈谈个人观点的必要。基尔霍夫认为 the law of conservation of energy is philosophically deeper than any law of force of any system; conservation of energy is the primary law of nature (能量守恒定律相较系统其他的力之守恒定律更具哲学深意；能量守恒是第一自然定律)。这话我认可。能量守恒与熵增加原理可以哲学地、巧妙地 (philosophically and tactically) 看待。一个体系，不管其由多少个子系统构成，若其能作为一个孤立的系统看待，就可以赋予它一个量，这个量不变，因为它是，或者只是因为可以看作是孤立的、具有独立个性的系统。你管这个物理量叫 energia (ενεργια) 或者别的什么都无所谓。一个体系中的不同子系统或者单元，它可以具有不同的面目，比如弹簧振子系统包括附带质量的运动和弹簧自身的伸缩，分别对应动能 $\frac{1}{2}mv^2$ 和势能 $\frac{1}{2}kx^2$。你还可以定义别的守恒量。一个系统，由子系统构成的系统，如果都是由守恒量表征的，那就是死的。如果它在变化着，则要引入一个单调变化的量来表述从当前状态走向平衡态 (稳态) 的过程，为此有克劳修斯的熵 S 和玻尔兹曼的 H-函数。热力学做了如下选择：一个孤立的体系，(1) 有个称为 (内) 能量的物理量，保持不变。这强调这个体系同外部世界的隔离。(2) 有个称为熵的量，恒不减少。这强调这个体系内部的（自发）变化趋势。愚以为若用变分表达，热力学第一定律和第二定律就是

$$\delta E \equiv 0,\ \delta S \geq 0 \tag{4.47}$$

[①] 愚以为，认识到普适性 (Max Planck, Albert Einstein)、对称性 (Pierre Curie) 和互反性 (Gustav Kirchhoff, Lars Onsager) 在自然和自然科学中的地位，是科学史上的标志性事件。

对于 $E = E_1 + E_2 + ...$ 这样的体系，建立起函数 $S = S(E_1, E_2, ...)$ 是统计力学努力的目标。普朗克把熵看作是热力学的主角，这体现在他把热力学主方程改造成普朗克方程的举措上。改变包围黑体辐射的空腔的体积，可以得到关于黑体辐射这个热力学体系的一般热力学关系。若黑体辐射是个等体积体系，则普朗克方程可简化为

$$dS = \frac{1}{T}dU \tag{4.48}$$

普朗克会多次用到这个公式。普朗克的黑体辐射研究是在构造熵关于振子能量 U 和频率 v 的函数表达式上取得突破的。当他得到维恩挪移定律的简单表达 $S = F(U/v)$ 时，正确的谱分布公式已是呼之欲出了。

4.6 黑体辐射谱公式推导与论证

在 1900 年得到正确的谱分布公式之前，普朗克已经为了构造辐射的热理论做了长期的准备，熟悉黑体辐射研究的进展。普朗克认为维恩的谱分布公式 $u(v, T) = av^3 e^{-bv/T}$ 缺乏理论基础。普朗克对得到这个公式的过程不满意，他要以严格的方式得到它。在玻尔兹曼的气体运动论的指引下，普朗克相信可以不依赖电磁学或力学。他以一个理想振子 (Resonator，后来改称为 Oszillator，本质上就是一个偶极子) 为模型，但不把这个理想振子等同于任何具体的分子。1899 年，普朗克针对频率为 v 的振子得到了一个熵表达式 (4.38)，即 $S = -\frac{U}{av} \log \frac{U}{ebv}$，其中 U 为振子能量，两个常数 a, b 分别对应未来的 h/k_B 和 h。普朗克敏锐地觉察到这样的常数具有普适意义，反过来可以用于定义单位制 (Maassyteme)，这就是后来被弄得神叨叨的普朗克单位制。普朗克引入普朗克单位制 (长度、质量、时间和温度) 是在 1899 年，与量子力学没有丝毫关系，它甚至出现在光能量量子概念之前。量子力学 (Quantenmechanik) 这个词则要等 25 年后才会出现。

普朗克 1900 年的"辐射热的熵与温度"一文 (3 月 22 日提交) 完全是接着维恩的工作，从辐射的温度与熵的关系入手。注意，维恩 1894 年文章的题目就是"辐射热的熵与温度"，这两篇文章的题目完全相同。这里的思路是，热辐射达到平衡的过程是个熵增加到最大值的过

程，则要求熵对内能的二阶微分为负。形式上这要求 $\frac{\partial^2 S}{\partial U}$ 等于一个负的能量平方项的倒数。记 $\frac{3}{5}\frac{d^2 S}{dU^2} = -f(U)$，$f(U)$ 是个频率依赖的正定函数，普朗克推导得到的体系熵增加为 $dS_{tot} = -dU \cdot \Delta U \cdot f(U)$。对应 n 个振子的情形，$U_n = nU$，则熵的可加性要求 $f(nU) = f(U)/n$，故而可以取 $f(U) \propto \frac{1}{U}$。也即是关于振子的熵与能量间可能存在的关系应为

$$\frac{d^2 S}{dU^2} = -\frac{\alpha}{U} \tag{4.49}$$

对于给定频率为 ν 的振子，U_ν 是该振子的能量，可从关系式

$$\frac{\partial^2 S_\nu}{\partial U_\nu^2} = -\frac{k}{U_\nu \times h\nu} \tag{4.50a}$$

出发。这是一个了不起的猜测，常数 h 的引入是为了让 $h\nu$ 的量纲为能量，从而使得这个出发点形式上是合理的，k 是个与熵同量纲的常数。注意，由 $\frac{\partial S_\nu}{\partial U_\nu} = \frac{1}{T}$ 可得 $U_\nu = h\nu e^{-h\nu/kT}$，即 $u_\nu = \frac{4\pi h\nu^3}{c^3}e^{-h\nu/kT}$，这是维恩分布公式，其中 u_ν 是辐射场的能量密度 (系数尚缺一个因子 2)。普朗克至此敏锐地注意到，黑体辐射提供了电磁学角度的温度概念。

在 1900 年 10 月 7 日听取了鲁本斯关于长波长部分的测量结果后，普朗克迅速得到了一个同实验精确符合[①]的谱公式，于 12 月 19 日报告了他的结果。该报告形成了"论维恩谱方程的一种改进"这篇长不过三页纸的短文。设

$$\frac{d^2 S}{dU^2} = \frac{\alpha}{U(\beta + U)} \tag{4.51a}$$

利用 $\frac{dS}{dU} = \frac{1}{T}$ 和 $S = f(U/\nu)$ 的要求，得能量密度

$$E = \frac{C\lambda^{-5}}{e^{c/\lambda T} - 1} \tag{4.52}$$

此处原文照录。

这中间有个小插曲要交代。对于黑体辐射谱的长波部分测量结果与维恩公式偏离的问题，是有很多研究者关注的。库尔鲍姆依据测量结果

[①] 如果你做过实验物理也做过理论物理研究而且还不昧着良心，你对"符合"和"精确"会有不一样的感觉。

曾建议对低频部分可采用

$$\frac{\partial^2 S_\nu}{\partial U_\nu^2} = -\frac{k}{U_\nu^2} \tag{4.53a}$$

的 形 式 [H. Rubens and F. Kurlbaum, Über die Emission langwelliger Wärmestrahlen durch den schwarzen Körper bei verschiedenen Temperaturen (论不同温度下黑体热辐射的长波发射), *Berl. Ber.*, 929–941 (1900)。见上文]。普朗克假设辐射振子的熵满足

$$\frac{\partial^2 S_\nu}{\partial U_\nu^2} = -\frac{k}{U_\nu \times (h\nu + U_\nu)} \tag{4.51b}$$

此处对式 (4.51a) 右侧分母的改写是数学上成功的一步，可解得

$$U_\nu = \frac{h\nu}{e^{h\nu/kT} - 1} \tag{4.54a}$$

普朗克这么凑，也许利用了 $\frac{d}{dx}(x\ln x - x) = \ln x$ 的事实，这个 $x\ln x - x$ 形式的函数我们会在统计物理中随时碰到 [①]。这是凑统计物理的数学技巧基础，但它硬生生地满足了从组合中的连乘运算过渡到熵可加性的要求。就简单性来说，谱分布公式 (4.52) 最接近维恩的结果 (an Einfachheit am nächsten kommt)。普朗克接受这个推导的出发点，是因为这样的辐射与振子构成的体系之熵产生为正，这符合热力学的要求。得到式 (4.54a) 只算是有了一个具有形式意义的、瞎猜得到的公式 (glücklich erratenes Gesetz doch nur eine formale Bedeutung)。关于普朗克这瞎猜的功夫，派斯在爱因斯坦传记 *Sutle is the Lord* 一书中大为赞赏："His reasoning was mad, but his madness has that divine quality that only the greatest transitional figures can bring to science. It cast Planck, conservative by inclination, into the role of a reluctant revolutionary (他的论证是疯狂的，但是他的疯狂有那种只有伟大的传统人物能带给科学的神性。这赋予了普朗克，一个保守倾向的人，勉强的革命家的角色)"。然而，按爱因斯坦 1916 年的说法，普朗克的推导是史无前例的胆大妄为 (Seine Ableitung war von beispielloser Kühnheit)。关于那天的推导过程，普朗克自己有非常客观

---

① 为什么微积分课上的数学老师不讲哪个微分或者积分的科学内涵呢？难道这不该是数学老师的本能冲动吗？

的评价。Im Verfolg dieses Gedankens, bin ich schliesslich dahin gekommen, ganz willkürlich Ausdrücke für die Entropie zu construiren..., Unter den so aufgestellten Ausdrücken ist mir nun einer besonders aufgefallen, ...Es ist bei Weitem der einfachste unter allen Ausdrücken, welche S als logarithmische Function von U liefern... (顺着这些想法，我最后决定，完全随意地构造熵的表达⋯⋯在诸多表达中，这个提供了 S 是 U 的指数函数的公式最简单)。看到普朗克这么实在，笔者当时都笑得差点岔气了。看如今的物理论文，时常能遇到装蒜的货，自己根本没有本事写一篇唯一作者的文章，却在事后拿着很多别人凑出的文章编造自己的英明。

　　按照瑞利的想法，应该有 $U \propto T$，这是能量均分的要求。为此，

$$\frac{\mathrm{d}^2 S}{\mathrm{d}U^2} \propto \frac{1}{U^2} \tag{4.53b}$$

也就是式 (4.53a) 中的 $\frac{\partial^2 S_\nu}{\partial U_\nu^2} = -\frac{k}{U_\nu^2}$。按照维恩公式，则应有

$$\frac{\mathrm{d}^2 S}{\mathrm{d}U^2} \propto \frac{1}{U} \tag{4.50b}$$

从量纲的角度来看，这应该写成 $\frac{\mathrm{d}^2 S}{\mathrm{d}U^2} = -\frac{k}{U \cdot h\nu}$ 的形式，如前其中常数 h 的作用是让 $h\nu$ 的量纲为能量。故而，在这里有个协调两种可能的问题。普朗克选择尝试式 (4.51b) 中那样的熵与能量的关系，这个算是科学史上的惊艳一击 (a stounding stroke)。由此得到的谱分布公式 (针对给定的温度 T) 在长波长极限 ($\nu \to 0$) 满足瑞利公式的要求，在短波部分可用维恩公式近似。这一击驯服了谱密度分布函数，其微妙处在于 $h\nu \to 0, U \to 0$ 所引起的 $U \cdot h\nu \to 0$ 被 $U \cdot (h\nu + U) \to 0$ 所替代，这就改进了维恩公式在 $h\nu \to 0$ 处的收敛性，使之与实验结果相符合。普朗克由此得到的谱分布公式，在德语中被称为 Interpolationsformel。Interpolation 被汉译为"插值"，相应的 intrapolation (interpolation) 和 extrapolation 被译为内插法和外插法。笔者愚笨，当初读到普朗克的 Interpolationsformel 时总是按照数值计算中的插值法去理解。然而，在阅读相关文献时，笔者又发现普朗克分明是在推导公式，并建立模型去构造公式。人家不是在做插值计算啊？这让我困惑了许多年。直到 2021 年决定深度研究黑体辐射问题时，笔者才发现 interpolare 的字面意

思是 "to alter; polish; falsify"，哪里有汉语 "插值" 的意思嘛！说到底，还是我自己肤浅了。从 alter (改动)、polish (修改) 的角度去理解普朗克工作的性质，就无碍了。普朗克修改了 $\frac{d^2 S}{dU^2}$ 作为 U 的函数的形式，得到了正确的谱分布公式。

也许派斯的 "it would do grave injustice to Planck if I left the reader with the impression that Planck's discovery was exclusively the result of interpolating experimental data (如果我给读者留下了普朗克的发现纯粹是 interpolating 实验数值的印象，那会是对普朗克的严重不公)" 中的 "exclusively the result of interpolating experimental data" 确实对普朗克造成了严重不公，让普朗克拟合实验数据得到谱分布公式的说法甚嚣尘上。普朗克确实 interpolate 了，但是 interpolate 的对象是得到正确谱公式所需的 $\partial^2 S/\partial U^2$。当然，以派斯对普朗克工作的熟悉，他当然知道 "For years, it had been his ambition to derive the correct radiation law from first principles [从第一性原理得到正确的谱定律是他 (普朗克) 多年的愿望]"。因为是关于爱因斯坦的传记，派斯不能深入 "describe how he made his guess [描述他 (普朗克) 怎样猜测的]"，是一大遗憾。本章正好弥补派斯的遗憾，对普朗克关于热力学、统计力学和黑体辐射的长期研究做一个详尽的介绍，一定要消除 "普朗克通过数值拟合得到黑体辐射谱分布公式" 的误解。我想顺带表达的思想是，伟大的发现需要伟大科学家持续不懈的努力，鸡贼的念头不过徒增笑谈。

附带说一句。在普朗克的黑体辐射研究报道中，时常会提及辐射的振子。振子，什么振子？我当年学习相关内容就一直弄不懂这振子哪来的，不是说好的空腔辐射 (Hohlraumstrahlung) 吗？关于振子，普朗克一开始用的是 Resonator，后来改用 Oszillator，其实中间连炭粉颗粒 (Kohlenstäubchen) 都用到过。为什么要引入振子呢？用普朗克自己的话说，振子是用来中介 (ermitteln) 辐射分布的，让辐射现形的。这就是所谓的理论探针 (probe for theory)，理论需要被中介 (Die Theorie braucht ermittelt zu sein)。这一点，是理论物理学习者要铭记的方法论。关于普朗克引入振子概念及用词的变更，库恩有详细的讨论 [见 Thomas Kuhn (1978)]。后面我们还会回到这个话题。

普朗克的公式完美地符合实验数据，这使得他不得不要为自己的公式推导找到支持，光是瞎猜实在不足以服众。为此，普朗克编造了如下模型进行统计物理式的探讨，而这是玻尔兹曼的创举 [Ludwig Boltzmann (1877)。见 2.2 节]。普朗克认为他所得公式的可取处不在于和几个数据点吻合得好，而主要是因为其形式简单 (einfacher Bau der Formel)，特别是单频率振子的熵对其能量的依赖关系也很简单。熵意味着无序，振子的振幅与相位表现出无序，振子在稳态时的能量恒定是平均意义上的。振子的熵是由能量在很多振子上的分配 (Verteilung, distribution) 所决定的，普朗克猜测这个是可以通过在电磁学中引入概率来计算的。详细内容见于普朗克 12 月 14 日提交的论文"标准谱之能量分布律的理论"。这篇文章没有给出具体的计算过程，论证也有些含糊。比较而言，《热辐射理论教程》153 页上的计算过程更明白易懂。

假设有 $P = U_N/\varepsilon$ 个能量单元要分配到 N 个振子上。这相当于是将 P 个粒子放到 N 个盒子里的经典概率问题[①]，可能的方式有

$$W = \frac{(P+N-1)!}{P!\,(N-1)!} \sim \frac{(N+P)^{N+P}}{N^N P^P} \qquad (4.32b)$$

种，对应的熵为 $S_N = k \log W$，近似地可表示为

$$S_N = Nk\left[\left(1+\frac{U}{\varepsilon}\right)\ln\left(1+\frac{U}{\varepsilon}\right) - \frac{U}{\varepsilon}\ln\frac{U}{\varepsilon}\right] \qquad (4.33b)$$

其中 $U = U_N/N$ 是平均能量，S_N/N 可看作是振子平均的熵，利用 $\frac{1}{T} = \partial S/\partial U$，可得

$$U = \frac{\varepsilon}{e^{\varepsilon/kT} - 1} \qquad (4.54b)$$

取 $\varepsilon = h\nu$ 即再现前述的标准谱分布定律。普朗克 (见"标准谱之能量分布律的理论"，1900) 指出，频率 ν 的振子的能量单元为 $\varepsilon = h\nu$，是最重要的维恩挪移定律的直接结果 (lässt sich unmittelbar aus dem höchst wichtigen Wien'schen sogenannten Verschiebungsgesetz folgern)。你看，普朗克说那是结果而非仅仅是假设。注意，在此处的推导中，普朗克用到了固定粒子数和固定能量，但实际上黑体辐射的热平衡态只要求能量是固定的。这个漏洞以后会被提起，但一般教科书里似乎没有这回事儿

[①] 量子力学骨子里从来都是经典的。

似的。

普朗克的谱分布公式, 仅关注频率为 ν 的振动的平均能量表达式 (4.54a), 有极限

$$\lim_{\nu \to \infty} \frac{h\nu}{e^{h\nu/kT} - 1} \to h\nu e^{-h\nu/kT} \tag{4.55a}$$

和

$$\lim_{\nu \to 0} \frac{h\nu}{e^{h\nu/kT} - 1} = kT \tag{4.55b}$$

可见普朗克公式在波长足够短的部分再现了维恩分布, 而在长波极限给出了瑞利所要求的能量均分定理。 这可作为普朗克公式正确的一个强证据。

普朗克黑体辐射谱分布公式的意义之一, 是带出来了一个物理学基本常数 h, 其预期功效只是使得频率以能量的量纲被带入, 后来被命名为普朗克常数。拥有一个以自己名字命名的普适常数估计会让人感到很孤独 (玻尔兹曼常数是普朗克在 1900 年的 "热辐射的熵与温度" 这篇文章中引入的)。所以当 1905 年爱因斯坦把光速 c 也弄成了普适常数时, 普朗克觉得 h 算是有个伴儿啦。普朗克和爱因斯坦一直惺惺相惜, 是份量相称的朋友。应该说, 普朗克是爱因斯坦从学术角度也觉得值得尊重的一个人, 其他的能和爱因斯坦聊得来的人包括薛定谔、玻恩和泡利, 后来有奥地利人哥德尔 (Kurt Gödel, 1906—1978)。一般文献中会把爱因斯坦说成是普朗克的被保护人 (Protegé)。从地位上说是这样。1905—1906 年的爱因斯坦只是个科学圈外的专利局职员, 而普朗克早已是科学界的柏林圈内的大教授。然而, 认为普朗克是爱因斯坦学术上的保护人就有点想当然了。愚以为, 虽然普朗克认可爱因斯坦 1905 年发表的相对论, 在 1906—1907 年率先进入相对论研究并正式写下公式 $E = mc^2$ (所谓的玻尔兹曼公式 $S = k \log W$ 也是普朗克 1900 年写下的), 派助手劳厄去看望那时还是佚中钉的爱因斯坦, 还培养了第一个相对论博士, 事实却是爱因斯坦认可普朗克引入的能量量子化概念在先 (1905 年), 且理解得更深, 比普朗克本人早、比普朗克本人深刻。从这一点上说, 是爱因斯坦赏识普朗克并给予后者道义支持在先。更多细节, 见第 5 章。

假设 $P = U_N/\varepsilon$ 为整数，因而可以将 $\varepsilon = h\nu$ 理解为光能量单元，成了后来的能量量子化概念的关键一步，普朗克也因此被推崇为提出光能量量子化此一革命性概念的人。但是，笔者发现事实很打脸，普朗克从来都是一个保守的人。革命没有那么容易。一个频率上的振子们所分配到的能量为 E，其对应的能量单元 ε，记

$$P = E/\varepsilon \tag{4.56a}$$

普朗克没有理由认为 P 必定是个整数，而是他不得不使用整数，要不怎么接着玩排列组合从而进到概率论呢？在原文中，普朗克是这样写的："如果 $P = E/\varepsilon$ 计算得到的商不是整数，P 可以取近似的整数 (wenn der so berechnete Quotient keine ganze Zahl ist, so nehme man für P eine in der Nähe gelegene ganze Zahl)"。也就是说，普朗克采用的是取整的算法，用今天的数学记号，是

$$P = [E/\varepsilon] \tag{4.56b}$$

至少在这一步上他没有迈出革命的一步，故而有"普朗克半推半就的量子化处置 (halbherzige Auffassung der Energiequantisierung à la Planck)"的说法。所谓的 $P = [E/\varepsilon]$，就算是 $P = E/\varepsilon$，对于普朗克来说那也不过是着急忙慌中不得已引入的抓手 (Notbehelf, erzwungenermaßen eingeführt)，而非什么革命的思想。所谓普朗克是 Revolutionär wider Willen (违背意愿的革命家)，我猜是说，别人说普朗克是革命者，这违背了普朗克自身的意愿。赵匡胤黄袍加身的那种感觉。

德语文献中时常会提及普朗克的绝望行动 (Akt der Verzweiflung)，派斯的爱因斯坦传记在 p.371 上提到了普朗克的 desperate act，正可相互印证。这让笔者很纳闷。普朗克听完鲁本斯聊黑体辐射的最新实验结果，当天晚上就得到了正确的表达式。即便是为了找到更强的理论根据，那第二个、基于统计物理的推导也用时不足俩月 (两篇文章的跨度为从 1900 年 10 月 19 日到 1900 年 12 月 14 日)，何来绝望一说？绝望似乎应该指的是他后来理解为什么光量子 $h\nu$ 会导致正确的黑体辐射公式一事？光量子是普朗克公式成立的充分必要条件，这个问题是庞加莱 1912 年解决的 (见第 7 章)。

一般热力学、统计物理或者量子力学介绍黑体辐射就到此为止了。普朗克的能量量子概念带来了物理学革命，然后就是量子力学的事儿了。事实是，普朗克公式的出现根本不是黑体辐射问题的了结，它只是一个黑体辐射新时代 (new era of blackbody radiation) 的开始。

4.7 普朗克常数

必须指出，普朗克不是用数学函数去拟合 (fit) 别人家的实验曲线，也不是拿实验曲线去凑合 (appeal to) 别人家的理论，用普朗克自己的话说，他用的是"俺自己发展起来的电磁辐射理论 (die von mir entwickelte elektromagnetische Theorie der Strahlung)"。一个物理学家一生中若有一次可以这样说话，那他就真是一个物理学家。

普朗克 1900—1901 年的"救命稻草"在物理学界应该引起了轰动。库尔鲍姆在普朗克公式报告 4 天后就算出了 $h = 6.55 \times 10^{-34}$ J $\cdot$ s 的新数值来，并称之为普朗克常数。然而，普朗克接下来直到 1906 年都是在忙乎他的《热力学教程》。普朗克在 1900 年的文章中给出了 $S = k \log W$，在 1906—1907 年期间在相对论方向的研究取得了不俗的成就，尤其是腔体辐射的质量问题，而这联系着质能关系 $E = mc^2$，见第 10 章。这两者实际上和黑体辐射研究是一体的。关于普朗克得出 $\varepsilon = h\nu$ 之后的心理路程，是值得物理学家们关切的问题但超出本书的范围，有兴趣的读者请参阅库恩的 *Black-body Theory and the Quantum Discontinuity: 1894–1912*, Oxford University Press (1978) 一书。库恩的这本书虽然也招来了一些负面评价，但毕竟比他的《科学革命的结构》有价值得多也专业得多。物理学里没有革命，如果你看到了革命，那是因为你知道的少。

笔者注意到，当维恩在 1893 年认为辐射强度可以表述为 $K_\nu = \frac{c\nu^3}{4\pi} \phi \left(\frac{\nu}{T} \right)$ 时，普朗克常数的出现就是必然的了。论证思路如下。对于物理学中的函数，要求其宗量 (argument) 为无量纲的数，因此有必要把 $\frac{\nu}{T}$ 改造为无量纲量。在热力学中，物理量是关于能量共轭的，温度 T 可通过玻尔兹曼常数变成能量量纲的 $k_B T$。我们需要做的是引入另一个常数 h，同 k_B 具有同样意义的普适常数，使得频率 ν 通过它变成具有能

量量纲的 $h\nu$。$h\nu$ 不必具有"能量量子"的含义，尽管它那时候被称为 Energiequantum，那也只是"能-量"的意思，是同 $k_B T$ 相类比的一个量纲为能的物理量。$h\nu$ 作为光能量基本单元的意义是在从统计角度得到普朗克公式后才慢慢赋予它的。这也正是普朗克引入和确立这个常数的真实历程。顺着这个数学-物理的逻辑，大家也就容易理解为什么在 1899 年，在普朗克于 1900 年得到谱分布公式和提出光能量量子的概念之前，普朗克就得到了 $h = 6.885 \times 10^{-27}$ erg·s 的值了。这个常数出现在维恩公式中，按普朗克文中的写法为 $E_\lambda = \frac{2c^2 b}{\lambda^5} \mathrm{e}^{-a/\lambda\vartheta}$，其中的 b 和后来的普朗克公式中的 h 是同样的角色 (差别在所构成的无量纲的宗量是出现在 e^{-x} 还是 $\frac{1}{\mathrm{e}^x - 1}$ 中)，其数值接近也是必然。但是把 1899 年的这个常数 b 当成普朗克常数就不对了。

普朗克常数 h 后来成了物理学的基本常数之一，有了越来越精确的测量值 (说实话，笔者不懂这句话的意思)。在理论物理里，可以取 $h = 1$。至于为什么 $h = 1$，不妨套用俄国数学家曼宁 (Ю́рий Ива́нович Ма́ни, 1937—2023) 关于为什么 $c = 1$ 的回答：因为它就等于 1。谈论当 $h \to 0$ 时量子力学退回经典力学，是对经典力学和量子力学的双重误解。

4.8　重回黑体辐射

1905 年，爱因斯坦用能量量子的概念解释了光电效应给出了普朗克常数 h 的第二个出处。普朗克空腔辐射里的振子-辐射相互作用和金属的光电效应都涉及吸收和发射问题，但有些不同。光电效应中的吸收-发射问题，是光的吸收和电子的发射；而在普朗克振子受迫振动模型那里，辐射同振子间的作用是连续的，没有频率的转化问题，这也是普朗克用 Resonator 一词的原因。关于振子如何改变频率以扰动辐射场的谱分布，普朗克曾提到可以借助碰撞过程，但没有下文。

1912 年初，普朗克发表了"黑体辐射定律的论证"一文，在一种新的振子发射机制的基础上，普朗克再次得到了黑体辐射公式。这是普朗克自己的第三种黑体辐射谱分布公式推导方式，也是继爱因斯坦在 1906 年、1907 年和 1910 年，洛伦兹在 1908 年，德拜在 1910 年，艾伦菲斯特在 1911 年的各种花式推导黑体辐射公式后的新尝试 (见第

5、6 章)。这篇文章绝对是物理学史上里程碑式的存在，被称为普朗克的黑体辐射第二理论。这个第二理论的特征是把振子 (此时普朗克把 Resonator 一词改成了更一般的 Oscillator 一词) 的发射和吸收区别对待，吸收是连续的，但是发射过程是不连续的、随机的，发射的能量是量子化的。这个模型中的发射过程与吸收过程的不对称性包含了不连续性、量子和概率的因素。这让笔者想起一个或许不太恰当的类比：一个物种的灭绝是说不定哪一刻发生的事情，一种新物种的诞生一定要经历漫长的演化过程；光的发射是说不定哪一瞬间的事儿，但振子为此一定要经历一个酝酿的过程。这篇文章中，普朗克不仅再次如愿以偿地得到了黑体辐射谱分布公式，关键是他还第一次使用了对应原理，第一次导出了振子的零点能 (普朗克称之为能量残余，Energierest)，$\frac{1}{2}h\nu$。[①]在一篇文章中完成了物理学概念层面上的一箭三雕，这应该算是绝无仅有的了，笔者不知道物理史上还有哪个单篇有如此高的成就。

普朗克首先指出，能量谱分布密度公式

$$\rho_\nu d\nu = \frac{8\pi\nu^2 d\nu}{c^3}\frac{h\nu}{e^{h\nu/kT} - 1} \tag{4.57}$$

此前的推导中有一个非常敏感的缺陷，即为了确定辐射强度对温度的依赖关系，振子的能量一方面同空间中自由传播的波动辐射的强度联系起来，另一方面又被用作计算此种振子所构成体系之熵的基础 (公式右侧第二项)。前一个方面是电动力学的，第二个方面却是统计的，而普朗克现在要做的，是找到将电动力学的处理方式与统计的处理方式统一起来的辐射公式推导。这似乎暗含了辐射有波粒二象性的问题，而这一点爱因斯坦早在 1904 年就注意到了。普朗克现在考察的还是一个由静止反射壁所围成的、充满稳恒黑体辐射的真空腔体，其中存在一个由许多具有特定共同本征振动的线性的、独立的振子所构成的系统，这些振子仅以电磁波辐射的形式吸收和发射能量。关于振子吸收能量过程的描述，普朗克此处用的是简单的受迫振动模型，运动方程为

---

① 把谐振子哈密顿量 $H = \frac{1}{2m}p^2 + \frac{1}{2}kx^2$ 经正则量子化条件 $\{x, p\} = i\hbar$ 改造后，用产生算符和湮灭算符写成的形式明显地看到有零点能项，$\hat{H} = (a^+a + 1/2)\hbar\omega$，是很久以后的事儿了。零点能是另一个被滥用来作妖的物理概念。

$$Kf + L\frac{\mathrm{d}^2 f}{\mathrm{d}t^2} = E_z \tag{4.58}$$

其中 f 是振子的偶极矩，E_z 是偶极子轴方向上光场之电场强度的分量。注意，此方程不再包含任何阻尼项。这样的方程所描写的振荡，振子从静止状态的 $t = 0$ 时刻算起，其振幅，因此其能量，是随时间逐步增加的。

　　关于具有一定能量的振子是如何发射电磁辐射的，普朗克假设振子只在其能量达到能量单元 $\varepsilon = h\nu$ 的整数倍 $nh\nu$ 时才会发射辐射。具体的发射机制不论，但发射以随机的方式进行：发射的概率为 η，不发射而后继续吸收能量的概率为 $1 - \eta$。也就是说，每一次当振子的能量 U 变成 $U = nh\nu$ 时，其将全部能量发射出去的事件就可能发生，概率为 η，发射后振子回到静止状态开始下一轮的能量积累。普朗克进一步地制定了振子的发射规则，其不发射的概率相对于发射的概率之比正比于激励振子的那个外部振动的强度，J，即有

$$\frac{1 - \eta}{\eta} = pJ \tag{4.59}$$

那么，这个等式里的比例因子 p 该如何确定呢？普朗克认为，对于大的激励振动强度 J 的值，振子的平均能量 $\bar{U}$ 应过渡到经典电动力学所要求的值。你看，就这么不经意间，对应原理出场了。记住普朗克这样思考问题时是在 1911 年，而这一年 5 月玻尔 (Niels Bohr, 1885—1962) 才刚拿到他的博士学位。然而，这个对应原理好象后来被安到了玻尔的头上。

　　现在求在稳恒辐射场中振子的平均能量 $\bar{U}$。在 N 个完全发射了其能量的振子中，$N\eta$ 是在达到一倍能量量子 $h\nu$ 时发射的，$N(1-\eta)\eta$ 是在达到两倍能量量子 $2h\nu$ 时发射的，依此类推，$N(1-\eta)^{n-1}\eta$ 是在达到第 n 个能量量子 $nh\nu$ 时发射的。由此可见，在稳恒辐射场中同时随机挑出来的 N 个振子中，有 $N\eta = NP_0$ 个能量是在 0 到 ε 之间；$N(1-\eta)\eta = NP_1$ 个能量是在 ε 到 2ε 之间；依此类推，有 $N(1-\eta)^{n-1}\eta = NP_{n-1}$ 个能量是在 $(n-1)\varepsilon$ 到 $n\varepsilon$ 之间。$P_n = (1-\eta)^n \eta$ 是振子能量在 $n\varepsilon$ 到 $(n+1)\varepsilon$ 之间的概率。这样，振子的平均能量 $\bar{U}$ 由表达式

$$\bar{U} = \sum_0^\infty P_n \left(n + \frac{1}{2}\right)\varepsilon = \left(\frac{1}{\eta} - \frac{1}{2}\right)\varepsilon \tag{4.60}$$

给出，其中的 $\frac{1}{2}\varepsilon$ 是在有第一次发射机会前振子的平均能量，$\left(n+\frac{1}{2}\right)\varepsilon$ 是经历了 n 次发射机会但从未发射过的振子的平均能量。注意，这里的这个 1/2 是作为从 0 到 1 的均匀 (等测度) 分布之平均值的面目出现的。这个 1/2，相较于后来人们恣意发挥的、怪力乱神式的零点能概念，非常好理解，也容易接受。

如上，在给定强度的稳恒辐射场中的 N 个相同振子组成之系统的能量分布，就这样唯一地决定了。接下来，就能以熟知的方式计算系统的熵和温度。首先，系统的熵为

$$S_N = -kN \sum_{n=0}^{\infty} P_n \ln P_n \tag{4.61}$$

注意，这里普朗克使用了新的熵表达式 $S \propto -p\ln p$，p 是概率，一般教科书称之为吉布斯 (Josiah Willard Gibbs, 1839—1903) 熵。根据 P_n 的表达式，得

$$S_N = -kN \left[\ln \eta + \left(\frac{1}{\eta}-1\right)\ln\left(\frac{1}{\eta}-1\right)\right] \tag{4.62a}$$

可进一步改写为

$$S_N = kN\left[\left(\frac{\bar{U}}{\varepsilon}+\frac{1}{2}\right)\ln\left(\frac{\bar{U}}{\varepsilon}+\frac{1}{2}\right) - \left(\frac{\bar{U}}{\varepsilon}-\frac{1}{2}\right)\ln\left(\frac{\bar{U}}{\varepsilon}-\frac{1}{2}\right)\right] = NS \tag{4.62b}$$

那么，由此可得出温度

$$\frac{1}{T} = \frac{\mathrm{d}S}{\mathrm{d}\bar{U}} = \frac{k}{\varepsilon}\ln\frac{\bar{U}/\varepsilon+\frac{1}{2}}{\bar{U}/\varepsilon-\frac{1}{2}} \tag{4.63}$$

注意，这里是熵对平均能量的微分。这一时期的文献还有写成熵对能量微分的。其总体思想都是去凑热力学中内能、熵与温度三者之间的关系 $\left(\frac{\partial S}{\partial U}\right)_V = \frac{1}{T}$。物理是凑出来的。在式 (4.63) 中代入 $\varepsilon = h\nu$，即得

$$\bar{U} = \frac{h\nu}{2}\frac{e^{h\nu/kT}+1}{e^{h\nu/kT}-1} = \frac{h\nu}{e^{h\nu/kT}-1} + \frac{1}{2}h\nu \tag{4.64}$$

与此前的结果 (4.54a—b) 不同，这里当 $T=0$ 时，

$$\bar{U} = \frac{h\nu}{2} \tag{4.65}$$

这个零点能 $\frac{1}{2}h\nu$ 该怎么解释呢? 普朗克说, 这个与温度无关的能量属于"潜能 (latente Energie)", 其对比热容没有贡献但是对惯性质量有贡献, 它也构成放射性作用的源头。

注意, 关于黑体辐射的谱分布密度 $\rho(\nu, T)$, 其中 T 是个参数, 而 ν 是个连续的变量。然而, 我们应该注意到, 大多数的普朗克公式推导过程是针对一个具体的频率 ν 得到的那个表达式, 但实际物理问题是求在给定温度 T 下关于光的频率 (或者波长) 从 0 到无穷大的分布。一个空腔内不同频率的光如何此消彼长, 或者说能量如何在不同频率模式上调整从而进入一个动态平衡, 这是物理学必须回答的问题。这个问题, 爱因斯坦等人关注的多一些。

4.9　黑体辐射研究小结

关于黑体辐射定律, 普林斯海姆 1903 年的总结 [E. Pringsheim, Über die Strahlungsgesetze (论辐射定律), *Zeitschrift für Elektrochemie* **35**, 716–718 (1903)] 算是简洁清晰的。热辐射是温度依赖的辐射, 范围 (碰巧) 大致集中在红外、可见和紫外光范围。(到此刻) 只有热辐射找到了规律, 即辐射强度关于辐射条件 (T) 和辐射类型 (ν) 的定量关系。所谓基尔霍夫定律, $\frac{e_\lambda}{a_\lambda} = F_\lambda$, F_λ 是个与物体性质无关的普适函数。绝对黑体对所有波长的光全吸收, $a_\lambda \equiv 1$, 其只存在于理论中。对于绝对黑体, $e_\lambda = F_\lambda$, 也就是说通过研究黑体的发射行为可以得到这个普适函数。或者反过来, 对于任意的物质, 由其吸收能力可得其发射能力, 即 $e_\lambda = F_\lambda a_\lambda$。由此可知, 黑体是最亮的辐射体。

确立这个普适函数 F 的努力可分成两个层面。第一层: 黑体的总辐射关于温度的关系; 第二层: 黑体的总辐射是如何按频率分配的。研究的第一步是制作近乎理想黑体的辐射体, 由维恩和卢默于 1895 年实现, 具体地为来自恒温空腔 (内表面尽可能是黑色的) 从小孔漏出来的辐射。1897 年卢默和普林斯海姆验证了由用麦克斯韦辐射压概念经玻尔兹曼于 1889 年用热力学证明了的斯特藩-玻尔兹曼定律, $F \propto T^4$。谱分布曲线表现出单峰特征, 且最大值满足维恩 1893 年得到的位移定律, $\lambda_{\max} T = \text{const.}$, $F_{\max} T^{-5} = \text{const.}$。实验结果和维恩分布在长波端明显偏离，到了波长为 12 ~ 18 μm 直到 50 μm 的范围则是确定无疑地偏离了。此间普朗克 (1899 年) 为维恩分布找到了一个理论模型 (从给定的熵关于能量密度的函数出发)。普朗克于 1900 年给出的谱分布函数 $F_\nu \propto \frac{\nu^3}{e^{h\nu/kT}-1}$，或者 $F_\lambda \propto \frac{1}{\lambda^5(e^{c/\lambda T}-1)}$，与实验曲线吻合，算是找到了基尔霍夫的普适函数，1901 年改进了此前的理论模型给了该谱分布函数一个合理性解释，并赋予了其中的常数 h 以作用量量子的意义。普朗克分布公式的一个重大应用是确立了一个大温区内适用的绝对温度温标。请注意，绝对温度此前有根据理想热机效率的定义和根据气体体积随温度变化的行为 (外推到体积 $V = 0$) 而来的定义。黑体辐射确定的绝对温度，其优势是可以推到高温区，且有测量的可能[①]。笔者以为，光是我们同远方的唯一连接，是我们进入微小时空的唯一工具，光还能让我们进入到物理条件 (比如高温) 不允许我们进入的世界。黑体辐射的绝对温度让温度测量延伸到了远方、微小体系以及其他物理条件不允许接近的世界。遗憾的是，虽然所关切的体系是否具有温度尚存疑，但这不妨碍对物理原理不屑的人对着一个物理体系随意得到一个温度。反过来说，对一个体系得到一个光测量的谱分布结果或者积分结果，不必然证明该体系有温度，有温度也未必是此测量所标定的温度。

4.10 一个无需量子假设的推导

在给出普朗克公式的诸多其他还算合理的推导之前，介绍一个 1932 年才出现的无需量子假设的推导也许是有意义的 [G. Schwei-kert, Ableitung des Planckschen Strahlungsgesetzes ohne Quantenhypothese auf der Grundlage der klassischen Statistik (基于经典统计无需量子假设的普朗克辐射定律推导), *Zeitschrift für Physik* **76**, 679–687 (1932)]。假设频率为 ν 的振子能量为 ε，在能量 ε 附近的粒子数 $\mathrm{d}N_\varepsilon = Ce^{-\beta\varepsilon}\mathrm{d}\varepsilon$，则平均能量

$$\bar{\varepsilon} = \frac{\int_0^\infty \varepsilon e^{-\beta\varepsilon}\mathrm{d}\varepsilon}{\int_0^\infty e^{-\beta\varepsilon}\mathrm{d}\varepsilon} = 1/\beta \tag{4.66}$$

[①] 原来，物理量的不同标度是有相应的内禀范围限制的呀。光还能让我们进入到物理不允许我们进入的世界。

不过，谐振子能量从 0 到无穷大肯定不现实。如果是积分到有限值 ε_0，则有

$$\bar{\varepsilon} = \frac{\int_0^{\varepsilon_0} \varepsilon e^{-\beta\varepsilon} d\varepsilon}{\int_0^{\varepsilon_0} e^{-\beta\varepsilon} d\varepsilon} = \frac{1}{\beta} - \frac{\varepsilon_0}{e^{\beta\varepsilon_0} - 1} \tag{4.67}$$

这两者之差是普朗克分布的结果。也就是说，在

$$\bar{\varepsilon} = \frac{\int_0^{\infty} \varepsilon e^{-\beta\varepsilon} d\varepsilon}{\int_0^{\infty} e^{-\beta\varepsilon} d\varepsilon} - \frac{\int_0^{\varepsilon_0} \varepsilon e^{-\beta\varepsilon} d\varepsilon}{\int_0^{\varepsilon_0} e^{-\beta\varepsilon} d\varepsilon} = \frac{\varepsilon_0}{e^{\beta\varepsilon_0} - 1} \tag{4.68}$$

中见到了普朗克分布律。

　　上述推导可以这样理解：把 ε_0 可看作是原子 (当作线性振子模型处理) 振动能量的上限，这个能量上限是能够发射光所需能量的下限，则由玻尔兹曼分布律就得到了辐射的普朗克谱分布的结果。这个 ε_0 也可解释为光电效应中电子的逸出功 (Ablösungsarbeit des Elektrons)。笔者发现这个精神在爱因斯坦 (1905) 以及普朗克 (1912) 的工作中得到了充分的体现。当然，这个推导的物理解释有些勉强，表现在不能带来正确的物理上。然而，针对玻尔兹曼分布函数 $e^{-\beta\varepsilon}$ 积分之差带来普朗克分布律，还是很有趣的。请留意关于函数 e^x 及其逆函数 $\ln x$ 的积分、微分运算中的数学，这里有统计物理所依赖的数学基础。把玩相关的数学是某些物理学家的重要工作方式。

4.11　多余的话

　　普朗克在黑体辐射问题上耕耘约二十载，得到了黑体辐射的正确谱分布公式，以及一些重要性或不亚于此的其他结果，若没有深厚的经典力学、电磁学和热力学基础，是不可能把思考引向那样的深度的。玻尔兹曼奠立了热的力学理论，普朗克建立了电磁的热理论，这是通向统计物理的两座桥梁。在阅读普朗克的论文时我逐渐有了如下的认识，即在一堆乱麻中理出头绪，最后得到意想不到的、有意义的结果，是普朗克研究的特色，也是其人最见功底的地方。这有点儿探险寻宝的感觉。当你经历千辛万苦找到一种意想不到的宝石时，回过头看当初决定往哪儿挖的决策依然缺乏合理性，但那恰是研究家的功底所在。

　　开辟数理新领域是一个艰难的过程，除了要有思想，还要有算

功。论后者，牛顿、欧拉、麦克斯韦、庞加莱、外尔 (Hermann Weyl, 1885—1955) 等人是巅峰人物。普朗克也长于计算，其研究中令人困惑也是令人击节赞赏的地方是他频频做出的那些乍看起来有些鲁莽的近似。尤其让我惊讶的是，普朗克把微元当大数处理，比如见于 "...wobei nicht nur $\frac{2lv}{c}$, sondern auch $\frac{2l}{c}$dv als große Zahl zu denken ist (此处不光是 $\frac{2lv}{c}$，而是连 $\frac{2l}{c}$dv 都要当作大数看待)"，这固然有统计计算要求的不得已，但得算是一种勇敢的聪明。$\frac{2lv}{c}$ 是驻波波节数，其取值从 1 开始。对于可想见的电磁学情景，这未必会是气体分子运动论中的那种大数 ($\sim 10^{23}$ 量级)，可是普朗克连 $\frac{2l}{c}$dv 都当作大数处理，笔者初次读到类似内容时很难接受。笔者所学的是 dv → 0，是无穷小，怎敢把带微元的项当作大数处理啊。看来笔者这是把学问学僵化了，或者干脆是没学到。如果知道牛顿、莱布尼兹引入微积分本来就是为了解决物理问题的，而 dv → 0 是数学化的结果，对普朗克的做法就能理解了。

细读普朗克 1906 年的两本书，还让笔者对量子化有了深入一点的理解。量子化概念和统计的观念或有可类比的地方。在统计力学里，一开始麦克斯韦的统计是关于分子速度的分布，到了玻尔兹曼则认识到关于能量的分布才是根本，故有 $p(E) \propto e^{-\beta E}$ 形式的玻尔兹曼原理，这才是统计物理的根基。关于量子化，一开始是 1872 年和 1877 年玻尔兹曼关于分子动能的量子化假设，到 1900 年才有了普朗克发现普适常数 h，而量子化最根本处是相空间的量子化，其体积单元为 h^3 [见 Bose (1924)]。由于作用以及相空间相较于能量显得更抽象，因此量子化的本义，即关于作用、相空间体积以及角动量的量子化，一直为肤浅的能量量子化所遮蔽。量子化是相空间几何的问题，恰映射了 1859 年黎曼引入 Quantel 这个几何单元区域概念的初衷。听闻引力量子化进程困难重重。愚以为，引力量子化的首要问题是，你追求的是对什么物理对象的量子化？

特别要说一点。在撰写本书的过程中，笔者也是学着欣赏一些公式。黑体辐射公式 $\rho_\nu d\nu = \frac{8\pi^2}{c^3}\frac{h\nu}{e^{h\nu/k_BT}-1}d\nu$ 是将 k_B, h, c 三个普适常数集于一身的公式，可与其相媲美的大概只有欧拉公式 $e^{i\pi}+1=0$。普适常数 k_B, h, c 出没于电磁理论，在弱相互作用和强相互作用的理论中也还是这三个普适常数中的两个，h, c。笔者忽然想到，如果有一个公式能同时纳入 G, k_B, h, c 这四个普适常数，这可能算是大统一理论了。显然，这个理论对应的物理情景应该在黑体辐射之上。狭义相对论和广义相对论并重，辐射与引力场共存，这样的场景可能是 G, k_B, h, c 融合的场合。

补充阅读

[1] Hans Roos, Armin Hermann (eds.), *Max Planck, Vorträge, Reden, Erinnerungen* (普朗克：报告、讲话与回忆录), Springer (2001).

[2] Ingo Müller，Max Planck—A Life for Thermodynamics, *Annalen der Physik* **17**(2–3), 73–87 (2008); Max Planck—Ein Leben für Thermodynamik (普朗克：献给热力学的一生), *Physik Journal* **7**(3), 39–45 (2008).

[3] Ian D. Lawrie, *A Unified Grand Tour of Theoretical Physics*, Adam Hilger (1990).

[4] Olivier Darrigol, *From c-Numbers to q-Numbers: The Classical Analogy in the History of Quantum Theory*, University of California Press (1987). 第三章为 Planck's Radiation Theory

[5] Max Born, Max Karl Ernst Ludwig Planck 1858–1947, *Obituary Notices of Fellows of the Royal Society* **6**(17), 161–188 (1948).

[6] James Clerk Maxwell, *Theory of Heat*, Longmans (1899).

[7] Max Planck, *Theory of Light*, MacMillan (1932).

[8] Armin Hermann, *Frühgeschichte der Quantentheorie 1899–1913* (量子理论早期史 1899—1913), Moshbach (1969)；英文版为 *The Genesis of Quantum Theory (1899–1913)*, The MIT Press (1974).

作为首届普朗克奖得主的普朗克和爱因斯坦（1929）

第 5 章　爱因斯坦的黑体辐射研究

爱因斯坦首先是个实验物理学家。

Je dois m'excuser de n'avoir pas approfondi la mécanique des quanta. [1]

① 真不好意思，我对量子的力学没有啥深入了解。——爱因斯坦。见 *Proceedings of the Fifth Solvay Conference*, Gauthier-Villars (1928), p.253。

摘要　爱因斯坦因相对论而闻名于世，但实际上爱因斯坦还是量子力学和统计物理的奠基人之一。爱因斯坦是毋庸置疑的热力学研究大家，其通过涨落研究热力学平衡态物理的方式独树一帜。就与黑体辐射相关而言，爱因斯坦的研究成果就包括普朗克常数的第二种来路，固体的比热理论，涨落，波粒二象性以及受激辐射概念，还有对能量量子性质的新认识，后来在玻色之后还提出了玻色-爱因斯坦统计以及玻色-爱因斯坦凝聚。读爱因斯坦，不可错过一字。

关键词　普朗克常数，涨落，光电效应，光能量量子，理想气体，比热，波粒二象性，光动量量子，波动力学，零点能，受激辐射

5.1　爱因斯坦与黑体辐射研究

爱因斯坦是二十世纪最伟大的物理学家 (图 5.1)，也是人类历史上几位最杰出的物理学家之一，与伽利略、欧拉、牛顿、惠更斯、哈密顿、麦克斯韦等不分伯仲。爱因斯坦是相对论、量子力学和统计力学的奠基人，其热力学功底极为深厚。关于热力学、统计力学以及热辐射问题[①]，爱因斯坦也是当之无愧的最有识见者，他的相关研究导出了受激辐射、固体量子论和玻色-爱因斯坦凝聚等近代物理内容。提起爱因斯坦时，人们一般会想起相对论，研究物理的可能会记起爱因斯坦对量子力学和统计物理的贡献。然而，即便认识到爱因斯坦全部的理论物理成就，把爱因斯坦当成是纯粹的理论物理学家也与事实不符。爱因斯坦在母校苏黎世联邦理工 (Eidgenösse Technische Hochschule Zurich) 的职位 (1912—1914) 虽然是理论物理教授，但他自己选择的可是实验物理教授的位置。爱因斯坦 1915 年同德·哈斯 (Wander Johannes de Haas, 1878—1960) 的关于物体磁矩变化引起转动现象的实验研究是如此成功，以至于这个效应如今被命名为 Einstein-de Haas 效应。此外，注意爱因斯坦在 1902—1909 年间是技术专利审查员，他甚至申请过冷柜的专利，

[①] 我甚至想说黑体辐射问题是统计力学里的一个小问题！

以及德语国家科学家有做 Gedankenexperiment[①]的习惯，都让爱因斯坦对实验物理有深刻的体验和理解。顺便说一句，爱因斯坦的父辈可是开电机厂的。

图 5.1　爱因斯坦

爱因斯坦在 1905 奇迹年之前共发表过 5 篇文章，其中 1902 年的两篇、1903 年的一篇和 1904 年的一篇都是关于热力学的，由此可见爱因斯坦的基本功底所在。1905 年的四篇论文，两篇是关于相对论的，一篇是关于布朗运动的，一篇是关于光的产生和转化的。这后两篇就是关于黑体辐射的，如果不放到黑体辐射研究的大框架中去恐怕不易看出其价值。就从黑体辐射研究中获得研究成果之多与深刻而言，愚以为爱因斯坦要超过普朗克。直觉的火花和正确的解释，是爱因斯坦研究的特点。爱因斯坦在 1902—1927 年间关于黑体辐射问题的研究，至少有如下 25 篇文章值得关注：

---

① Gedankenexperiment，英译为 thought experiment，指"在脑子里做事情"，这是一种思考的辅助，也是做事的好习惯。不要将之理解成什么思想性实验或者假想的实验。

[1] Albert Einstein, Kinetische Theorie des Wärmegleichgewichtes und des zweiten Hauptsatzes der Thermodynamik (热平衡及热力学第二定律的动力学理论), *Annalen der Physik* **9**, 417–433 (1902).

[2] Albert Einstein, Eine Theorie der Grundlagen der Thermodynamik (热力学基础理论), *Annalen der Physik* **11**, 170–187 (1903).

[3] Albert Einstein, Zur allgemeinen molekularen Theorie der Wärme (热的一般分子理论), *Annalen der Physik* **14**, 354–362 (1904).

[4] Albert Einstein, Über einen die Erzeugung und Verwandlung des Lichtes betreffenden heuristischen ① Gesichtspunkt (关于光之产生与转化的一个启发性观点), *Annalen der Physik* **17**, 132–148 (1905).

[5] Albert Einstein, Über die von der molekularkinetischen Theorie der Wärme geforderte Bewegung von in ruhenden Flüssigkeiten suspendierten Teilchen (关于热的分子动力学所要求的静止液体中悬浮颗粒的运动), *Annalen der Physik* **17**, 549–560 (1905).

[6] Albert Einstein, Zur Theorie der Brownschen Bewegung (布朗运动理论), *Annalen der Physik* **19**, 371–381 (1906).

[7] Albert Einstein, Theorie der Lichterzeugung und Lichtabsorption (光产生与光吸收的理论), *Annalen der Physik* **20**, 199– 206(1906).

[8] Albert Einstein, Plancksche Theorie der Strahlung und die Theorie der Spezifischen Wärme (辐射的普朗克理论与比热理论), *Annalen der Physik* **22**, 180–190 (1907). Correktion an Seite 800 (勘误在第 800 页).

[9] Albert Einstein, Theoretische Bemerkungen über die Brownsche Bewegung (布朗运动的理论探讨), *Zeitschrift für Elektrochemie und angewandte physikalische Chemie* **13**, 41–42 (1907).

[10] Albert Einstein, Elementare Theorie der Brownschen Bewegung (布朗运动的基本理论), *Zeitschrift für Elektrochemie* **14**, 235–239 (1908).

---

① Heuristic，一般汉译"启发性的"，其意义是"有帮助的，但可能是不合理、没根据的"。

[11] Albert Einstein, Über die Entwicklung unserer Anschauungen über das Wesen und die Konstitution der Strahlung (我们关于辐射之本质与构成观念的演化), *Verhandlungen der Deutschen Physikalischen Gesellschaft* **7**, 482–500 (1909); 也见于 *Physikalische Zeitschrift* **10**, 817–825(1909)；*Physikalische Blätter* **25**(9), 386–391(1969).

[12] Albert Einstein, Zum gegenwärtigen Stand des Strahlungsproblems (论辐射问题的现状), *Physikalische Zeitschrift* **10** (6), 185–193(1909).

[13] L. Kopf, Albert Einstein, Statistische Untersuchung der Bewegung eines Resonators in einem Strahlungsfeld (辐射场中振子运动的统计研究), *Annalen der Physik* **33**, 1105–1115 (1910).

[14] L. Kopf, Albert Einstein, Über einen Satz der Wahrscheinlichkeitsrechnung und seine Anwendung in der Strahlungstheorie (概率计算定律及其在辐射理论中的应用), *Annalen der Physik* **33**, 1096–1104 (1910).

[15] Albert Einstein, Théorie des Quantités Lumineuses et la Question de la Localisation de L'énergie Électromagnetique (发光量理论与电磁能量局域化问题), *Archives des Sciences Physiques et Naturelles* **29**, 525–528 (1910).

[16] Albert Einstein, L'état Actuel du Problème des Chaleurs Spécifiques (比热问题的现状), 收录于 La Théorie du Rayonnement et les Quanta (辐射理论与量子), *Rapports et discussions de la réunion tenue à Bruxelles*, 407–435 (1912).

[17] Albert Einstein, Otto Stern, Einige Argumente für die Annahme einer molekularen Agitation beim absoluten Nullpunkt (关于绝对零度下分子激发假设的一个论证), *Annalen der Physik* **40**, 551–560 (1913).

[18] Albert Einstein, Strahlungs-emission und -absorption nach der Quantentheorie (量子理论下的辐射发射与吸收), *Verhandlungen der Deutschen Physikalischen Gesellschaft* **18**, 318–323 (1916).

[19] Albert Einstein, Zur Quantentheorie der Strahlung (论辐射的量子理

论), *Mitteilungen der Physikalischen Gesellschaft Zürich* **16**, 47–62 (1916)；后重新刊印于 *Physikalische Zeitschrift* **18**, 121–128 (1917).

[20] Albert Einstein, Paul Ehrenfest, Quantentheorie des Strahlungsgleich-gewicht (辐射平衡的量子理论), *Zeitschrift für Physik* **19**, 301–306 (1923).

[21] Albert Einstein, Quantentheorie des einatomigen idealen Gases (单原子理想气体的量子理论), *Sitzungsberichte der Preussischen Akademie der Wissenschaften*, Physikalisch-mathematische Klasse, 261–267 (1924).

[22] Albert Einstein, Quantentheorie des einatomigen idealen Gases, 2. Ab-handlung (单原子理想气体的量子理论，第二部分), *Sitzungs-berichte der Preussischen Akademie der Wissenschaften*, Physikalisch-mathematische Klasse, 3–14 (1925).

[23] Albert Einstein, Quantentheorie des idealen Gases (理想气体的量子理论), *Sitzungsberichte der Preussischen Akademie der Wissenschaften*, Physikalisch-mathematische Klasse, 18–25 (1925).

[24] Albert Einstein, Vorschlag zu einem die Natur des elementaren Strahlungs-emissionsprozesses betreffenden Experiment (针对基本辐射过程本质的实验建议), *Naturwissenschaften* **14**, 300–301 (1926).

[25] Albert Einstein, Theoretisches und Experimentelles zur Frage der Lichtentstehung (关于光产生问题的理论与实验探讨), *Zeitschrift für Angewandte Chemie* **40**, 546 (1927).

　　关于爱因斯坦其人及其成就的分析，派斯所著的爱因斯坦传记最有参考价值，该部传记的书名 Subtle is the Lord 是对德语 Raffiniert ist der Herrgott 的英译，出自爱因斯坦亲口说过的 "Raffiniert ist der Herrgott, aber boshaft ist er nicht" 一句，意思是 "上苍心思缜密，但它不怀恶意"。参透这句话的人，可能会鼓起勇气去探索宇宙的奥秘。

　　加个小插曲。爱因斯坦 1908 年向瑞士伯尔尼大学申请私俸讲师的论文就是关于黑体辐射的，题为 "Folgerungen aus dem Energieverteilungsgesetz der Strahlung schwarzer Körper, die Konstitution der Strahlung betreffend (关于辐射构成之黑体辐射能量分布律的推论)", 派斯的爱因斯坦传记 185 页上将其英译为 "Consequences for the Constitution of Radiation of the Energy Distribution Law of Blackbody Radiation", 此文被标为 "unveröffentlicht (不公开)", 原因不明。爱因斯坦是 1908 年 2 月 28 日被通知获得了授课资格 (venia docendi) 的。

5.2　1902—1913 年间的黑体辐射相关研究

在 1902—1913 的十余年间, 爱因斯坦的研究大部分花在热力学方面, 包括对分子运动论、布朗运动、统计力学和比热等问题的研究, 这些都和黑体辐射有关, 其中一些为后来的黑体辐射研究埋下了伏笔 (见文章目录)。爱因斯坦的早期黑体辐射研究帮助建立起了量子的概念以及固体量子论。他在这期间的研究中所表现出的技巧与识见, 都是值得我们学习的地方。现择其要者简略介绍。

爱因斯坦 1904

到 1905 年, 普朗克谱公式的意义还停留在一个成功地拟合了实验数据的漂亮公式的层面。赋予能量量子以一个隐含新物理的假说之意义的, 是爱因斯坦 1904—1905 年关于热力学、统计物理基础方面的工作 (这自然牵扯到黑体辐射), 尤其是 1905 年的关于光电效应诠释 [①] 的那篇。这发生在普朗克为相对论辩护以及得到公式 $E = mc^2$ (1906—1907) 之前。也恰是在这个意义上, 笔者认为是爱因斯坦赏识年长 21 岁的普朗克在普朗克赏识爱因斯坦之前。

爱因斯坦在 1904 年的 "热的一般分子理论" 一文中第一次研究黑体辐射。首先要找到熵的表达式, 与玻尔兹曼为理想气体以及普朗克为黑体辐射所得到的表达相类比, 基于此讨论一个普适常数的意义, 然后应用于黑体辐射。考察一孤立体系, 其绝对温度和能量之间存在关系

---

① 这种说法也是懒得读原文全文造成的片面理解的以讹传讹。

(推导见爱因斯坦 1903)

$$\frac{1}{2}\frac{\omega'(E)}{\omega(E)}=\frac{1}{4\chi T} \tag{5.1}$$

其中 χ 是绝对的常数，而函数 $\omega(E)$ 通过

$$\omega(E)\cdot\delta E=\int_E^{E+\delta E}\mathrm{d}p_1\ldots\mathrm{d}p_n \tag{5.2}$$

定义，就是态密度，其中的 $p_1,\ldots,p_n$ 是完全能定义系统状态的一组变量。由此可得

$$S=\int\frac{\mathrm{d}E}{T}=2\chi\lg[\omega(E)] \tag{5.3}$$

爱因斯坦说这样的熵表述对任意的绝热和等密度变化过程都适用。

一个体系同恒温环境相接触，会达到环境的温度 T。根据热的分子理论，这个断言并不严格，而只是近似意义的。应该这样理解，系统在能量 $E\to E+1$ 之间的概率为

$$W=Ce^{-E/2\chi T}\omega(E) \tag{5.4}$$

式 (5.4) 可理解为一个系统，现在称为热库 (Wärmereservoir)[①]，其在温度为 T 的环境中取能量 E 的概率。

利用式 (5.3)，可将式 (5.4) 改写为

$$W=Ce^{(S-\frac{E}{T})/2\chi} \tag{5.5}$$

若有大量的热库处于此环境中，热库 1 的能量为 E_1，热库 2 的能量为 E_2，…，热库 n 的能量为 E_n，则概率为

$$W=W_1W_2\ldots W_n=C_1\ldots C_ne^{(\sum S_i-\frac{\sum E_i}{T})/2\chi} \tag{5.6}$$

设热库和热机间相互作用经历一个循环，热库之间以及热库与环境之间没有热交换，这使得热库的能量与熵由 E_i,S_i 变为 $E'_i,S'_i,i=1,\ldots,n$。设若我们坚持总是概率小的事件滑向概率大的事件，则热机循环造成的后果为

$$W'\geq W \tag{5.7}$$

---

① 我此前一直拿热库当环境理解的。问题出在哪里？可能一开始概念混乱是正常的。这一点，阅读原始文献时要格外留意。

这意味着，由于能量守恒，必有

$$\sum S'_i \geq \sum S_i \tag{5.8}$$

这是爱因斯坦对热力学第二定律的表述。爱因斯坦的这个表述的高明之处，愚以为在于它指明熵增加是和能量守恒是一体的，即笔者多年来强调的理想卡诺循环中的热力学第一、第二定律构成一个一元二次方程组。当然，熟悉热力学的读者都知道热力学第二定律还有 Carathéodory (Κωνσταντίνος Καραθεοδωρή, 1873—1950) 表述等。用数学做出的、能用的表述才是有效的表述。

接下来，爱因斯坦用原子运动论 (kinetische Atomtheorie)[①] 给出了结果，如大家已经想到的，

$$2\chi = k_B \tag{5.9}$$

即这个普适常数指向玻尔兹曼常数。下面采用常见的 k 表示。

一个系统如果和拥有无穷大能量的恒温系统相接触，则其能量在 $E \to E + dE$ 之间的概率为

$$dW = C e^{-E/kT} \omega(E) \, dE \tag{5.10}$$

平均能量为

$$\bar{E} = \int_0^\infty C E e^{-E/kT} \omega(E) \, dE \tag{5.11}$$

这其实是

$$\int_0^\infty (\bar{E} - E) e^{-E/kT} \omega(E) \, dE = 0 \tag{5.12}$$

对温度 T 微分，得[②]

$$\int_0^\infty \left(kT^2 d\bar{E}/dT + \bar{E} E - E^2 \right) e^{-E/kT} \omega(E) \, dE = 0 \tag{5.13}$$

记，$\varepsilon = E - \bar{E}$，于是有

$$kT^2 \frac{d\bar{E}}{dT} = \bar{\varepsilon^2} \tag{5.14}$$

[①] 原子运动论。Atom (不可分的)，Molecule (一小堆儿)，它们在原始意义上有时候会混用。

[②] 原文括号里第三项写成 $\bar{E}^2$，有错。

能量方差 $\bar{\varepsilon^2}$ 是系统的稳定性指标。由此，爱因斯坦指出，绝对常数 k 表征系统的热稳定性。笔者尚未注意到有热力学教科书谈论玻尔兹曼常数的这个意义。式 (5.14) 是描述能量涨落的一个重要关系式，未来爱因斯坦会从中挖掘出更多的物理。

爱因斯坦接着猜测，如果辐射空间的尺度同波长处于一个量级，则能量涨落同平均能量也差不多。取 $\bar{\varepsilon^2} = \bar{E}^2$，考虑到斯特藩-玻尔兹曼公式 $\bar{E} = V\sigma T^4$，令 $V \sim \lambda_{max}^3$，爱因斯坦得到了一个最大辐射能量对应波长的估计

$$\lambda_{max} = 0.293/T \tag{5.15}$$

此处波长单位为 cm。这是个对维恩挪移定律 (一个侧面) 的不错的估计。

爱因斯坦 1905

爱因斯坦在 1905 年的 "关于光的产生与转换的一个启发性观点" 一文中考虑的是黑体辐射、荧光以及紫外光产生阴极射线 (即俗话说的光电效应) 等涉及光的产生和应用的场景。爱因斯坦注意到，关于气体和别的有重物质 (ponderable matter) 的理论同关于空旷区域中电磁过程的麦克斯韦理论之间有巨大差别。前者是通过有限多的位置和速度来描述 (能量为求和形式)，而关于空间中电磁状态的描述则需要连续的关于空间的函数，从点源发出的光在一个持续增大的空间里连续分布。这个观点在处理光的反射、衍射、折射和色散时尚堪使用，但当遭遇光的产生与转化过程时，用连续空间函数操作的理论就引起矛盾了。若假设光的能量在空间中不连续地分布 (die Energie des Lichtes diskontinuierlich im Raume verteilt sei)，这些现象就容易理解。从点源发出去的光的能量，不是在空间中连续地摊稀薄了 (这个图像本身其实不科学。详细讨论见第 11 章)，而是表现为有限个局域化的能量量子 (lokalisierten Energiequanten) 在空间中的运动，作为一个整体被吸收或产生。在短波长、稀薄辐射的情形，连续的观点显得更有问题。

考察一个由完全反射的壁所围成的腔体，里面有气体分子和电子，在此情形下物质与辐射的平衡态问题可以用来讨论普朗克分布。爱因斯

坦在这里把空间点上被拴住的电子称为 (普朗克的) 振子 (Wir nennen die an Raumpunkte geketteten Elektronen "Resonatoren")。考察振子的热运动，其在某一个方向上的能量平均值应为

$$\bar{E} = \frac{R}{N}\,T \tag{5.16}$$

其中 R 是气体常数 (量纲与熵同)，N 是阿伏伽德罗常数。按普朗克 1900 年的 "论不可逆辐射过程" 一文中的结果，把辐射当作无序过程，得到频率为 ν 的与辐射平衡的振子的平均能量为

$$\bar{E}_\nu = \frac{c^3}{8\pi\nu^2}\,\rho_\nu \tag{5.17}$$

令此两式相等，得

$$\rho_\nu = \frac{R}{N}\frac{8\pi\nu^2}{c^3}\,T \tag{5.18}$$

将普朗克公式

$$\rho_\nu = \frac{\alpha\nu^3}{e^{\beta\nu/T} - 1} \tag{5.19}$$

作长波近似后代入式 (5.18)，可得

$$N = \alpha\frac{8\pi R}{c^3} \tag{5.20}$$

用黑体辐射实验得到的 α, β 值来计算阿伏伽德罗常数 N，发现同此前用气体动力学得到的数值非常接近。

　　一个孤立的辐射体系，不同频率的辐射间没有相互作用，熵可以表示为

$$S = V\int_0^\infty \varphi\,(\rho,\nu)\,\mathrm{d}\nu \tag{5.21}$$

可以只考虑单位体积里的故事，令 $V = 1$。"对镜面间的辐射作绝热压缩，熵不变"，此一论断意味着 φ 是一个单变量的函数 (Es kann φ auf eine Funktion von nur einer Variabeln reduziert werden durch Formulierung der Aussage, daß durch adiabatische Kompression einer Strahlung zwischen spiegelnden Wänden, deren Entropie nicht geändert wird)。黑体辐射的性质，可表述为当

$$\delta \int_0^\infty \rho \mathrm{d}v = 0 \tag{5.22a}$$

成立时，

$$\delta \int_0^\infty \varphi(\rho, v)\, \mathrm{d}v = 0 \tag{5.22b}$$

故而有

$$\int_0^\infty \left(\frac{\partial \varphi}{\partial \rho} - \gamma \right) \delta\rho \mathrm{d}v = 0 \tag{5.23}$$

其中的待定参数 γ 与频率 v 无关，其实也就是说 $\frac{\partial \varphi}{\partial \rho}$ 与频率 v 无关。考虑温度变化 $\mathrm{d}T$ 带来的熵变化

$$\delta S = \int_0^\infty \frac{\partial \varphi}{\partial \rho} \delta\rho \mathrm{d}v = 0 \tag{5.24}$$

因为 $\frac{\partial \varphi}{\partial \rho}$ 与频率 v 无关，这就是

$$\delta S = \frac{\partial \varphi}{\partial \rho} \delta \int_0^\infty \rho \mathrm{d}v = \frac{\partial \varphi}{\partial \rho} \delta E \tag{5.25}$$

即 $\mathrm{d}S = \frac{\partial \varphi}{\partial \rho}\mathrm{d}E$, 故而有

$$\frac{\partial \varphi}{\partial \rho} = \frac{1}{T} \tag{5.26}$$

式（5.26）就是按照普朗克的习惯所给出的 $\frac{\partial s_v}{\partial u_v} = \frac{1}{T}$。$\frac{\partial \varphi}{\partial \rho} = \frac{1}{T}$，加上 $\rho \to 0, \varphi \to 0$ (笔者觉得这是热力学第三定律在黑体辐射情形下的表述)，爱因斯坦说 "这就是黑体辐射定律 (Dies ist das Gesetz der schwarzen Strahlung)"。

由低温、稀薄情形下成立的维恩公式 $\rho = \alpha v^3 \mathrm{e}^{-\beta v/T}$ 可得

$$\frac{1}{T} = -\frac{1}{\beta v} \lg \frac{\rho}{\alpha v^3} \tag{5.27}$$

代入式 (5.26), 得

$$\varphi(\rho, v) = -\frac{\rho}{\beta v} \left\{ \lg \frac{\rho}{\alpha v^3} - 1 \right\} \tag{5.28}$$

还是把体积因素带来，考察频率在 $v, v + \mathrm{d}v$ 之间的、能量为 E 的辐射的熵，

$$S = V\varphi \mathrm{d}v = -\frac{E}{\beta v} \left\{ \lg \frac{E}{V\alpha v^3 \mathrm{d}v} - 1 \right\} \tag{5.29}$$

正当我猜想爱因斯坦拿这个函数的变量分母上有 dν 的表达式可咋办的时候[①]，他却话锋一转，说让我们研究熵随体积的变化。从式 (5.29) 可得

$$S - S_0 = \frac{E}{\beta \nu} \lg \frac{V}{V_0} \tag{5.30}$$

也就是说，单色、稀薄的辐射，其熵对体积的依赖关系与理想气体相同！辐射，其行为跟理想气体相似？这个可依据熵作为状态概率之函数的精神进行诠释。

设想在体积为 V_0 的空间里有 n 个粒子，这所有粒子都聚在空间中体积为 V 的区域内的概率为

$$W = (V/V_0)^n \tag{5.31}$$

进而有熵表达

$$S - S_0 = \frac{Rn}{N} \lg \frac{V}{V_0} \tag{5.32}$$

由式 (5.32) 容易通过微分得到气体的 Boyle–Gay-Lussac 定律。爱因斯坦的这一通推导，连派斯都感到惊奇 [Pais, p.377]，One may wonder what on earth moved Einstein to think of the volume dependence of the entropy as a tool for his derivation (好奇怪是何物促使爱因斯坦想到将熵对体积的依赖作为推导工具的)。

把公式 (5.32) 经 $S - S_0 = \frac{E}{\beta \nu} \lg \frac{V}{V_0}$ 写成经典理想气体的形式，那就是

$$S - S_0 = k \lg (V/V_0)^{E/k\beta\nu} \tag{5.33}$$

其中 $k = R/N$，爱因斯坦由此得出结论，低密度的 (维恩公式描述的) 单色辐射在热理论关系中的行为如同独立的、大小为 $k\beta\nu$ 的能量量子 (Energiequanten)。设若光由这样的 (有) 能量 (的) 量子组成，那光的产生和转化的规律能依此观念达成吗？提醒大家一句，在玻恩 1924 年提出量子力学 (Quantenmechanik) 之前的 Energiequanten 是按照能量包 (energy parcel) 而不是当作粒子理解的，光子的概念要到 1926 年才出现。

---

① 笔者学微积分的时候，没学过把微元 dx 当函数变量，还可以放到分母上，后来还会被当作大数处理。

考察光能量量子照射到物体上的过程。若不把荧光物质当作现成的能量源看待，其出射的能量量子相较于入射能量量子要小一点，也就是 $\nu' < \nu_0$，频率变小。这个能量量子激发出光发射的一个 (想当然的) 表现是，没有入射光强度下限的问题，再弱的光都能够激发出荧光。假如光量子把全部能量传给了一个电子 (ein Lichtquant seine ganze Energie an ein einziges Elektron abgibt)，则出射电子的动能为

$$E_{\mathrm{kin}} = \frac{R}{N}\beta\nu - P \qquad (5.34\mathrm{a})$$

P 是让电子离开固体所需做的功，是固体表面的性质 (故而实验用金属镀层即可)。用现代记号，则为

$$E_{\mathrm{kin}} = h\nu - \phi \qquad (5.34\mathrm{b})$$

精确一些的表达应是

$$E_{\mathrm{max}} = h\nu - \phi \qquad (5.34\mathrm{c})$$

即实验曲线 (图 5.2) 上的点对应的是给定频率下出射电子的最大动能。关于光电效应实验，笔者觉得有必要补充几句。在光强度和微电流的测量都没有着落的年代，光电效应的实验中是有很多妙招的，比如它选择测量电流趋于零时的反向电压[①]。请读者们仔细思考物理实验的细节。物理实验需要思想、设备研制、方法以及技巧，一般书籍中的"实验表明"都是对"不明就里"的招供[②]。实验是一种基于思想和理论的艺术，最值得信赖的实验室在肩膀之上。

为了证明在这里爱因斯坦没有什么量子革命的意识，特抄录爱因斯坦原文一句："当然不排除电子只部分地获得光量子的能量 (Es soll jedoch nicht ausgeschlossen sein, daß Elektronen die Energie von Licht-quanten nur teilweise aufnehmen)"。当然，爱因斯坦还是比较神的，关于荧光过程他注意到了或许存在 $\nu' > \nu_0$ 的情形，为此他连多光子激发机制都想到了，而这个机制未来会用基于他 1916 年的黑体辐射研究结果所制作的激光器来实现。上述线性关系 (5.34) 和莱纳德 (Philip Lenard,

---

[①] 某年某地的高考物理题，竟然要对光电效应的实验装置求内阻。无语。
[②] 典型的有朗道的《理论物理教程》。

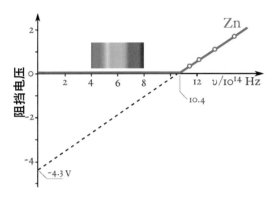

图 5.2　以金属锌为例的光电效应测量结果，即在给定频率 ν 的光照射下将电流完全抑制住的阻挡电压，对应出射电子的最大动能，其关于入射光频率的依赖关系，为一直线。图中可见金属锌的逸出功为 $\phi = 4.3\,\mathrm{eV}$

1862—1947) 1902 年的黑体辐射测量结果符合，得到的 $\beta = 4.866\times10^{-11}$，即 h/k_{B}，与黑体辐射测量的数值接近。接下来爱因斯坦还表明，能量量子同普朗克的黑体辐射理论一定程度上是独立的。在远离黑体辐射的场景一样有对能量量子化的需求，比如紫外光对气体的离化过程。爱因斯坦得到的关系式 (5.34) 被看作是普朗克常数的第二个来处。

　　从爱因斯坦 1905 年的这篇文章我们看到，在爱因斯坦这里量子的概念来自与理想气体的对比。在这篇文章中，理想气体、统计、黑体辐射和量子等要素都齐了 (图 5.3)，难怪当爱因斯坦于 1924 年见到玻色的黑体辐射公式推导后，迅速完成了理想气体版的玻色-爱因斯坦统计。同普朗克得到黑体辐射公式一样，爱因斯坦得到理想气体的玻色-爱因斯坦统计也是长期浸淫其中的结果。一直到 1923 年，可以说爱因斯坦是唯一一个拿光量子当真的人。

　　这篇 1905 年的文章因为用能量量子化的观点解释了光电效应，一般文献提起的时候只关注解释光电效应对建立能量量子概念的重要性那部分，而忽视了前面的关于辐射热力学的内容。如下一些内容对黑体辐射的理解是非常有必要的：所有不同频率的辐射是可分的；反射壁之间的辐射经绝热压缩，熵不变；单位体积熵的谱密度 $\varphi(\rho, \nu)$ 是能量谱密度 ρ 的函数，$\partial\varphi/\partial\rho = 1/T$。就后一点而言，一般文献里用的都是 $\partial s/\partial u = 1/T$ 形式的表达。

$$\frac{\int_0^\infty \alpha \nu^3 e^{-\frac{\beta\nu}{T}}\,d\nu}{\int_0^\infty \frac{N}{R\beta\nu}\alpha\nu^3 e^{-\frac{\beta\nu}{T}}\,d\nu} = 3\,\frac{R}{N}\,T.$$

图 5.3 爱因斯坦写公式总是那么出人意料但是正确
试辨识一下这个公式在说什么？

这篇文章中没出现 h 或者普朗克常数的字样。爱因斯坦一直喜欢把振子平均能量写成能量谱密度的函数，$\bar{E}=\frac{c^3\rho}{8\pi\nu^2}$，参见爱因斯坦 1905 年和 1916 年的文章。这个公式对应普朗克的 $\rho_\nu d\nu=\frac{8\pi\nu^2}{c^3}u_\nu d\nu$，$u_\nu$ 是频率为 ν 的辐射的平均能量，此时前面的因子已经固定为 8 了。此外，爱因斯坦坚持用 L 表示光速，也很独特。

爱因斯坦 1906

爱因斯坦 1906 年的"光产生与光吸收的理论"一文很少被人提及。爱因斯坦指出，他的光只以量 $(R/N)\beta\nu$ 的方式发射或者被吸收的理论是针对维恩辐射公式成立的范围而发展出来的。经过考虑，他觉得普朗克得到辐射公式的理论基础，同麦克斯韦理论和电子理论的基础相较也是有别的——普朗克的理论中隐含着光量子假设。

辐射谱密度表达式 $\rho_\nu=\frac{R}{N}\frac{8\pi\nu^2}{c^3}T$ 是热的分子理论、麦克斯韦电磁理论和电子理论一起得到的结果。普朗克的公式 $\rho_\nu=\frac{\alpha\nu^3}{e^{\beta\nu/T}-1}$ 是通过振子平均能量同辐射密度的关系 $\bar{E}_\nu=\frac{c^3}{8\pi\nu^2}\rho_\nu$ 得到的。为此要写出作为温度 T 的函数的 $\bar{E}_\nu$，而这只要计算大量相互作用着的、频率为 ν 的振子体系的熵即可。

把振子想象为做一维线上运动的离子[①]，其实就是个质点，爱因斯坦在此处专门指出这和离子带电荷没关系。既然是"离"子，状态由对

[①] Ion，离子，来自希腊语 ιέναι，就是 to go，离开。离子会被电磁场驱赶着跑，故得名。电子的 thermionic emission 是热离发射，即加热金属让其中的电子容易跑掉，而不是什么热离子发射。

平衡位置的偏离 x 以及速度 $v = \mathrm{d}x/\mathrm{d}t$ 所表示[①]。离子之间还有一些分子，在离子间传递能量，但是在计算熵的时候不考虑。用如下方式探索 $\bar{E}_\nu$ 作为温度 T 的函数可以走向普朗克的路子。设状态变量 $p_1, p_2, \ldots, p_n$ 完全决定体系的状态，则熵 S 为

$$S = \frac{\bar{E}}{T} + k \lg \int \mathrm{e}^{-E/kT} \mathrm{d}p_1 \ldots \mathrm{d}p_n \qquad (5.35)$$

其中 $\bar{E}$ 是体系的能量，函数 E 是变量 $p_1, p_2, \ldots, p_n$ 的函数。如果体系包含许多分子，则只有使得 $E \sim \bar{E}$ 的那些变量组合 $p_1, p_2, \ldots, p_n$ 才对上式积分有显著的贡献，故可得到近似

$$S = k \lg \int_{\bar{E}}^{\bar{E}+\Delta E} \mathrm{d}p_1 \ldots \mathrm{d}p_n \qquad (5.36)$$

你看，这里的积分，物理含义就是求相空间体积了 [参见玻色 (1924)]。对于 m 个独立运动的粒子，相空间是 $2m$ 维的。

对于振子这类的运动，考察单个振子相空间的积分，因为能量是关于坐标和动量的二次型之和，故有

$$\int_{E_i}^{E_i+\Delta E_i} \mathrm{d}x_i \mathrm{d}p_i \propto \Delta E_i \qquad (5.37)$$

这样，熵表达式 (5.36) 可以写为 $S = k \lg W$，而

$$W = \int_{E}^{E+\Delta E} \mathrm{d}E_1 \ldots \mathrm{d}E_n \qquad (5.38)$$

对式 (5.38) 做积分，还是得到经典的结果，即式 (5.18)；但若假设振子能量是量子化的，是 $\varepsilon = k\beta\nu$ 的整数倍，且对式 (5.38) 令 $\Delta E = \varepsilon$，意思是吸收和发射都是一个能量量子，就得到了普朗克所说的 (微观) 状态数 W。实话实说，这最后一句的论断笔者自己没推导出来。容他日重回这个问题。

上述论证在 $k\beta\nu = \varepsilon < \bar{E}_\nu$ 时成立。普朗克公式要过渡到维恩公式，但是由于 $\mathrm{e}^{-\beta\nu/T}$ 项因而有 $\bar{E}_\nu < \varepsilon$。爱因斯坦说，我这些考虑不是要反驳

[①] 虽然 $v = \mathrm{d}x/\mathrm{d}t$，但是 x 和 v 是独立的。当年笔者为了理解这一点很是苦恼了一段时间。看一场足球吧，场上队员的位置和他当时的速度矢量就是独立的。相对于位置，速度处于其切空间；相对于速度，加速度处于其切空间。位置和速度 (动量) 各有各的空间，拼在一起构成相空间。

普朗克的理论，我是觉得，这表明普朗克的辐射理论 (一定要) 给物理学引入光量子假说 (Lichtquantenhypothese)。

针对爱因斯坦的这个困惑，可作如下补充说明。普朗克提出 $\varepsilon = h\nu$ 的假设是为了满足维恩位移定理。利用能量量子化假设的统计物理推导得出了正确的谱分布公式以后，普朗克也效法当年玻尔兹曼的做法，把量子化的能量再回过头连续化。然而，当 $\bar{E} < h\nu$ 时，也就是每个量子化的能量 $nh\nu$ 出现的概率都相当小时，返回头再连续化就显得不合适了。必须面对这种光能量量子单独存在 (单独计数) 的情形了。光能量量子对应单独存在的个体吗？后来，普朗克从他的量子理论得到了基本电荷值，这是其理论正确性的另一个支撑。

布朗运动研究

在 1905—1908 年间，爱因斯坦每年都会发表关于布朗运动研究的论文。布朗运动关切的是液体与悬浮粒子所构成的体系，那里有热能与机械能的平衡问题。关于黑体辐射，若设想辐射场中有分子 (空腔中有任何物体都不影响黑体辐射分布律)，那就是一个辐射与分子所构成的体系，那里有辐射能与分子内能之间的平衡问题。布朗运动的题目掩盖了这些文章的真正价值，这些论文的主题是涨落，是 (统计) 物理的核心问题。布朗运动问题应该是练习物理学研究基本功的样本之一。荷兰人福克 (Adriaan Daniël Fokker, 1887—1972) 1913 年在洛伦兹指导下获得博士学位，其博士论文研究辐射场中电子的布朗运动，其中有个方程就是后来的 Fokker-Planck 方程。布朗运动的重要意义在于提请人们注意，关于平衡态分布的动力学问题，研究对象必然是涨落，那也是非平衡态统计要关注的。某些所谓的统计物理教程，随便来两句平衡态下物理量的计算就算糊弄过去了，涨落的概念连提都不提。至于布朗运动，一般介绍给人留下的印象也就是显微镜下花粉颗粒在液面上的无规运动却不涉及任何的数学物理。科学教育与科学普及中极力追求浅薄的危害，布朗运动为一显例。

爱因斯坦 1905 年关于布朗运动的文章，关切的是悬浮颗粒的热运动。同年，爱因斯坦还撰写了"布朗运动理论"一文，不过是到 1906

年才发表出来。在"布朗运动的理论"一文中，爱因斯坦考察一个模型体系：所考察的物体在很小的体积内带有电荷，围绕物体的气体很稀薄，物体的振动被环绕的气体只是微弱地扰动。物体发出电波 (elektrische Welle)[①]并从辐射场中接受能量，也就是说它促成 (vermitteln) 了辐射和气体间的能量交换。这样的模型后面还会经常见到。爱因斯坦导出了长波、高温极限下的辐射定律，在物体的吸收和发射达到平衡时，对应频率 ν 的辐射密度为 $\rho_\nu = \frac{R}{N}\frac{8\pi\nu^2}{c^3}T$，这是维恩位移定律要求的形式。爱因斯坦没有给出推导细节。洛伦兹在 1908 年也得到了这样的金斯公式 [Hendrik Antoon Lorentz, Zur Strahlungtheorie (辐射理论), *Physikalische Zeitschrift* **9**, 562–563 (1908)]。爱因斯坦写道："Die Tatsache, daß man auf dem angedeuteten Wege nicht zu dem wahren Gesetz der Strahlung, sondern nur zu einem Grenzgesetz gelangt, scheint mir in einer elementaren Unvollkommentheit unserer physikalischen Anschauungen ihren Grund zu haben (依据前述路径未能得到辐射的正确分布而只是得到了其极限情形的事实，让我觉得有理由相信我们的物理观在基础层面是不完备的)"。Unvollkommentheit，不完备性，这是爱因斯坦这个量子力学奠基人后来对量子力学一直挑剔的地方——不完备性也一直是量子力学的弱点。介绍这一段，是想让大家看到爱因斯坦，一个不足 26 岁的专利局职员，在 1905 年前的一段时间里对物理学就是有通盘考虑的。关于黑体辐射，那个时候爱因斯坦没有以自己的方式得到正确的普朗克分布，但是爱因斯坦没有放下这个问题。当爱因斯坦十年后再回到这个问题时，突破性进展就来到了。所谓"念念不忘，必有回响"，信夫！爱因斯坦总能做出重要的工作，几无失误，也是奇迹。

爱因斯坦 1907

爱因斯坦 1907 年的"辐射的普朗克理论与比热理论"一文将黑体辐射与比热理论联系起来，这是固体量子论的源头。兹概述如下。在概率论的意义上，黑体辐射分布律的研究引向对光的发射-吸收问题的新

[①] 用电波而非那时候已经建立起来了的电磁波概念，估计正应了"模型细节不重要"的观念。

认识。尽管普朗克的理论还不完备，但让对一些规律的理解变得容易了。可以藉此对分子动力学理论作一些修正，在固体的热学和光学性质之间建立起一些联系。考察一个体系的状态，按照分子动力学理论，其由变量 $P_1, P_2, ..., P_n$ 表征。分子过程由方程

$$\frac{\mathrm{d}P_j}{\mathrm{d}t} = \Phi_j(P_1, P_2 ... P_n), j = 1, 2, \ldots, n \qquad (5.39)$$

决定，此方程右侧的函数满足

$$\sum_j \partial \Phi_j / \partial P_j = 0 \qquad (5.40)$$

意思是这是一个保守函数。考察一个子系统，只由变量 $P_1, P_2, ..., P_m$ $(m < n)$ 表征，其能量与总系统相比只是个无穷小量。按照经典统计理论，子系统的变量落在区域 $(\mathrm{d}P_1, \mathrm{d}P_2, ..., \mathrm{d}P_m)$ 内的概率为

$$\mathrm{d}W = Ce^{-E/kT}\mathrm{d}P_1\mathrm{d}P_2...\mathrm{d}P_m \qquad (5.41a)$$

可改写成

$$\mathrm{d}W = Ce^{-E/kT}\omega(E)\mathrm{d}E \qquad (5.41b)$$

的形式，其中 $\omega(E)$ 是态密度函数。对应一维运动的粒子，$\int \mathrm{d}x\mathrm{d}v \propto \mathrm{d}E$，即 $\omega(E) = \mathrm{const.}$，由此得到能量均分的结果，即平均能量 $E \propto kT$。爱因斯坦发现，如果 $\omega(E)$ 只在 $E = 0, \varepsilon, 2\varepsilon, ...$ 上才取值，且要求

$$\int_0^a \omega \mathrm{d}E = \int_\varepsilon^{\varepsilon+a} \omega \mathrm{d}E = \int_{2\varepsilon}^{2\varepsilon+a} \omega \mathrm{d}E = \cdots = A \qquad (5.42)$$

则平均能量为

$$\bar{E} = \frac{\varepsilon}{e^{N\varepsilon/RT} - 1} \qquad (5.43)$$

进而就能得到普朗克谱分布公式。这篇文章算是消解了经典物理关于能量均分的悖论，导致了接下来固体比热的德拜模型。能量量子不是黑体辐射专有的特性，而是一般性的物理规律 (general law of physics)。当然，关于能量传递 (Energieübertragung) 的机制，即物质如何从一个能量状态转到另一个能量状态，辐射如何从一个频率转到另一个频率的问题，一直没有得到解释。发生在物质与辐射之间的叫能量交换

(Energieaustausch)。

爱因斯坦接着计算普朗克分布对应的固体比热，这里他假设普朗克分布不只是对辐射成立，结果得到的比热的函数形式为

$$\sigma = e^{\beta v/T} \left(\frac{\beta v}{T} \right)^2 / (e^{\beta v/T} - 1)^2 \tag{5.44}$$

显然，特征频率不同的振动有能力对比热有明显贡献的温度是不同的。考虑到固体中原子振动 (低频) 与电子振动 (高频) 的不同，可以定性地解释固体比热随温度的变化。这篇文章是固体量子论的源头。注意，爱因斯坦是关注实验的。在这篇文章结尾，爱因斯坦根据对实验数据的分析，指出金刚石中的基本热携带者 (晶格振动) 近似是单色的，金刚石在 $\lambda = 11\,\mu m$ 处吸收有极大值。

愚以为，爱因斯坦这篇文章的一个未被充分肯定的亮点是引入了点状的态密度函数 $\omega(E)$，其只在一个无穷小邻域内才不为零，且积分值为常数。这其实就是 δ-函数，后来以狄拉克 delta function 而闻名。庞加莱 1912 年的能量量子假设关于黑体辐射的充要性证明就是顺着这个路子 (见第 6 章)。1907 年的狄拉克才 5 岁。后来狄拉克用 δ-函数处理一些量子力学态矢量的归一化问题，还引入了 δ-函数序列，称为狄拉克梳 (Dirac comb)，其实就是爱因斯坦这里用到的 $\omega(E)$ 函数的样子。杨振宁先生 (1922—) 自 1967 年起有多个关于狄拉克函数排斥势的工作。爱因斯坦引入 $E = 0, \varepsilon, 2\varepsilon, \ldots$ 形式的分立能量经对 $e^{-E/kT}$ 的积分得到了普朗克分布，而玻尔兹曼 1877 年引入同样形式的分立能量经对 $e^{-E/kT}$ 的积分得到了麦克斯韦分布，区别只在于积分测度不同 (看来，补补 measure theory 的功课还是有必要的)，前者引入了 δ-函数形式的态密度。

爱因斯坦 1909

爱因斯坦在 1909 年关于黑体辐射的论文有两篇。在"论辐射问题的现状"一文中，爱因斯坦先指出电动力学里的延迟势和超前势对应辐射问题所关切的发射和吸收过程。统计力学的一般结果不适用于空腔辐射，但金斯的结果可以换个路子得到。根据麦克斯韦电磁理论，一个离子 (普朗克振子的具象)，当其平均振动能 E_v 和辐射密度 ρ_v 之间满足关

系 $\rho_v = \frac{8\pi v^2}{c^3} E_v$ 时，才是平衡的。而离子，若其也和某个分子交换能量，根据分子理论，$E_v = kT$ 时，气体分子才不会通过振子向辐射空间平均来说净传递了能量。这样就得到了金斯公式 $\rho_v = \frac{8\pi v^2}{c^3} kT$。可这个公式不对啊，和黑体辐射不符。那么，是 $\rho_v = \frac{8\pi v^2}{c^3} E_v$ 不对呢，还是 $E_v = kT$ 不对，还是两者全不对？问题到了这里，就知道下一步该怎么走了——这是分析方法的胜利。也许不引入普朗克理论的假设一样能得到普朗克分布公式。爱因斯坦说到，Wäre es nicht denkbar, daß zwar die von Planck gegebene Strahlungsformel richtig wäre, daß aber eine Ableitung derselben gegeben werden konnte, die nicht auf einer so ungeheuerlich erscheinenden Annahme beruht wie die Plancksche Theorie (尽管普朗克公式是正确的，难道有一个给出同样结果但不涉及普朗克理论里的可怕假设的推导，是不可想象的吗)？你看，在 1909 年爱因斯坦给黑体辐射谱分布公式进一步研究的方式定调了！

　　爱因斯坦指出，普朗克本人的表述逻辑不完备 (eine gewisse logische Unvollkommenheit)，普朗克的辐射公式同他赖以开始的理论基础不一致。如果不可逆只是表观的，是向概率大的状态的过渡，那首先就得给状态的概率以定义。爱因斯坦给出的概率定义是特定状态出现的时间占比。依照这个定义，熵应该是

$$S = k \lg W + \text{const.} \tag{5.45}$$

此处的常数对同样能量的状态是相同的 (这一句至关重要)。

　　玻尔兹曼和普朗克都没有给出状态数概率 (Komplexionswahrschein-lichkeit) 的定义，而是直接用上了状态数 W (number of complexions, Anzahl der Komplexionen)。笔者注意到，当使用状态数这个概念时，排列组合的介入是必然的，这就必然要求使用整数。能量量子化这个数学辅助工具里的强制性假设后来揭示了自然的量子属性，算是无心插柳的佳话。**何科学革命之有邪？彼君子顺势而为也。**爱因斯坦就指出，玻尔兹曼在 1877 年的文章里坦承分子理论的图像决定了他必须以确切的方式选择状态数。辐射的振子理论中普朗克没有选择状态数的自由，故而

普朗克的 (状态数) 熵是

$$S = k \lg W \tag{5.46}$$

此处的状态 (Komplexion) 在理论图像中是等概率的。笔者忽然明白了，此时爱因斯坦认可的概率还是状态出现的时间占比。等后来将其同相空间占比等价，就是所谓的系综 (ensemble) 理论[①]吧。

容易看出如何改变普朗克理论的基础，使得普朗克的谱公式就是其理论基础的结果。接受振子平均能量同辐射场能量密度的关系，假设振子只有能量是 $h\nu$ 整数倍的状态 (爱因斯坦的这个思想影响了普朗克，见普朗克 1912 年的文章)。此处爱因斯坦第一次写出了 $h\nu$。这第二点给我们的物理理论带来的改变是巨大的，相应的诠释就有必要了。

公式 (5.46) 可以倒过来用，从其他途径得来的熵值 S_ν 可以用来计算状态 A_ν 的概率。设想由全反射壁所围成的一大一小两个热连接的体系，可用 H, V, Σ 和 η, υ, σ 分别表示它们的能量、体积和熵，$V \gg \upsilon$。一段时间后，近似地应该有 $H_0 : \eta_0 = V : \upsilon$。对于任何时刻小系统，能量偏离 η_0 的概率满足关系

$$\mathrm{d}W = Ce^{S/k}\mathrm{d}\eta \tag{5.47}$$

记 $\eta = \eta_0 + \varepsilon$，则有 $\mathrm{d}\eta = \mathrm{d}\varepsilon$，系统的总熵 S 可以展开为

$$S = \mathrm{const.} + \frac{1}{2}\left(\frac{\mathrm{d}^2\sigma}{\mathrm{d}\varepsilon^2}\right)_0 \varepsilon^2 + \dots \tag{5.48}$$

只保留 ε^2 项，有

$$\mathrm{d}W = \mathrm{const.} \cdot e^{-\frac{1}{2}\left(\frac{\mathrm{d}^2\sigma}{\mathrm{d}\varepsilon^2}\right)_0 \varepsilon^2/k}\mathrm{d}\varepsilon \tag{5.49}$$

由此可得

$$\overline{\varepsilon^2} = \frac{k}{\left(\frac{\mathrm{d}^2\sigma}{\mathrm{d}\varepsilon^2}\right)_0} \tag{5.50}$$

笔者认为，爱因斯坦把玻尔兹曼公式能写成式 (5.46)—(5.47) 的形式是石破天惊的举动。1926 年薛定谔奠立波动力学的论文就是以此为思想

[①] 法语的 ensemble 和德语的 Komplexion 意思上有点微妙关联，它们在统计物理的语境中相遇了。

基础的，而波函数的诠释离不开概率。只要认识到 W 同时是德语的概率 (Wahrscheinlichkeit) 和波 (Welle) 的首字母，这一点就好理解了。顺带说一句，爱因斯坦、玻恩和薛定谔这三人是思想相通、份量相称的好朋友，他们是量子力学的奠基人。

将普朗克谱分布公式所表述的熵与能量关系代入式 (5.50)，有黑体辐射涨落的表达式

$$\overline{\varepsilon^2} = h\nu\eta_0 + \frac{c^3}{8\pi\nu^2 \mathrm{d}\nu}\frac{\eta_0^2}{v} \tag{5.51}$$

如果从金斯公式出发，则上式右侧只有第二项。第二项包含 η_0^2，对应波的行为。第一项在所关注的能量 η_0 较小时表现更明显，可诠释为辐射是由能量为 $h\nu$ 的、独立运动的点状量子 (voneinander unabhängig bewegliche, punktförmige Quanten) 所组成的。黑体辐射涨落公式 (5.51) 表明辐射的统计性质同我们当前的理论有根本上的不同。爱因斯坦此处接下来对辐射压的涨落展开了讨论。设想一个在时刻 t 以速度 v 运动的、两面全反射的镜片，在时间间隔 τ 内因辐射压涨落造成的速度改变为 Δ，因运动遭遇的辐射摩擦 [①] 而来的速度下降为 $\frac{P v}{m}\tau$，其中 P 是单位速度造成的阻力，即在时刻 $t+\tau$ 的速度为 $v - \frac{P v}{m}\tau + \Delta$。因为在平衡态时

$$\overline{\left(v - \frac{P v}{m}\tau + \Delta\right)^2} = \overline{v^2} \tag{5.52}$$

忽略高阶小项，且注意到 $\overline{v\Delta} = 0$，则有

$$\overline{\Delta^2} = \frac{2P\tau}{m}\overline{v^2} \tag{5.53}$$

把镜片也当作一个普通粒子，可令 $\frac{m}{2}\overline{v^2} = \frac{1}{2}kT$，加上关于任意辐射场存在的关系

$$P = \frac{3}{2c}\left[\rho - \frac{1}{3}v\frac{\mathrm{d}\rho}{\mathrm{d}v}\right]f\mathrm{d}\nu \tag{5.54}$$

其中 f 是镜子的面积，可得

$$\frac{\overline{\Delta^2}}{\tau} = \frac{3kT}{c}\left[\rho - \frac{1}{3}v\frac{\mathrm{d}\rho}{\mathrm{d}v}\right]f\mathrm{d}\nu \tag{5.55}$$

---

① 设想辐射是一种流体，其中运动的物体会遭遇阻力。

代入普朗克谱分布公式，结果为[①]

$$\overline{\frac{\Delta^2}{\tau}} = \frac{1}{c}\left[h\nu\rho + \frac{c^3}{8\pi}\frac{\rho^2}{\nu^2} \right] f \mathrm{d}\nu \tag{5.56}$$

公式 (5.56) 值得格外注意的地方是其中同时包含谱密度 ρ 及其平方，这带来了对辐射本质的重新认识。爱因斯坦指出，不只是发射和吸收过程，而是辐射的空间分布以及辐射压之涨落也都表明辐射是由量子组成的。没有普朗克公式也会有光量子公式，有对应维恩公式的那部分物理 (对应大的 ν/T) 就足够揭示这一点了。此外，爱因斯坦还提醒注意斯托克斯效应的例外情形，即 $\nu' > \nu$ 的情形。如果是双光子吸收造成的，则概率应该正比于激发光强度的平方。泡利后来的黑体辐射模型不知道是否是受此启发。

爱因斯坦是量纲分析的高手。关系式，$\frac{R}{Nk} = 1$，或者 $\frac{R\beta}{Nh} = 1$ 联系着分子动力学与辐射理论，是爱因斯坦比较看重的结果，于 1905 年就得到了。在本篇的结尾，爱因斯坦再一次展示了他超乎寻常的洞察力以及分析能力。爱因斯坦指出，可以构思一个黑体辐射的平衡体系，其中有辐射和分子 (有动能)，以及一些带电荷的离子在辐射和分子之间交换能量，因为离子既可以和分子碰撞也可以吸收和发射辐射。那么在热平衡时的辐射密度 ρ 可能只和如下四个因素有关：

(1) 分子的平均动能 η，可能和 RT/N 差个数值因子；

(2) 光速 c；

(3) 电的基本量 (elementarquantum der Elektrizität) e；

(4) 辐射频率 ν。

由量纲分析，加上维恩挪移定律，得到辐射密度表达为

$$\rho = \frac{e^2}{c^4}\nu^3 \psi(x), \quad x = \frac{Re^2}{Nc}\frac{\nu}{T} \tag{5.57}$$

将上式同维恩或者普朗克谱分布相比较，必然要求 $k \sim R/N$ 和

$$\frac{e^2}{c^4} \sim \frac{h}{c^3} \tag{5.58}$$

由此判定 $\frac{hc}{e^2}$ 是一个无量纲量，一个可能和电荷、吸收和发射辐射过程

[①] 原文中此处的推导把速度涨落和动量涨落弄混了，见下文 1910 年的文章，但不妨碍看出新的物理。

有关的普适量。熟悉量子电动力学的读者可能已经看出来了，这就是后来的精细结构常数 $\alpha = \frac{e^2}{4\pi\epsilon_0\hbar c} = 1/137$。爱因斯坦说，此处最重要的意义在于将光量子常数同电的基本量联系到了一起 (狄拉克后来会研究这个问题)，请记住电基本量 e 在麦克斯韦-洛伦兹的电动力学中是个外来的小可爱 (Fremdling)[1]。修正后的辐射理论若包含基本量 e 作为其结果，也必然包含辐射的量子结构作为结果 (容笔者感叹一下。天啊，这是要预言 U(1) 规范理论吗？我相信那句话，如果给物理学家分类，爱因斯坦自成一类!)。麦克斯韦波动方程要被包含 e 作为系数的方程所代替，还必须是洛伦兹变换不变的？值得注意的是，爱因斯坦在这篇文章里引用了意大利数学家列维-齐维塔 (Tullio Levi-Civita, 1873—1941) 的 Sur le mouvement etc. (论运动及其他) 一文，四年后，列维-齐维塔经爱因斯坦的朋友格罗斯曼 (Marcel Grossmann, 1878—1936) 介绍开始教爱因斯坦构造引力理论所需要的数学。冥冥中其有天意乎？

普朗克理论的基础该如何改变呢？接下来爱因斯坦用布朗运动做类比得到了辐射场能量的涨落，含两项，一项更多是粒子性的，一项更多是波动性的，此乃波粒二象性 (愚以为，关于光，其波与粒子的特质一直是同时存在和表现的。在任何时刻、任何情景下，都不可能两者只居其一。这才是波粒二象性的本义。坊间的光既是波又是粒子的说法极具误导性)。关键是，爱因斯坦在此处倒用了公式 $S = k \log W$，他用的是 $W = e^{S/k}$ 的形式。后来我们知道，薛定谔会把 $W = e^{S/k}$ 改造成 $W = e^{S/i\hbar}$ 的形式 (反正 k, h 都是普适常数，而虚数不过是实数的推广)，得到了薛定谔方程。这么干，薛定谔不是头一回儿，他 1922 年对外尔在 1918 年的论文中所引入的尺度变换因子有过类似的复化操作，且用的是 $\sqrt{-1}$ 以表明 $\pm i$ 皆可，复活了规范场论。此处不论，感兴趣的读者请参阅拙著《云端脚下》。

在 1909 年的 "我们关于辐射之本质与构成观念的演化" 一文中，爱因斯坦先回顾了关于光之本质的认识，指出接下来的光理论应该表

---

① 原文为 Es ist daran zu erinnern, da das Elementarquantum ε ein Fremdling ist in der Maxwell-Lorentzschen Elektrodynamik. 爱因斯坦的文笔是很俏皮的。如果你读爱因斯坦自己写的文字，相信你会得到一个完全不同的爱因斯坦形象。

现出波动和 (牛顿的) 光发射理论的某种融合，要带来对光之本质与构成的深刻改变。爱因斯坦复述了一个相对论研究的结果：从原子向相反方向发射同样多能量 L 的过程，得到原子发射前和发射后质量之间的关系 $M_0 = M_1 + L/c^2$。相对论让我们把光也当作物质一样的独立存在 (als etwas wie die Materie selbständig Bestehendes)。爱因斯坦说，我们的光理论不能解释光现象的某些基本性质，这指的是光化学反应中短波长的光可以更有效地掺和进去、光电效应中电子动能对入射光的频率依赖以及热辐射中短波长辐射的出现需要高温等问题。光的波动理论对解释这些现象无能为力。就普朗克关于黑体辐射谱公式推导而言，其中用到了能量在众多振子间分布的假设，由分布求得状态数，导出熵表达，对其求微分以便和温度建立起联系。这个假设，要求平均能量 $\bar{E}_\nu$ 与能量单元 $\varepsilon = h\nu$ 之比是个大数。然而，对于 $\lambda = 0.5\ \mu m$，$T = 1700\ K$ 这样比较典型的黑体辐射情景，$\frac{h\nu}{\bar{E}_\nu} \sim 6.5 \times 10^7$！愚以为，这个假设不成立可能是因为光量子假说只抓住辐射特性的一个侧面而已，而它毕竟得到了正确的谱分布。爱因斯坦因此说，"以我的理解，接受普朗克理论就是干脆抛弃我们当前辐射理论的基础 (Die Plancksche Theorie annehmen heißt nach meiner Meinung geradezu die Grundlage unserer Strahlungstheorie verwerfen)"。是不是有可能将光量子假说用 别的猜测替代？为此，反 过来考虑，接受普朗克公式，看看能否从其得到一些关于光之构成的推论。

爱因斯坦考察这样的体系，在恒温的空腔中存在热辐射、一些理想气体和一个小薄片物体。物体两侧都是全反射的。已知气体分子运动存在涨落，辐射也应该有涨落，否则小薄片受分子随机碰撞所获得的能量会传给辐射，那样就没有热平衡了。进一步假设小薄片只反射频率处于 $\nu \to \nu + d\nu$ 范围内的光。普朗克谱公式对应的薄片速度涨落为

$$\overline{\Delta^2} = \frac{1}{c}\left[h\rho\nu + \frac{c^3 \rho^2}{8\pi\nu^2} \right] d\nu f\tau \tag{5.59}$$

其中 τ 是碰撞的特征时间，而 f 应该是薄片的面积。爱因斯坦指出，第一项是量子性 (粒子性) 的，在频率稍大的、维恩公式成立的频率范围它总是居于主导地位，第二项则来自波动性。辐射的波动结构与量子结

构 (Undulationsstruktur und Quantenstruktur) 皆存在于普朗克公式中，因此不可以当作彼此不可统一的事物看待 (nicht als miteinander unvereinbar anzusehen sind)。

　　这篇文章后面有普朗克的讨论。普朗克指出必须接受能量分成量子的观念，即将之看作作用原子 (als Wirkungsatome zu denken)，否则无法推进辐射理论。普朗克说，一个 (肩负如此使命) 比我还幸运的人或许已经到来 (vielleicht ist da ein anderer glüchlicher als ich)。普朗克期待的新理论很快就到来了，不过构建这个理论的不是某一个人，而是一拨儿幸运儿。

　　爱因斯坦 1910 年的两篇和霍普夫 (Ludwig Hopf, 1884—1939) 合作的论文[①]谈论辐射场中振子的运动，就是探讨黑体辐射。"辐射场中振子运动的统计研究"一文针对的还是得到式 (5.52)—(5.57) 的模型体系，不过在此处 Δ 是动量的涨落，因此式 (5.52) 变成了

$$\overline{(mv - Pv\tau + \Delta)^2} = \overline{(mv)^2} \tag{5.60}$$

进而有

$$\overline{\Delta^2} = 2kTP\tau \tag{5.61}$$

如果从电磁学考虑得到了 $\overline{\Delta^2}$ 和 P，那么式 (5.61) 就能给出辐射定律。

　　利用普朗克《热辐射理论教程》中的受迫振动模型，爱因斯坦得到了

$$P = \frac{3c\sigma}{10\pi v} \left(\rho - \frac{v}{3} \frac{d\rho}{dv} \right) \tag{5.62}$$

其中 σ 是表示辐射阻尼的常数。爱因斯坦得到了动量涨落形式

$$\overline{\Delta^2} = \frac{c^4 \sigma \tau}{40\pi^2 v^3} \rho_v^2 \tag{5.63}$$

[①] 爱因斯坦很少有和人合作的论文，且同他个人的论文相比价值都不高。伟大的思想不是合作的产物。据信好的学者同自己都不合作。"他跟自己都不合作"是一句出自电影《桥》的台词。

一通推导猛如虎[①]，爱因斯坦得到了方程

$$\frac{c^3}{24\pi kTv^2}\rho^2 = \rho - \frac{v}{3}\frac{\mathrm{d}\rho}{\mathrm{d}v} \tag{5.64}$$

进一步积分得到了 $\rho_v = \frac{8\pi v^2}{c^3}kT$，这就是瑞利-金斯公式。经典理论总是得到金斯的结果。爱因斯坦指出，推导过程中，能量均分只是应用到了振子上，气体动力学表明这是完全可信的。推导得到的理论基础与穿过透明物体的光的色散理论也没有两样。最后得到的辐射定律同实际有出入，让他们注意到存在着另一种方式的动量涨落 (Impulsschwankungen anderer Art)，其在短波长、低密度时起主导作用。

另一篇谈论的主题是电磁力的傅里叶展开问题，对未来的量子力学建立初期相关工作感兴趣的读者可以参考，此处不论。

爱因斯坦和斯特恩 (Otto Stern, 1888—1969)[②] 1913 年的黑体辐射论文，投稿时间为 1912 年 12 月，是对普朗克 1912 年关于零点能的论文的即时反应。此时振子的平均能量有两种表示，分别是

$$E = \frac{hv}{e^{hv/kT} - 1} \tag{5.65a}$$

和

$$E = \frac{hv}{e^{hv/kT} - 1} + hv/2 \tag{5.65b}$$

相应的高温极限值为

$$\lim_{T\to\infty} \frac{hv}{e^{hv/kT} - 1} = kT - hv/2 \tag{5.66a}$$

和

$$\lim_{T\to\infty} \left(\frac{hv}{e^{hv/kT} - 1} + hv/2 \right) = kT \tag{5.66b}$$

此处用到了近似 $\lim_{x\to 0} \frac{1}{e^x-1} \approx \frac{1}{x+x^2/2} \approx \frac{1}{x}\left(1 - \frac{x}{2}\right)$。也就是说没有零点能时高温下的平均能量比能量均分要求的 kT 要小，而有零点能 (不符合经典图像) 时高温下的平均能量才是经典物理里的能量均分定理所要求的 kT。零点能是必须的？太神奇了，太令人惊讶了吧。那么，究竟哪个才

---

① 我一直认为，当年普鲁士物理学家一通乱推导的精髓我们没学会啊，不，是没人教哇。

② 即 Stern-Gerlach 实验中的那位 Stern，德语本意为"星"。

和实际的物理测量符合呢？显然，在高温处两者给出的比热 $c = dE/dT$ 相同，在低温处两者给出的比热会有明显区别。特别地，如果一个物质体系的频率对于不同状态是不同的，当然独立于温度，这是判别零点能图像是否正确的理想体系。可惜，好象没有这样的体系。

转动分子可能提供一个频率随温度变化而热运动对应一个固定频率的图像。这个体系可以用来验证零点能存在的合理性。将前述平均辐射能量用到具有两个自由度的分子的转动上。对于给定的温度，转动能量同转动频率的关系为

$$E = \frac{J}{2}(2\pi v)^2 \tag{5.67}$$

J 是分子的转动惯量。爱因斯坦和斯特恩接着用关系式

$$E = \frac{J}{2}(2\pi v)^2 = \frac{hv}{e^{hv/kT} - 1} \tag{5.68a}$$

和

$$E = \frac{J}{2}(2\pi v)^2 = \frac{hv}{e^{hv/kT} - 1} + hv/2 \tag{5.68b}$$

来讨论比热 $c_r = \frac{dE}{dv}\frac{dv}{dT}$，发现根据 Arnold Eucken (1884—1950) 测量的氢分子比热数据来看，有零点能的结果更可能是对的。提示一下，由于氢气是倒数第二个被液化的气体，其液化温度为 20.28 K，故而氢气有直到极低温度的比热数据。氢元素是物理学实验室，请认真体会这句话。

接下来爱因斯坦和斯特恩要从存在零点能的假设出发，以非强制性的、虽说不那么严谨的方式，**不用不连续性的假设**，来导出普朗克公式。考察绑定在一个分子上的振子，其处于无规的辐射场中。平衡时，分子从辐射场获得的平均动能等于通过同其他分子碰撞所获得的动能——这句很重要。这样就能获得辐射密度同分子平均动能 (也即温度) 之间的关系。爱因斯坦和霍普夫此前这样得到的是瑞利-金斯分布。现在假设辐射有零点能[①]。直线振子遭遇来自辐射的摩擦，假设速度够小时，$K = -Pv$。振子动量的涨落用 $\overline{\Delta^2}$ 表示，$\overline{\Delta^2} = 2kTP\tau$，根据爱因

[①] 在温度 $T = 0$ 孤零零存在的能量 (我觉得应该让它和热力学第三定律关联)，不是振子能级 $n = 0$ 的能量。以普朗克原文中的图像，1/2 是 $n \to n+1$ 区间的等测度平均，针对任何能级都有这个 1/2 项。

斯坦 1910 年的推导，$P = \frac{3c\sigma}{10\pi\nu}\left(\rho - \frac{\nu}{3}\frac{\mathrm{d}\rho}{\mathrm{d}\nu}\right)$（见上）。现在从电磁学角度推导涨落 $\overline{\Delta^2}$，假设激发振子的辐射只有零点能要计入 (不过是以 $h\nu$ 的形式)，这实际上是低温极限，结果得到了

$$\overline{\Delta^2} = \frac{1}{5\pi}hc\sigma\rho\tau \tag{5.69}$$

将式 (5.69) 同式 (5.61) 等同，代入 P 的表达式然后积分就得到了维恩谱分布公式。爱因斯坦一通推导到此得出的结果令人欢欣鼓舞。将式 (5.69) 同式 (5.63) 相加再令其同式 (5.61) 等同，得到一个分布函数 ρ 的微分方程

$$h\rho + \frac{c^3}{8\pi\nu^3}\rho^2 = 3kT\left(\rho - \frac{\nu}{3}\frac{\mathrm{d}\rho}{\mathrm{d}\nu}\right) \tag{5.70}$$

其解为普朗克谱分布公式 $\rho = \frac{8\pi\nu^2}{c^3}\frac{h\nu}{e^{h\nu/kT}-1}$，对应的振子能量为 $E = \frac{h\nu}{e^{h\nu/kT}-1} + h\nu$。关于此处为何振子零点能必须用 $h\nu$，在原文 558 页上有个注解，说只有这样才能得到普朗克公式。爱因斯坦希望这个差异在严格的计算里会消失。文章最后，爱因斯坦总结了两条: (1) 氢气比热结果使得量为 $h\nu/2$ 的零点能的存在有可能 (mach die Existenz einer Nullpunktenergie von Betrag $h\nu/2$ wahrscheinlich); (2) 零点能使得不借助任何不连续假设就能得出普朗克公式。当然，能量不连续性假设自有其道理。

　　爱因斯坦推导出这个方程 (5.70) 的那些操作，套用现在的流行语，是神操作。从前，看电动力学的书，尤其是关于加速电荷辐射以及切伦科夫辐射之类的内容，笔者是实在弄不懂他们在推导什么，这造成了我一直不敢讲电动力学课的后果。然而，感谢爱因斯坦，他在这篇文章的 559 页上加了个脚注 (图 5.4)，道出了这些科学巨擘做物理的实情。可能爱因斯坦也为他的推导感到难为情，他写道: "Es braucht kaum betont zu werden, daß diese Art des Vorgehens sich nur durch unsere Unkenntnis der tätschlichen Resonatorgesetze rechtfertigen läßt (无需强调就该知道，这种做法只有因为我们对真实的振子规律一无所知才干得出来)"。真扎心啊，合着他们是一通瞎推导的，可是这才是真正的物理研究啊。最前沿的知识本来就是不完备的，一通胡乱尝试，有些许眉目再去追求自洽，

这才是做学问的正确方式。爱因斯坦不装大尾巴狼，是我格外佩服他的另一个原因。

> 1) Es braucht kaum betont zu werden, daß diese Art des Vorgehens sich nur durch unsere Unkenntnis der tatsächlichen Resonatorgesetze rechtfertigen läßt.

图 5.4 爱因斯坦和斯特恩 1913 年论文第 559 页上的脚注

5.3　1916—1917：从二能级模型推导普朗克公式

1916 年初，爱因斯坦为之忙活了 8 年的广义相对论终告完成，闲来无事他又回头思考黑体辐射。物理学在 1916 年的情形跟 1900 年已经完全不一样了，此时黑体辐射问题已被很多人关注过，1913 年玻尔也提出了原子发光过程的电子跃迁概念。从量子角度考虑辐射-物质间的相互作用成为可能。爱因斯坦在 1916 年发表了"量子理论下的辐射发射与吸收"和"论辐射的量子理论"两篇论文。爱因斯坦考察物质粒子和辐射之间的相互作用，采用的模型为辐射与分子组成的体系。若知道物质粒子的能量分布规律和分布调整机制 (量子化的辐射发射与吸收)，则可以由能量交换的静态条件获得黑体辐射的分布规律。笔者提醒各位注意，爱因斯坦此时在谈论这个量子力学问题时用的都是经典概率而不是 1926 年后的概率幅，这再再告诉我们量子力学骨子里头根本就是经典力学！我们自己以为的量子力学都是在谈论概率幅 (波函数) 的观念是没理由的。爱因斯坦太伟大了，但凡读懂一篇他的文章，你就能体会到爱因斯坦的非同寻常[①]。爱因斯坦在这两篇文章中给出的推导有没有道理，对不对？不好说！但是，到了 1960 年，基于爱因斯坦的受激辐射概念人类确实制造出了激光。我时常想，物理真的需要是对吗？或者说，能引导出新的事物及对世界的新认识，不也是物理学理论正确的证明吗？这些年笔者仔细回顾了那些伟大的物理理论，发现其实几乎没有多少对的。但是，但是，这并不重要。重要的是我们人类的认识，以及借助认识获得的能力，进步了。

---

① 2021 年 10 月 11 日晚，笔者认识到读爱因斯坦的论文不可遗漏一字。漏一字都可能错过点儿闪光的思想！

　　在"量子理论下的辐射发射与吸收"一文中，爱因斯坦引入了受激辐射的概念，以及爱因斯坦系数 A 和 B。此外，爱因斯坦在文中还认识到 (老) 量子论 [1] 会牵扯到概率以及因果律失效的问题。爱因斯坦现在针对这个公式 $U_\nu = \frac{c^3}{8\pi\nu^2}e_\nu$，即普朗克得到黑体辐射谱公式过程中基于电磁学-力学分析得到的 $\rho_\nu = \frac{8\pi\nu^2}{c^3}U_\nu$。爱因斯坦说普朗克的推导带有"史无前例的果敢 (von beispielloser Kühnheit)"。仔细分析后的结论是，这个公式的电磁-力学分析与量子理论的基本思想不相容 (mit der Grundidee der Quantentheorie nicht vereinbar ist)。重塑普朗克理论的努力到那时一直都在进行中。当然，量子理论的基础必须被保持下来，要对辐射-物质相互作用用量子理论重新加以审视。

　　由辐射与分子间的热平衡，可以推测分子的量子行为。若量子理论要求的分子内能分布通过辐射的吸收与发射被确立了的话，辐射的普朗克谱分布公式就自动成立。辐射场中单频率振子的行为可以用布朗运动理论的方式加以处理。爱因斯坦从辐射与分子之间的能量交换出发，考虑到振子的能量 (或状态) 在一个小的时间间隔 τ 内的变化有两个原因，一是自发辐射，

$$\Delta_1 E = -AE\tau \tag{5.71}$$

这是放射性反应的规律；第二个源自辐射场，与辐射密度成正比

$$\overline{\Delta_2 E} = B\rho\tau \tag{5.72}$$

足够长时间内的平均能量应与时间无关，故有

$$\overline{E + \Delta_1 E + \Delta_2 E} = \overline{E} \tag{5.73}$$

结果得到

$$\overline{E} = \frac{B}{A}\rho \tag{5.74}$$

注意，在普朗克的公式中，振子平均能量和辐射密度之间的系数是由辐射的性质决定的，而在这里 B/A 似乎只是物质的性质。

---

[1] 我觉得老量子论和新量子论的说法比较好。旧量子论的说法会让人误以为它过时了。

接下来考虑量子理论与辐射。考虑全同分子气体，处于热平衡。设分子状态对应的能量为 $\varepsilon_1, \varepsilon_2, ..., \varepsilon_n, ...$，相应的概率为 $W_n = p_n \exp(-\varepsilon_n/kT)$，这里爱因斯坦引入了一个统计权重因子 p_n，是状态的特征，但与温度 T 无关[①]。这个表达式是对麦克斯韦理论的深远推广。考察两状态 Z_m 和 Z_n，自发跃迁会造成能量量子为 $\varepsilon_m - \varepsilon_n$ 的辐射，单位时间里这样的辐射数目为 $A_{m \to n} N_m$，辐射场引起的变化表现为吸收和受激发射，速率分别为 $B_{m \to n} \rho N_m$ 和 $B_{n \to m} \rho N_n$，故平衡条件为

$$A_{m \to n} N_m + B_{m \to n} \rho N_m = B_{n \to m} \rho N_n \qquad (5.75)$$

进一步地，代入 $N_n/N_m = \frac{p_n}{p_m} e^{-(\varepsilon_n - \varepsilon_m)/kT}$，得

$$A_{m \to n} p_m = \rho(-B_{m \to n} p_m + B_{n \to m} p_n e^{-(\varepsilon_n - \varepsilon_m)/kT}) \qquad (5.76)$$

如果认定随着 T 的增加谱密度 ρ 趋于无穷大的话，则必然要求

$$-B_{m \to n} p_m + B_{n \to m} p_n = 0 \qquad (5.77)$$

于是有普朗克谱分布公式

$$\rho = \frac{A_m^n/B_m^n}{e^{(\varepsilon_m - \varepsilon_n)/kT} - 1} \qquad (5.78)$$

当然为此要用上量子化条件 $\varepsilon_m - \varepsilon_n = h\nu$。

有必要评论几句。式 (5.77) 就是传说中的互反关系 (Reciprocality relation)。互反原理可以说是物理学原理之上的原理，在这里也出现了。让我惊讶的是，爱因斯坦是怎么想到要通过 ρ 的极限行为来确定 $-B_{m \to n} p_m + B_{n \to m} p_n = 0$ 的？注意看式 (5.78)，推导过程指向在这个公式分母中出现的 "-1" 来自受激辐射项。若系数 $B_{m \to n} = 0$ 就没有 "-1" 这一项了。也就是说，爱因斯坦为普朗克公式里的 "-1" 指明了一个物理出处，这个结果后来还会影响到其他黑体辐射研究者。此外，受激辐射同自发辐射概率之比为 $\frac{1}{e^{h\nu/kT} - 1}$。如果要求维恩挪移公式成立，则对

[①] 此处的统计权重因子 p_n 就是后来量子力学里的所谓状态简并度，即拥有相同能量的状态的数目。爱因斯坦不经意间又引入了一个新概念。这个属于老量子论，不是 1926 年薛定谔用他的方程解出来氢原子能级后清晰表达了的简并。Degeneration，德语为 Entartung，最好用汉语的 "退化" 而不是 "简并" 来理解，当你用群论以及矢量空间来理解量子力学时就能明白为什么了。

于能级差为 $\varepsilon_m - \varepsilon_n = h\nu$ 的两个能级，要求有 $A_m^n/B_m^n \propto \nu^3$。利用平衡时辐射满足普朗克分布的要求，可得 $A_m^n/B_m^n = 2h\nu^3/c^3$。受激辐射是激光理论的概念基础。1960 年，人类造出了第一台激光器。

很多文献中都有狄拉克 1927 年的辐射理论给出了爱因斯坦的 A, B 系数的说法。相应的，还会给出参考文献 [P. A. M. Dirac, The Quantum Theory of the Emission and Absorption of Radiation, *Proceedings of the Royal Society of London*, Series A, **114**(767), 243–265 (1927)]。这篇文章的最后一句为 "该理论导出爱因斯坦的 A 系数和 B 系数的正确表达 (The theory leads to the correct expressions for Einstein's A's and B's)"，其第 7 节的标题为 "发射和吸收的概率系数 (The probability coefficients for emission and absorption)"，且其中有公式 (28)，给出谱强度 $I_\nu = Nh\nu^3/c^2$，接着有 $N \propto I_\nu, (N+1) \propto I_\nu + h\nu^3/c^2$ 的表述，但是笔者未能从文中提取出明确的相关信息。倒是在 1926 年的文章 [P. A. M. Dirac, On the theory of quantum mechanics, *Proceedings of the Royal Society of London*, Series A, **112** (762), 661–677 (1926)] 的 676 页上，发现有公式 $B_{n \to m} = B_{m \to n} = \frac{2\pi}{3h^2c} \cdot |P_{nm}|^2$。这些也许可看作推导爱因斯坦系数的初步尝试。

行文至此，笔者想到了关于二能级体系与辐射场平衡的抽象思考。能量一高一低的两个能级，是不对称的。而所谓的辐射场下的平衡，就是用辐射建立起这两个能级之间某种意义上的对称，那个平衡只能是动态的，且那个过程必须是形式上不对称的。一非对称作用于另一非对称上，才有动态平衡这种对称。外围没有辐射场时，即 $\rho \to 0$ 的情形，只有高能级向低能级的跃迁。如今引入了辐射场，$\nu = \nu_{nm}$。如果只有吸收过程，没有受激辐射，这似乎和此辐射是事关两个能级的事实缺乏形式上的对称 (缺少 reciprocality)，辐射不该只刺激低能级而不刺激高能级。而只要接受了存在自高能级向低能级的受激辐射的想法，则两能级间平衡的机制就是自发跃迁 + 受激辐射 vs. 吸收，而平衡态时就一定是普朗克分布。

爱因斯坦 1905 年首先给出了光量子 (light quanta) 的概念，1909 年用光场的涨落分析得到了黑体辐射谱分布。涨落包括类粒子 (particle-

like) 项，其指向维恩分布，和类波 (wave-like) 项，指向瑞利-金斯分布。
1917 年的推导引入受激辐射的概念最终导致了激光的出现。然而，值
得注意的是，黑体辐射讨论中是不涉及相位的，或者说采用随机相位
近似，但激光恰是相位相关联的体系。这里面应该还有不少值得探讨
的内容。此外，电磁波趋于高频从而更象粒子时，其相位信息会丢失
的。这让笔者想到了复数的多种表示问题 (拙著《云端脚下》中列出了
7 种)。容易想到，复数的幅角-模表示和矩阵表示分别对应波动力学和
矩阵力学吗？分别对应粒子-波的二象性 (duality) 吗？复数确实就是个
dual object!

爱因斯坦 1916 年的"辐射的量子理论"一文 (1917 年重发) 首先注
意到黑体辐射谱分布和麦克斯韦速度分布两者的相似性，维恩得到他的
谱公式时就利用这个相似性。然而，经典力学和电动力学的考量导向瑞
利-金斯分布，普朗克谱分布基于能量量子的假说，这样维恩当时的考
量自然也就被遗忘了。

爱因斯坦发现，黑体辐射谱分布和麦克斯韦速度分布两者的相似
性可以在推导普朗克谱公式中发挥作用，推导不仅简单，而且还提供
对辐射之发射-吸收过程的认识。量子理论下平衡态的分子，同普朗克
的辐射处于动态平衡，就能以惊人地简单和一般的方式 (in verblüffend
einfacher und allgemeiner Weise) 得到普朗克公式，为此量子理论要求分
子的内能分布仅通过发射和吸收来调整。笔者以为，当用量子理论考虑
分子以光发射和吸收的机制同辐射场达到热平衡时，夫琅合费的太阳光
谱上的连续和分立谱线就被纳入同一个问题了。

如果此假设正确，就该还提供正确的辐射统计分布之外更多的内
容。辐射的吸收和发射还伴有动量转移，会造成分子的速度分布。按
说，平衡时这个速度分布就该跟通过分子间碰撞得到的速度分布相同，
即麦克斯韦分布，也就是说普朗克辐射场下的分子其每个自由度的平均
动能是 $kT/2$。如果确实是这样，我们的发射-吸收基本过程的假设就有
了新的支持，量子论从而从光扩展到了物质上，这是量子力学从光能量
子假说发展而来必须经过的一步。

进一步必须假设分子在吸收和发射辐射时都有动量转移带来的反

冲，是完全有取向的过程①。由上述假设导出普朗克公式，过程与上一篇类似，不赘述。此处只关注爱因斯坦由此得到的新认识。从分子经过碰撞会达到平衡出发，分子有动量是现成的知识，爱因斯坦指出普朗克公式如果要成立，光量子也该有动量，且是量子化的动量，这又是一个大发现。博特会讨论受激辐射光量子同激发光量子之间的动量关系(见第 7 章)。此前的黑体辐射推导只基于能量交换。由于光的动量量子 hv/c 相较于分子过程造成的动量变化很小，可以忽略，但是对于理论考量，动量和能量必须赋予同等的重要性，它们是最密切地相关联的。一句话，理论要完备！光量子之还有动量量子的事实，后来在 1923 年被康普顿 (Arthur Holly Compton, 1892—1962) 的散射实验，即固体里的电子散射 X-射线的实验，不是证实，而是采用。康普顿的计算是把光完全当作具有能量 (能量全部是动能) 和动量的经典小球处理的。笔者再强调一遍，至少到薛定谔用薛定谔方程解出氢原子能级的 1926 年，所谓的量子力学用到的所有物理 100% 都是经典物理！

5.4　多余的话

　　爱因斯坦同麦克斯韦、玻尔兹曼和普朗克等人的共同点是精通热力学、统计力学和电磁理论，对于他们来说，融会贯通这个成语不仅没有任何恭维的意思，而且想展现恭维之功也有力不从心之感。探索普适的原理 (groping for universal principles)，在普朗克和爱因斯坦那里是带惯性的、成系列的。看爱因斯坦和普朗克的工作，会发现尽管具体机制不清楚，有些推导步骤走不通，但也不耽误他们得出正确的物理模型，不，是得出正确的物理。有时候就是瞎琢磨才是正道，让由此得到的认识返回来佐证其合理性。物理决定什么样的物理是正确的。

　　读爱因斯坦的论文，时常有"于无声处听惊雷"的感觉，不知道怎么就到达一个意想不到的重大发现或者深刻结论上去了。读得懂爱因斯坦的论文可以明白一点爱因斯坦到底是怎样的一个伟大物理学家。伟大

---

① 发射的如果是球波，总动量为零，没有反冲；平面波有明确的动量，但破坏了问题的各向同性；如果发射的是随机取向的粒子，则既有明确的动量，又保持问题的各向同性。

的爱因斯坦只存在于爱因斯坦的论文中。请用方程理解爱因斯坦的思想，在一字一句中理解爱因斯坦的伟大。任何用公式以外方式的讲述爱因斯坦都是苍白的，是外行对公众的傲慢。

用不同语言描述同一对象，可得异曲同工之妙。指向不同，或者启发从前之无知，才是目的。笔者以为，获得平衡态物理的研究方法，一是通往平衡态的过程，一是平衡态时的涨落。也许还有第三条路径，或者这些路径本身就可用于非平衡态的描述。微小振动和黑体辐射趋近平衡的过程一样，那才是提取有用信息的机会，过程表现物理。也因此，才有普朗克和玻尔兹曼连篇累牍地论述不可逆辐射过程。对这条路径，爱因斯坦是明白的，但爱因斯坦发现有些大物理学家理解不了这个 (There are great physicists who have not understood it—Albert Einstein, On Boltzmann's Writings)。爱因斯坦甫一踏上研究之路就一直采用第二种方法。动态的平衡，涨落就保留了该有的物理。因为涨落，力学和热力学都不是精确的科学 (Neither mechanics nor thermodynamics could claim exact science)。试看真实的物理系统，是涨落的天下。涨落的研究，让爱因斯坦揭示了辐射的波粒二象性，粒子性证实量子概念，波动性的深入研究则导向了波动力学 (见第 9 章)。量子力学从起源和本质上说都是统计力学，量子统计力学是对量子力学某个部分的加强版强调。如同关于黑体辐射的推导中辐射之能量和动量应同等对待，笔者斗胆以为，在量子力学中概率和概率幅应该"是以最紧密的方式相互关联的 (aufs engste miteinander verknüpft sind —Einstein, 1917)"。

爱因斯坦在 1909 年的论文中第一次提到光的波粒二象性 (duality)[①]。Duality，是在一种不同语境下表现出两种特征而不是在两种不同语境下表现出两种特征来，描述其行为的一个表达式里包含两个特征各自对应项之和，不可以简单地按照"既……又……"来理解。所谓光的波粒二象性，不是那种在不同情境下表现出粒子或者波的行为，所谓既是粒子又是波 (simultaneously)，而是同时既是粒子又是波 (at the same time simultaneously)，即描述其行为的量必为两项之和，其一解作波，另一解作粒子。当然，你知道光绝不是什么粒子或者波。它就是光，没有空

---

① 德布罗意的波粒二象性是将电子行为同光的行为所作的类比。

间概念，速度相对任何状态的有重物体 (ponderable objects) 是常数。笔者想说的是，最重要的一点是光速不是矢量。至于电子的波粒二象性，那是另一个意义上的。

在 2023 年夏研究电子概念起源时，笔者忽然被触发了如下的想法。法拉第从电解过程中析出的物质量 M 同电量 Q 之间的正比关系，$M \propto Q$，出发，由 M 的不可分性 (atomicity) 可以推知 Q 也具有不可分性，即电是原子化的存在。在光电效应中，若光波长短到足以产生光电子形成电流，光的能流 J 和电流 I 之间有关系 $I \propto J$，则由电的不可分性可以推论光 (能) 也是量子化的存在。

补充阅读

[1]　G. N. Lewis, *The Distribution of Energy in Thermal Radiation and the Law of Entire Equilibrium*, Oxford University Press (1925).

[2]　Alfredo Bermúdez de Castro, *Continuum Thermomechanics*, Birkhäuser (2005).

爱因斯坦与洛伦兹 （艾伦菲斯特 1921 年摄）

第 6 章 众神的狂欢（之一）

知纲领且能为细节，方见学问的妙处与学者的功夫。

摘要　黑体辐射是占据理论物理 70 年的前沿问题，在普朗克公式出现之后更是引起了诸多物理学家的关注。洛伦兹就辐射同物质间建立平衡的关系、普朗克作用量子的意义等内容给出了概念辨析，其自由电子和电子热运动的理论有助于深刻理解黑体辐射。金斯从电子理论导出了基尔霍夫定律，拿电子的波当成实在，其系统的气体动力学理论在黑体辐射与理想气体在量子理论意义上统一的时候更加显现出了价值。德拜从热力学得到了电磁场能量是量子化的结论，给出了普朗克公式的一种推导。艾伦菲斯特作为统计物理的奠基人之一分析了黑体辐射的理论基础，提出熵最大应是绝对最大，探讨了量子化作为得到普朗克谱分布公式的必要性问题。艾伦菲斯特 1911 年随口的一句"紫外灾难"被肆意地用于歪曲物理学的真实发展过程。

关键词　自由电子，电子热运动，能量均分，瑞利-金斯公式，绝对最大，红色要求，紫色要求，紫外灾难

6.1　洛伦兹的黑体辐射研究

荷兰物理学家洛伦兹是近代物理的旗手 (所谓的 leading spirit)，24 岁即成了莱顿大学的理论物理教授，对电动力学有基础性的贡献，为量子理论思想的接受准备了基础 (图 6.1)。1870 年洛伦兹入莱顿大学学习物理和数学，1877 年 24 岁时即成为莱顿大学理论物理教授[1]。洛伦兹对几乎所有的物理领域都有涉猎，尤以对电动力学和相对论的贡献最显著。洛伦兹对电动力学的发展扮演着承先启后的角色，洛伦兹力往前和麦克斯韦方程组构成一个整体，而洛伦兹变换则是后继的爱因斯坦狭义相对论的核心。洛伦兹关于热力学和统计力学的工作很少有人注意，尽管他在这方面有非常重要的专著，比如 H. A. Lorentz, *Les théories statistiques en thermodynamique* (热力学中的统计理

---

[1] 荷兰对世界物理学有重大贡献者，如 Steven, Huygens, Snellius, Beeckmann, 's Gravesande, Van de Waals, Onnes, Zeeman, Ehrenfest, Kramers 等，无一例外都是莱顿大学的师生。在研究莱顿大学时，笔者想到一句话："拥有一所定义国家生命力的大学的城市，乃是一个国家的灵魂城市。"

论), Teubner (1916); H. A. Lorentz, *Vorlesungen über theoretische Physik an der Universität Leiden*, Band 1: Theorie der Strahlung (莱顿大学理论物理讲座，卷一：辐射理论), Akademische Verlagsgesellschaft (1927)。在这本正文只有 81 页的书中，洛伦兹介绍了黑体辐射定律和非黑体辐射定律，还有镜面的作用 (黑体的内壁可以是全反射的镜子)，特别地，他同时阐述发射和吸收过程，并明确强调互反性原理 (Reziprozität)。对整个黑体辐射研究的概念基础，洛伦兹都进行了细致的讨论。到 1927 年，量子统计和波动力学都已经建立起来了，洛伦兹此时对辐射理论的阐述，高屋建瓴，一定意义上也是对黑体辐射到那时 60 多年研究的总结。

图 6.1 洛伦兹 (1925)

爱因斯坦对洛伦兹的学养与人品极为佩服，曾于 1909 年说过"没人比我更钦佩这个人 (洛伦兹) 了，我得说，我爱他 (Ich bewundere diesen Mann wie keinen anderen, ich möchte sagen, ich liebe ihn)"。关于洛伦兹的物理功底，由一件传奇式的研究可见一斑。1896 年 10 月 31 日，塞曼 (Pieter Zeeman, 1865—1943) 报告了他对磁场下谱线分裂现象的观察，当天是星期六。周一洛伦兹就把塞曼叫到了他的办公室，向塞曼展示了他关于塞曼效应的解释。

洛伦兹在 1903 年给出过关于长波极限黑体辐射谱公式的证明 [On

the Emission and Absorption by Metals of Rays of Heat of Great Wavelength, *Proc. Amsterdam* **5**, 666–685 (1903)]。洛伦兹指出，普朗克用振子模型得到的公式 $\rho_\lambda d\lambda = \frac{8\pi ch}{\lambda^5} \frac{1}{e^{ch/k\lambda T}-1} d\lambda$ 是正确的，但关于能量在振子间如何分配，普朗克并没有试图描述具体的过程，关于能量单元的假设没有解释，而物体的热如何就产生了电磁辐射的问题也悬而未决。洛伦兹认为，辐射可能是物质中的自由电子运动的结果，可从金属导电模型推测其吸收和发射关系。电子的热运动可以解释辐射的长波行为，而无需引入发射特定频率的振子假设。洛伦兹用加速电荷的经典电动力学处理辐射的发射问题，对辐射场作傅里叶变换来检出一定波长或者频率范围内的发射，从而去计算辐射定律。洛伦兹说，他的这个讨论仅限于长波。

笔者必须坦承，在阅读几遍之后笔者也没有能力整理出一个令自己心悦诚服的推导过程，不知道洛伦兹怎么就得到了个长波极限下的谱密度表达式 $\frac{16}{3} \frac{\pi a T}{\lambda^4} d\lambda$。洛伦兹这样的物理学家们真能边假设边计算，我估计背后的模型构造作为推导依据才是他们更见水平的地方。洛伦兹这个推导鲜有人提及，笔者阅读这篇文章的收获是看到了电子热运动这一节，猛然领悟到黑体辐射的情境中有辐射的热运动 (以太的热运动)、空腔中的分子热运动和空腔壁中的电子热运动，这个图像算是完备了。电子的热运动与分子热运动是不同的，前者会受到外电场的影响形成定向流——电流。有趣的是，洛伦兹管普朗克的 "units of energy" 叫 the portions (份儿)，这同其在文章结尾关于点在线段上的统计所秉持的思想是一致的。看来到 1903 年能量量子的概念还远没有今天的意义。

在 1908 年罗马数学家大会上，洛伦兹又以 "能量在有重物质和以太间的划分" 为题谈论黑体辐射的研究现状 [H. A. Lorentz, Le partage de l'énergie entre la matière pondérable et l'éther, *Nuovo Cimento* **16**, 5–34 (1908)]。特别地，洛伦兹强调了普朗克的能量单元对于经典力学和电动力学是完全异质的，普朗克的公式同实验数据吻合但我们关于电磁学的思考需作根本性的改变。同年，洛伦兹就自己关于金斯公式的言论再次发文 [H. A. Lorentz, Zur Strahlungstheorie (论辐射理论), *Physikalische Zeitschrift* **9**(17), 562–563 (1908)]。洛伦兹指出，金斯的公式是基于能量均分原理，在长波部分是成立的[①]。洛伦兹注意到想从当时的电子理论导出辐射公式是困难的。在普朗克的模型中，有重物质 (壁) 同以太之间的能量交换是由所谓的振子或者类似的粒子所促成的。洛伦兹注意到，德鲁德 (Paul Drude, 1863—1906) 的热导和电导理论意味着金属中存在自由电子，而统计规律对它们来说也应该是适用的。这会导致结论，在振子的影响下会达成一个平衡态，在电子的影响下会达成另一个平衡态[②]。就短波部分而言，如果电子带来很慢的能量迁移过程而振子带来快速的能量迁移过程，就能得到普朗克分布。这段笔者弄不懂其中的道理或者引出这种没道理论述的历史背景，不过洛伦兹的这句话可能是重要的，da man das Kirchhoffsche Gesetz nur verstehen kann, wenn man Absorption und Emission auf nahe verwandte Ursachen zurückführt (只有把吸收和发射过程归于密切相关的原因，才能理解基尔霍夫定律)。

有文献会说洛伦兹也给出了黑体辐射的新推导，不过笔者细读洛伦兹 1910 年的文章并没有发现新的推导 [H. A. Lorentz, Alte und neure Fragen der Physik (物理学的老问题与新问题), *Physikalische Zeitschrift* **11**, 1234–1257 (1910)]。洛伦兹只是就辐射同物质间建立平衡的关系、普朗克作用量子的意义等内容给出了一些有意义的讨论，比如指出空腔里有完全透明的、不发射的物质也能促成黑体辐射。这些可归于概念辨析 (conceptual clarification)。笔者阅读洛伦兹的另一个收获是知道了光电效应的过程可以和 β-放射性平行地考虑。得出光电效应的诠释是注意到出射电子的速度与加热得来的热运动速度特征不符。把电子出射直接同对光量子的吸收相联系是解释光电效应的关键一步，这中间实验还曾验证过电子的出射速度似乎与金属的温度无关。

洛伦兹 1903 年文章的结尾有一段关于大量的点在线段上的分布概率的推导，关键是有涨落概念的引入，为统计物理之基础，值得照录。设线段分为 p 等份儿，有 q 个点要随机地分布其上，$q \gg p$ (也许我们做了连续化后还应该记得这一点，以免走向数学的极端)。记从第一段到

[①] 就能量均分的意义而言，应该是在高温情形下成立。
[②] 不知道后来的给一个等离子体分别定义电子温度和离子温度的做法是否基于此思想。

第 p 段上的点数为 $a, b, ..., m, a+b+ ... +m = q$，这样分布发生的概率为

$$P = \frac{1}{p^q} \frac{q!}{a!\, b!\, ... \, m!} \tag{6.1}$$

$a, b, ..., m$ 中的任何一个偏离 $\frac{q}{p}$ 都会让这个概率变小，故只需考虑 $a, b, ..., m$ 在 $\frac{q}{p}$ 附近的情形。记用点数 q 归一化的 $a, b, ..., m$ 为 $a', b', ..., m' < 1$，利用 Stirling 近似公式，有

$$\lg P = -\frac{1}{2}(p-1)\lg(2\pi q) - q\lg p - \left[\left(a'q+\frac{1}{2}\right)\lg a' + ... + \left(m'q+\frac{1}{2}\right)\lg m'\right] \tag{6.2}$$

对上式求微分，得

$$\mathrm{d}\ln P = -\left[\left(q+\frac{1}{2a'}+q\lg a'\right)\mathrm{d}a' + ... + \left(q+\frac{1}{2m'}+q\lg m'\right)\mathrm{d}m'\right] \tag{6.3}$$

注意，有约束条件 $\mathrm{d}a' + ... + \mathrm{d}m' = 0$。概率 P 在 $a' = b' = ... = m' = 1/p$ 时取极大值。现在研究自最可几分布的微小偏差的概率，记 $a' = \frac{1}{p} + \alpha$，$b' = \frac{1}{p} + \beta, ..., m' = \frac{1}{p} + \mu$，有 $\alpha + \beta + ... + \mu = 0$，此为涨落的本义。对 $\lg P$ 作展开，记前两项为 $\lg P_m$，有

$$\mathrm{d}\ln P = \lg P_m - \frac{1}{2}pq\left(\alpha^2+\beta^2+...+\mu^2\right) \tag{6.4}$$

解得

$$P = P_m \mathrm{e}^{-\frac{1}{2}pq(\alpha^2+\beta^2+...+\mu^2)} \tag{6.5}$$

你看到了高斯分布了吧。这也是麦克斯韦-玻尔兹曼分布的内核。

6.2 金斯的努力

金斯是英国物理学家、数学家、天文学家。许多学物理的人知道金斯这个名字只是通过瑞利-金斯公式，其实金斯是大神级的天才科学家，24 岁起在剑桥任教，27 岁时被聘为普林斯顿大学教授。和瑞利一样，金斯是经典物理的旗帜，但其成就多在天文学和宇宙学方面，比如 1928 年提出的静态宇宙猜想。金斯是罕见的物理学表述者，思想深刻，文笔优雅，其具体著作包括：

[1] *The Dynamical Theory of Gases* (1904).

[2] *Mathematical Theory of Electricity and Magnetism* (1908).

[3] *Report on Radiation and the Quantum Theory* (1914).

[4] *Problems of Cosmology and Stellar Dynamics* (1919).

[5] *Atomicity and Quanta* (1926).

[6] *The Universe around Us* (1929).

[7] *The Mysterious Universe* (1930).

[8] *The Stars in Their Courses* (1931).

[9] *The New Background of Science* (1933).

[10] *Through Space and Time* (1934).

[11] *Science and Music* (1937).

[12] *An Introduction to the Kinetic Theory of Gases* (1940).

[13] *Physics and Philosophy* (1943).

[14] *The Growth of Physical Science* (1947).

都是经典。其中的 *The Dynamical Theory of Gases* 和 *An Introduction to the Kinetic Theory of Gases* 前后相差 36 年，可见气体动力学理论一直都是他思考的问题。此理论与黑体辐射有关。*Report on Radiation and the Quantum Theory* 更是关于黑体辐射的专著。

金斯自 1900 年普朗克理论出现以后的态度先是坚决反对 (staunch opposition)，后来在 1910 年转为普朗克理论的拥趸。金斯认为能量均分定理所要求的瑞利分布同实验的偏差是因为系统根本没有达到平衡。玻尔兹曼在 1895 年的 *Nature* 文章中也说气体-以太体系没有足够时间达到热平衡。金斯认为哈密顿方程和能量均分都不破坏，但平衡很难在短期内达到。他甚至要和热力学原理对着干 (contravene)，认为基于热力学第二定律的论证都是站不住脚的。用热力学第二定律进行的论证 (比如玻尔兹曼的论证) 都涉及使用以太作为工质的热机，当然不存在这种热机。第二定律只是统计力学的特例，只在系统处于平衡时有用。金斯在 1904 年的 *The Dynamical Theory of Gases* 一书第 9 章中提出另一个理由，即转动、平动向振动模式转移能量很慢，振动模式从来没有得到应有的能量份额。振动能量相对于其模式来说太少了。在金斯看来，系统一直在靠近热平衡态的路上，辐射的强度也依赖于同其相互作用的物质。而在普朗克看来，基尔霍夫函数与物质无关，那我们就是在寻找一种绝对的存在，这就更有价值。必须说，金斯指出的这些问题，当我们研究固体的比热时会发现确实有具体的表现。

仅在 1905 年一年，金斯就写了多篇关于辐射与气体动力学的文章，包括

[1] James Jeans, The dynamical theory of gases, *Nature* **71**, 607 (1905).

[2] James Jeans, On the partition of energy between matter and aether, *Phil. Mag.* **10**, 91–98 (1905).

[3] James Jeans, The dynamical theory of gases and of radiation, *Nature* **72**, 101–102 (1905).

[4] James Jeans, On the application of statistical mechanics to the general dynamics of matter and aether, *Proceedings of the Royal Society of London* A **76**, 296–311 (1905).

[5] James Jeans, A comparison between two theories of radiation, *Nature* **72**, 293–294 (1905).

[6] James Jeans, On the laws of radiation, *Proceedings of the Royal Society of London* A **76**, 545–552 (1905).

尤其值得一提的是，On the laws of radiation 一文为经典图像和瑞利分布辩护——这让这个分布后来成了瑞利-金斯分布。金斯 1905 年得到了完备辐射体的公式，即所谓的金斯挪移公式 $u = \lambda^{-4} T f(\lambda T)$。如果认定 λT 是体系的不变量，它和维恩的位移公式 $u = \lambda^{-5} f(\lambda T)$ 其实是一致的。金斯发现积分该公式可以得到斯特藩-玻尔兹曼公式，而且他也得到了表达式 $\lambda_{\max}$，他称之为 the mathematical expression of Wien's displacement law (维恩位移公式的数学表达)。他由此觉得有信心绕过热力学而只用量纲分析加上电荷运动是辐射来源这个假设就足以导出黑体辐射谱分布公式。把气体分子当作声波，体积 V 内的振动的数目为

$CV\lambda^{-4}\mathrm{d}\lambda$，则作为能量均分的结果得到体积能量密度为 $4\pi RT\lambda^{-4}\mathrm{d}\lambda$，这是瑞利-金斯分布的声波版。计入辐射的极化因子 2，相应的就是关于辐射的瑞利-金斯分布 $8\pi RT\lambda^{-4}\mathrm{d}\lambda$。在其 1914 年的 *Report* 一书里他甚至列出三种导出瑞利-金斯分布的方式：(1) 振子的辐射；(2) 自由电子的辐射；(3) 轨道电子的辐射。

金斯在 1909 年的 "Temperature-radiation and the partition of energy in continuous media, *Philosophical Magazine*, Series 6, **17**, 229–254 (1909)" 一文中分析能量均分应用于以太中的波运动 (辐射) 能量时所遭遇的困难，认为纯由以太构成的体系因为缺乏模式之间交换能量的机制不能达到标准态 (normal state)。所谓标准态，就是具有某些整个扩展空间上一致的统计性质的状态。一个系统不依赖于初始构型而一定会获得的性质，必是标准态的性质。金斯坚持认为，同经典物理图像契合的分布就是瑞利-金斯分布。将电子的运动分解为波列的运动 (motion of trains of waves)，电子波 (waves of electrons) 同以太波之间有迅速的能量交换，则平衡态下的能量划分就依瑞利-金斯分布。不过，论证基础是电子运动解析为波列，此只对波长大于典型电子间距离的情形才有效。故瑞利-金斯分布只在长波极限下才成立，它正是普朗克谱分布的长波极限。这篇文章的脚注里面金斯还表达了一个有趣的观点。一般认为不同温度的物体通过热辐射能达到相同温度，这是热力学第二定律的要求。金斯认为温度确实会变得等同，但那是因为不同物体中辐射的电源头 (electric source of radiation) 上的电荷是相同的而不是因为热力学第二定律。考虑到温度是个针对具体体系之热力学行为的统计量，笔者对金斯的这个观点表示赞叹。

用空腔实现对黑体辐射的研究，空腔是实实在在的固体，其中的电子在激烈地无规①运动。1909 年，金斯发表了关于从电子运动角度讨论黑体辐射的长文 [James Jeans, The motion of electrons in solids, *Philosophical Magazine*, Series 6, **17**, 773–794; **18**, 204–226 (1909)]，这是罕见的从 (金属的黑) 体内部 (the interior of the body) 的角度看黑体辐射。与气体理论中的气体运动一样，电子理论中电子的运动也是连续 + 分立

---

① 如果头脑中没有关于规律的知识，什么运动都是无规运动。

的模式，即自由路径加碰撞 (free paths and collisions)[①]，速度满足麦克斯韦分布。在讨论了电子和辐射在固体内的传播以后，金斯讨论基尔霍夫定律。从电磁学的角度讨论两种介质界面上的辐射传输问题，金斯得到了辐射能量体密度与介质中光速 v 三次方成反比的结论，即

$$E_1 v_1^3 = E_2 v_2^3 \tag{6.6}$$

这是一个纯电动力学的证明，与热力学无关[②]。真空中的辐射为黑体辐射，能量密度 $E_1 = f(T, v)$，则物体内的能量密度为

$$E_2 = f(T, v) c^3 / v_2^3 \tag{6.7}$$

由此计算其发射强度

$$e\mathrm{d}v = \frac{1}{4} A f(T, v)\, \mathrm{d}v \tag{6.8}$$

其中 A 是吸收系数。也就是说，任何物体的发射能力是黑体辐射能力乘上其吸收系数，而这正是基尔霍夫定律。这样，金斯就从电子理论导出了基尔霍夫定律。他指出，基尔霍夫定律成立与以太同物质是否达成平衡无关，实际上基尔霍夫定律完全独立于任何热力学条件; 即便基尔霍夫定律成立，也不可以从中得出任何热力学推论 (It appears that the law is true quite independently of whether the aether is in equilibrium with matter or not: in fact the law is seen to be entirely independent of thermodynamic conditions of all kinds. It is consequently illegitimate to draw any thermodynamical inferences from the fact that Kirchhoff's law is observed to be true in nature)。在长波长的振动之间有能量均分，这对于物质内部和物质围成的空腔内部都成立，温度，即物体的温度，对应自由电子的动能 (按照麦克斯韦分布确定)。一个物体的温度，既可以由其内部的长波振动平均能量所决定，也可以由其内部自由电子的平均动能所决定。前者解释了为什么两个物体可以通过辐射达到热平衡，后者解释了为什么通过传导可以达到热平衡[③]。金斯还进一步注意到气体的温

---

① 连续运动和分立 (测度为 0) 的碰撞，是处于两个层面的问题，但又要一并处理。气体的运动，电荷的传播，光的传播，电荷＋电磁场的传播，应该一并处理。
② 对理解超导有没有启发？
③ 气体放电即由离子温度和电子温度两个参数来表征。

度只由其运动所决定，但固体与气体间能达到热平衡，则固体中的原子似应以团簇的形式从电子获得热运动，然后同气体之间发生能量传递。那么，固体也许存在用其分子团簇的平均动能定义温度的方式。不得不说，金斯是高人，他这个猜想方向是对的。我们知道后来有了固体温度同其晶格振动之间的理论。金斯这篇文章里的具体计算有些繁杂，读者们，尤其是对电磁辐射理论感兴趣的，请参考原文。

在第二部分，金斯试图得到对所有波长都成立的运动电子的辐射表达式。根据电磁理论，任何物质对无穷大波长 (的辐射) 都是完全反射的，而对极短的波长是透明的。考察一个理想的空腔，没有辐射可以从该体系逃逸。这样必有能量均分，而这个能量均分的结果让我们去认识能量均分所达成的机制。金斯基于电子运动的图像，计算物质对辐射的吸收与发射，得到一个结果

$$\frac{\mathrm{d}E_\omega}{\mathrm{d}t} \propto \frac{4\omega^2 RT}{\pi c} - 4\pi\omega^2 E_\omega, \ \omega = 2\pi/\lambda \tag{6.9}$$

稳态条件 $\frac{\mathrm{d}E_\omega}{\mathrm{d}t} = 0$ 即意味着

$$E_\omega \mathrm{d}\omega = \frac{RT}{\pi^2 c^3}\omega^2\mathrm{d}\omega \tag{6.10}$$

也即人们熟知的能量均分的结果 $E_\lambda \mathrm{d}\lambda = 8\pi RT\lambda^{-4}\mathrm{d}\lambda$。这个结果在长波极限与观测符合。

那么全谱成立的分布公式该是什么样子的呢？金斯为其长波长能量密度公式引入一个因子 Θ_ν，

$$E_\omega \mathrm{d}\omega = \frac{RT}{\pi^2 c^3}\omega^2\Theta_\nu\mathrm{d}\omega \tag{6.11}$$

对于 $\nu \to 0, \Theta_\nu = 1$；随着频率的增大 Θ_ν 应该指数衰减。金斯认为 Θ_ν 必是 T/ν 的函数，否则与斯特藩-玻尔兹曼公式和维恩挪移定律有抵牾；Θ_ν 必和物体无关，因为空腔内的辐射与壁的物质无关。当然，金斯没能从电子运动图像得到这个因子 Θ_ν。不过，如果用这个因子去观照普朗克公式，则发现 $\Theta_\nu = \frac{h\nu/kT}{e^{h\nu/kT}-1}$。这对于从多个侧面理解普朗克公式是有益的。

金斯的理论分析是有参考价值的。金斯认为他对黑体问题的洛伦兹式的分析可以用来得出基本电荷 e 的值，如果假设辐射来自电子

的话 (关于基本电荷及其量子化问题，参见普朗克的"论物质与电的基本量子"，1901；狄拉克的 quantized singularities in the electromagnetic field，1931)。这已是 h 和 k 以后黑体辐射谱用来决定的第三个普适常数。金斯知识全面，思想就有穿透性，令人印象深刻。令笔者惊讶的是，在这篇文章中金斯除了用到了延迟势和相对论，他还不断提到电子的波，比如 the irregular motion of the electrons can be resolved into regular trains of waves (电子的不规则运动可以分解为规则波列)，这是傅里叶分析，there will clearly be rapid interchange of energy between the waves of electrons and the radiation of the same frequency in the aether (电子的波与以太中同频率的辐射之间有快速的能量交换)，这是拿电子的波当实在的存在的了，比量子力学的波函数似乎走得更远一些。历史上，一些物理都是把傅里叶分析的结果当成物理真实的，不仅是将单个的傅里叶分量当成实在的单色波，而且认为不同的傅里叶分量是独立的存在，甚至拿单个傅里叶分量的振幅与相位当成一对 (共轭的) 动力学变量。笔者想说的是，波动力学 (包括波粒二象性)[1]有深刻久远的思想基础和存在情景，不是德布罗意和薛定谔的一时灵感迸发。金斯的文章，值得认真再读。

此文中金斯曾言道，多普勒效应对任何辐射中的谱能量分配的影响是不重要的 (In all observed radiation the influence of the Doppler-effect on the partition of energy in the spectrum is insignificant)，不知道该如何理解此前利用多普勒效应的黑体辐射模型研究，容以后细想。

到了 1910 年，金斯在 "On non-Newtonian mechanical systems, and Planck's theory of radiation, *Philosophical Magazine* **20**, 943–944 (1910)" 一文中明确放弃了他关于黑体辐射的经典观点，原因似乎是因为对英国物理学家拉莫 (Joseph Larmor, 1857—1942) 的工作的响应。拉莫问，是否能够调和普朗克谱公式与用连续运动表述的一套物理定律，即普朗克的理论是否能用微分方程表示？答案是否定的。普朗克的工作只是表明了量子化是得到黑体辐射谱公式的充分条件。在这篇文章中，金斯提供了一个量子化导致黑体辐射普朗克谱公式的必要性证明，但没有信心，

---

[1] 笔者的理解是，波粒不在同一个层面上。

所以后来他自己也把必要性证明归功于庞加莱 1912 年的工作。在 1914 年的 *Report* 一书中，金斯已是毫不掩饰地反对辐射的经典图像了。自 1914 年以后，金斯转而研究天文与宇宙学去了，也许他是信了据说是庞加莱的观点，对量子理论作进一步论断只是浪费纸墨 (to give further judgment on the quantum theory "would be a waste of paper and ink")。

金斯 1910 年的这篇文章是物理学研究方法的集中展示，对于理解从经典力学到量子物理的过渡路径极具参考价值，试简述如下。普朗克引入了不可分之能量原子 (indivisible atom of energy) 以及运动不连续性的概念，普朗克的理论如果能用微分方程表述可能会更好理解一些。那么，用微分方程表述的物理规律系统是否可这样构造，如此则物质与以太构成的体系会达到遵循普朗克定律的终态？如下的分析指向否定的答案。考察某一遵循因果律的体系，其状态由一组坐标 $p_1, p_2, \ldots, p_n$ 的值所决定。时间是连续的，坐标随时间连续变化。关于所谓动力学或者运动学规律的知识，也就是表示状态的点走过之路径或者轨迹的知识。过每一点只有一条轨迹，速度只依赖于坐标而不依赖于时间。想象扩展空间 (坐标加时间) 中的表示系统物理可能状态的区域充满了点，则可以认为这些点的集合可看作是形成了连续的流体 (forming a continuous fluid)。此时因果律可表述为流体沿着给定的流线运动，每一点上的速度是常数。该流体的密度分布可如此选择，使得任何一点上的密度保持不变，则流体的运动是"稳态运动"。对应任何运动规律系统，总可以选择一套正交坐标 $P_1, P_2, \ldots, P_n$，使得稳态运动的条件为

$$\sum \frac{\partial \dot{P}_s}{\partial P_s} = 0 \tag{6.12}$$

比如，如果是遵循牛顿定律，则坐标集为拉格朗日坐标和动量，以及它们之间的无穷多线性组合。

在扩展空间里的流体运动提供了引入概率计算的基础。统计物理中有个长期忽视了的地方，即除非有清晰的概率计算基础，否则任何关于概率的讨论都是无意义的。此处，我们选择以扩展空间中的占据体积为概率的基础，随机选择，相同的体积有相同的被选择的机会 (等测度)，则其中存在的状态数 (点数) 与该状态的概率 W 成正比。用

$A, B, C, \ldots$ 作为体系不同部分的特征，表述特征的坐标之间是独立的 (而不是说 $A, B, C \ldots$ 是独立事件)，则体系同时具有多个特征的概率为 $W = KW_A W_B W_C \ldots$，其中 K 是个常数[①]。有了这个基础，就可以讨论热力学的第一、第二定律了。

记 $E_1, E_2, \ldots$ 为体系之贴上性质标签 $A, B, \ldots$ 的部分的能量，总能量为 $E = E_1 + E_2 + \ldots$ (这就是能量 partition 方案)，总熵为 $S = k \log W_A + k \log W_B + \ldots$。能量划分方案为 $E_1, E_2, \ldots$ 取确定的值 $E'_1, E'_2, \ldots$(至少在 $\varepsilon_1, \varepsilon_2, \ldots$ 的小范围内，考虑到存在涨落) 时熵最大的条件是

$$\frac{\partial S}{\partial E_1} = \frac{\partial S}{\partial E_2} = \ldots \tag{6.13}$$

这才是 equipartition (均分) 的含义。作一个能量的划分方案，平衡时此条件成立[②]。假设每个部分都是理想气体，遵循牛顿定律，部分 A 的坐标 $P_1, P_2, \ldots, P_m$ 为拉格朗日坐标与动量，$E_1 = \sum_{i=1,m} \alpha_{1,i} P_i^2$，概率 W_A 正比于扩展空间里对应 $\sum_{i=1,m} \alpha_{1,i} P_i^2$ 处于 $E_1 - \varepsilon_1/2$ 到 $E_1 + \varepsilon_1/2$ 之间的区域的体积，为 $c E_1^{\frac{m}{2}-1} \varepsilon_1$，则 $\frac{\partial S}{\partial E_1} \sim \frac{km}{2E_1}$。如果能量均分定理成立，$E_1 = \frac{1}{2} mRT$, R 是气体常数。如果前述熵公式中的 k 就是 $R = Nk_B$，则得到热力学第二定律

$$\frac{\partial S}{\partial E_1} = \frac{\partial S}{\partial E_2} = \ldots = \frac{1}{T} \tag{6.14}$$

波运动的知识表明，不同频率的波的能量要用不同的坐标集来表示，且能量是正的。如果是这样，则不同波上的能量均分，且在熵最大的状态下总能量正比于温度。

设想一个体系由以太和少量物质组成，物质促成不同波长的以太振动 (辐射) 之间的能量转移。记第 s 个振动的坐标为 Q_s, R_s (各有 n 个)，另有 m 个来自物质的自由度，典型的坐标为 S_r ($2m$ 个)。假设物质在体系中所占的能量可以忽略，加之不同振动之间是独立的，则稳态条件为

$$\frac{\partial \dot{Q}_s}{\partial Q_s} + \frac{\partial \dot{R}_s}{\partial R_s} = 0 \tag{6.15}$$

[①] 这个常数 K 的引入似乎是想和 $S = k \log W + S_0$ 中的 S_0 相对应，但欠考虑。
[②] 这是纯数学。如果我们没有深入学习过约束相关的代数方程、微分方程理论，我们在力学、热力学、统计力学方面都只能浅尝辄止。学会了相应的数学，学起物理来有流畅感。

而这正是微分形式 $\dot{Q}_s \mathrm{d}R_s - \dot{R}_s \mathrm{d}Q_s$ 为全微分的条件。引入函数 ϕ_s，满足 $\dot{Q}_s = \frac{\partial \phi_s}{\partial R_s}$，$\dot{R}_s = -\frac{\partial \phi_s}{\partial Q_s}$，则有

$$\dot{\phi}_s = \frac{\partial \phi_s}{\partial Q_s}\dot{Q}_s + \frac{\partial \phi_s}{\partial R_s}\dot{R}_s = 0 \tag{6.16}$$

对于振动能量 E_s，有

$$\frac{\partial E_s}{\partial t} = \frac{\partial(E_s, \phi_s)}{\partial(Q_s, R_s)} \tag{6.17}$$

但是因为能量守恒，则 (6.17) 式中的雅可比行列式为零，也就是说函数 ϕ_s 应该是能量 E_s 的函数。记 $\frac{\partial \phi_s}{\partial E_s} = \beta$，则有

$$\dot{Q}_s = \beta\frac{\partial E_s}{\partial R_s}, \ \dot{R}_s = -\beta\frac{\partial E_s}{\partial Q_s} \tag{6.18}$$

这正是哈密顿正则方程的形式。如果函数 ϕ_s 是坐标 Q_s，R_s 的二次型，那表示简谐运动。流体力学知识告诉我们，不管实际的运动方程与标准形式 (正则) 偏差有多大，不失一般性，总可以假设波动方程就是二次型，坐标就是拉格朗日坐标与动量。能量均分是必然的结果。

上述基于经典流体的分析假设扩展空间里充满流体，当然表示不可能的物理构型的那部分应该排除掉。我们来看看，是否能够找到一种流体的安排，可以把结果遵循能量均分定律改为遵循普朗克定律。考察 N 个频率为 ν 的振动，总能量为 $E = N\frac{h\nu}{\mathrm{e}^{\frac{h\nu}{kT}}-1}$，从中解出 $\frac{1}{T} = \frac{k}{h\nu}\log\left(1 + \frac{Nh\nu}{E}\right)$，从 $\frac{\partial S}{\partial E} = \frac{1}{T}$ 出发，积分得

$$S = k\left\{\left(N + \frac{E}{h\nu}\right)\log\left(N + \frac{E}{h\nu}\right) - \frac{E}{h\nu}\log\frac{E}{h\nu}\right\} + \text{const.} \tag{6.19a}$$

也就是

$$\log W = \left(N + \frac{E}{h\nu}\right)\log\left(N + \frac{E}{h\nu}\right) - \frac{E}{h\nu}\log\frac{E}{h\nu} + \text{const.} \tag{6.19b}$$

记 $P = \frac{E}{h\nu}$ 为整数，则这意味着 $W = C\frac{(N+P)!}{P!}$。这不过是从普朗克谱公式倒推得来的状态数。也就是说，扩展空间应该排除的区域是这样的，使得剩下的体积 (概率) 有 $W = C\frac{(N+P)!}{P!}$。此处可见不可分能量原子假设的必要性，该假设指向分布 $W = C\frac{(N+P)!}{P!}$，流体在扩展空间中只有一种分布使得对于所有的 E, W 是 E 的特定函数。

至此我们看到 the truth of Planck's law requires something more than appeared in Planck's original papers (普朗克定律的实情所要求的比普朗克原文里出现的要多)。只假设振子保有固定能量单位的有限倍数的能量是不够的，以太里的能量也必须是原子化的。不是能量以整原子的形式出现，而是物理上就不可能分割这些原子。只有原子化的振动才能存在于以太的结构中。如果不是这样，我们就不得不假设普朗克定律所表示的以太的状态就不是最终的稳态，或者说物质与以太不同振动之间就没有热平衡。

有一种别样的方法可以得到普朗克定律。假设振动的能量为 0, 1ε, 2ε, ...，按照气体理论，这些事件的概率之比为 $1 : e^{-\varepsilon/kT} : e^{-2\varepsilon/kT} : ...$，可计算得 N 个振子的总能量为

$$E = N\frac{\varepsilon}{e^{\frac{\varepsilon}{kT}} - 1} \tag{6.20}$$

令 $\varepsilon = h\nu$，即是普朗克分布公式。不过推导过程中用到的假设是能量单元要大到使得振动哪怕拥有一个能量单元的概率都很小很小。

金斯的这篇文章中推导路径可作如下简述。运动可表示为扩展空间中的轨迹，体系状态表现为扩展空间中的流体，由流体在扩展空间中所占体积定义状态的概率，进而引入熵，然后建立起运动规律同稳态分布律之间的关系，指出能量均分是拉格朗日动力学和经典统计的必然结果。不得不说，金斯的推导行云流水，对经典物理的精髓把握深刻，数学运用挥洒自如。我的一点感慨是，流体力学的内容太重要了。万物皆流 (πάντα ρεï)，而偏偏我们的流体物理的教学是弱的，甚至是缺失的。特别地，在进行经典物理学习时，我们可能是在数学缺失的状态下进行的。忽然想起，可能任何脱离同数学之间关系的物理都是业余物理。

6.3 德拜的普朗克公式推导

德拜是荷兰人 (图 6.2)，在德国亚琛理工读书时受到维恩、索末菲 (Arnold Sommerfeld, 1868—1951) 等人的影响，后来索末菲到慕尼黑当理论物理教授时把他带上当研究助理。据说德拜跟索末菲学了一句最

著名的口头禅："这也太简单了 (Aber das ist ja so einfach)"[①]。德拜虽未
专修数学，但其数学能力却深得数学大神希尔伯特的青睐，把他挖到了
哥廷恩大学 (1914—1920)。德拜后来在瑞士、荷兰和德国多地做理论物
理教授，也领导过实验物理机构，还曾任德国物理学会主席。德拜是
个物理大拿，涉猎领域极广，曾是那个充满着物理学的物理杂志之一，
Physikalische Zeitschrift 的主编多年[②]。Debye 是电偶极矩单位。

图 6.2 德拜

德拜得算是老量子论时代的领军人物之一。德拜在关于黑体辐射、
固体比热的工作中表现出了对能量量子化的信念，他在 1913 年 2 月给
出了著名的电子轨道量子化条件

$$\oint p dq = nh \tag{6.21}$$

不过德拜并不认为电子真有这样的轨道，量子规律只是"电子的导轨 (a
railway-guide for the electrons)"而已。德拜独立发现了康普顿效应，更
是用量子化概念分析了康普顿散射 [Peter Debye, Zerstreuung von Rönt-
genstrahlen und Quantentheorie (伦琴射线散射与量子理论), *Physikalische
Zeitschrift* **24**, 161–166 (1923)]。薛定谔 1925 年底着手去构造波动力学是

---

① 索末菲另一著名学生泡利的著名口头禅是"连错都算不上!"，在英文文献中以
"Not even wrong"的面目流行，德语原文为"Das ist nicht nur nicht richtig, es ist nicht
einmal falsch!(那不只是不正确，那连错都算不上)"。
② 不必指出如下事实，很多物理类杂志可能从未发表过有物理的文章。

在苏黎世受了德拜的指点，而德拜之所以能认识到波动力学的意义是因为早在 1912 年德拜就发现从经典力学的雅可比方程到线性波的二阶微分方程可以用一个变换给联系起来，这类似惠更斯的几何光学同经典波动光学之间的关系。这可以说是对波-粒关系的早期认识。

德拜 1910 年从一个崭新的角度探讨黑体辐射定律 [Peter Debye, Der Wahrscheinlichkeitsbegriff in der Theorie der Strahlung (辐射理论的概率概念), *Annalen der Physik* **33**, 1427–1434 (1910)]。德拜首先指出，普朗克、金斯和洛伦兹等人各自推导黑体辐射的路子不是无可指责的 (ganz unanfechtbar)，或者说是不完备的。洛伦兹从一开始将讨论局限于长波；金斯得到同样的结果却想让其对所有波长成立，但这与实验并不符；普朗克公式倒是和实验数据相符，但其推导的两部分是脱节的。普朗克的证明中，一部分用完全确定的前提得到了振子平均能量同辐射能量密度之间的关系，另一部分则破天荒地 (bahnbrechende) 用了有限能量单元 *hv*。德拜认为，普朗克的定律可以由统计物理导出。德拜自问，是否关于振子性质的精确知识对辐射定律的推导是必需的？[①]他要寻找出路，希望仅从量子假说就得到辐射场的性质而不必在振子问题上纠缠。假设就是物质吸收辐射和将辐射转化成其他频率都是以 *hv* 量子的形式进行的，这也是普朗克的假设。德拜说，"我觉得我们为此要知道的都包含在量子假设里了，无需再深究"。从此点出发，我们将设法基于量子假设获得关于任意辐射状态的概率和熵的计算，基于辐射状态本身而无需借助振子。此处笔者想指出，辐射的平衡态同与之处于热平衡态的物质系统、过程无关。反过来，这提供了许多从具体物质系统、过程推导辐射平衡态的可能性。愚以为，此乃黑体辐射关于模型的独立性和韧性，是最值得关注的点。辐射平衡态与壁无关，与腔内的存在无关，还都能从某个具体的存在出发推导出来，不知这是否体现的是物理的一致性。

德拜绕了一大圈子后，给所谓振子的能量找到了一个表达式 $\xi^2 + \eta^2$，其一为辐射的矩 (moment)，另一为此矩的变化率[②]。辐射能量被 (表现

[①] 还真不需要。许多 *A*→*B* 的物理进展，都未必需要关于 *A* 的正确或者精确的认识。
[②] 此处不过是套谐振子的滥调，电磁场的能量表示 $E^2 + H^2$ 即如此，有效性都体现在二次型上了。会二次型和微分二次型的数学，物理就几乎一览无余了。

出振子行为的) 有重物质吸收而后被转换成另一个频率的，但必须以量子 $h\nu$ 的形式进行。在一个立方体中，在频率 $\nu \to \nu + d\nu$ 间的基本状态数为

$$\frac{8\pi\ell^3\nu^2}{c^3}d\nu = Nd\nu \tag{6.22}$$

现在把状态的能量以能量单元 $h\nu$ 的形式分配 (verteilen), 函数 $f(\nu)$ 描述基本量子属于频率为 ν 状态的概率[①], 则在频率 $\nu \to \nu + d\nu$ 间的能量可表示为

$$\frac{8\pi\ell^3\nu^2}{c^3}h\nu f(\nu)d\nu = U_\nu d\nu \tag{6.23}$$

剩下的任务就是决定 $f(\nu)$ 的形式。此情形的状态数，按照普朗克的公式，为

$$W = \frac{(Nd\nu + Nfd\nu)!}{(Nd\nu)!\,(Nfd\nu)!} \tag{6.24}$$

计算[②]得到在 $\nu \to \nu + d\nu$ 之间的辐射对熵体积密度的贡献为

$$s = k\frac{8\pi}{c^3}\int \{(1+f)\log(1+f) - f\log f\}\nu^2 d\nu \tag{6.25}$$

若要求在总能量密度

$$u = \frac{8\pi h}{c^3}\int f\nu^3 d\nu \tag{6.26}$$

下熵最大，由拉格朗日乘子法得到的条件为

$$\log(1+f) - \log(f) = ah\nu \tag{6.27}$$

此即

$$f = \frac{1}{e^{ah\nu} - 1} \tag{6.28}$$

现在来决定这个常数 a。利用

$$\frac{1}{T} = \frac{ds}{du} = \frac{ds/da}{du/da} \tag{6.29}$$

---

① 愚以为，这就是看出普朗克公式中 $\frac{1}{e^{h\nu/kT}-1}$ 那一项的意义了，返回头来编个解释。
② 严格说来，应该是 $W = \frac{(Nd\nu+Nfd\nu-1)!}{(Nd\nu-1)!(Nfd\nu)!}$。注意，这里的微分表示 $Nd\nu$ 几乎不可能是整数，人家可能是心里揣着 $\Gamma(x)$ 函数的概念，然后拿 $(x)!$ 当作 $n!$ 处理。有个感慨，人家是在做物理，敢横冲直撞；我们的物理是学来的，谨小慎微。

和式 (6.27)，可得

$$a = 1/kT \tag{6.30}$$

最终得到普朗克谱分布公式 $u_\nu \mathrm{d}\nu = \frac{8\pi\nu^2}{c^3}\frac{h\nu}{e^{h\nu/kT}-1}\mathrm{d}\nu$。这样，德拜，如同爱因斯坦，从热力学得到了结论，电磁场能量是量子化的，这个事实不依赖于 (模型) 振子的性质，但是并没有由此进一步地推导出电磁场的量子化。光的量子化是 20 世纪 50 年代由 Suraj N. Gupta (1924—) 和 Konrad Bleuler (1912—1992) 实施的。啰唆一句，我个人的感觉是，光的量子化描述目前仍然是一笔糊涂账。物理学是容骗空间最大的学科，这很让一些人如鱼得水。

有趣的是，派斯在爱因斯坦传记 *Subtle is the Lord* 中引述了上述德拜的工作，大意是上述做法可简述为，考虑一个充满处于热平衡状态振子的空腔，辐射谱密度是 $\frac{8\pi\nu^2}{c^3}\varepsilon(\nu, T)$，其中 ε 是辐射场振子 (radiation field oscillator) 的平均能量。德拜的结论是粒子的能量只能是 $nh\nu, n = 0, 1, 2, 3, \ldots$ 的形式，对于每个能量值 $nh\nu$，加上玻尔兹曼因子 $\exp(-nh\nu/kT)$[①]，于是就能得到普朗克谱分布公式。然而，在所引的德拜这篇 8 页的论文中，并没有这些内容！

笔者初识德拜这个名字，是在统计物理教程里，有关于固体比热的与爱因斯坦模型 (Einstein, 1906) 并列的德拜模型 [Peter Debye, Zur Theorie der spezifischen Wärme (比热理论), *Annalen der Physik*, Series 4，**39**(4), 789–839 (1912)]，这得算是德拜的基于黑体辐射研究的引申成果。此文长达 51 页[②]，此处不详细转述，仅罗列如下结论: (1) 固体并非如爱因斯坦模型所言只有一个具体的波数 (频率)，而是有特征的振动谱; (2) 振动谱有有限根谱线，频率最低的部分就是寻常的声学谱; (3) 频率范围 $\mathrm{d}\nu$ 内的谱线数正比于 $\nu^2\mathrm{d}\nu$，比例系数由固体的弹性常数决定; (4)

---

① 统计物理里计算配分函数 (partition function) 用到的函数 $e^{-E/kT}$，就是给定能量下求熵最大的产物。关于统计物理的配分函数，有一个数学的理念，就是 "一个配分函数不可以导致两种不同的热力学 (...the perception that out of one partition function there cannot result two different thermodynamics)"。参阅 C. N. Yang, Journey through statistical mechanics, *Int. J. Mod. Phys.* B2, 1325–1329 (1988)。
② 如果你是从固体物理教科书的三言两语中知道德拜模型的，如果为此感到迷糊，可以原谅自己。

假设每个自由度的平均能量为 $\frac{h\nu}{e^{h\nu/kT}-1}$，即可由此计算能量和比热。此篇文章还带来了德拜函数 $D_n(x) = \frac{n}{x^n}\int_0^x \frac{t^n}{e^t-1}\mathrm{d}t$。德拜和爱因斯坦的工作构成了固体量子论的基础。顺便强调一句，固体量子论属于老量子论，出现在量子力学之前。

6.4　艾伦菲斯特的黑体辐射研究

　　奥地利人艾伦菲斯特是著名的物理学家，对统计力学的建立做出了诸多贡献，曾有人称他为"物理学的良心"(图 6.3)。艾伦菲斯特的中学成绩似乎不好，在维也纳理工读的化学系，但是他有幸能到旁边的维也纳大学去听玻尔兹曼的热力学课①，这激发了艾伦菲斯特学习理论物理的激情。1901 年艾伦菲斯特转到了德国哥廷恩大学，1904 年在维也纳大学获得博士学位，1912 年接替洛伦兹在莱顿大学的教授位置。艾伦菲斯特擅长表达物理，爱因斯坦、索末菲夸赞艾伦菲斯特是物理课讲得最好的。艾伦菲斯特把玻尔兹曼的工作表述得太通透了，以至于玻尔兹曼都说"我要是自己理解得这么好，那就好啦"。艾伦菲斯特还善用有趣的比喻，比如 Das ist wo der Frosch ins Wasser springt (这是青蛙入水的地方)，笔者猜测他这是想说发现的着手处。设想一个教授在讲学问的最前沿，讲到关键处用粉笔点击着黑板，来一句 "Und das ist wo der Frosch ins Wasser springt"，想必会令学生印象深刻。艾伦菲斯特的夫人塔提亚娜 (Tatyana Ehrenfest-Afanasjewa, 1876—1964)，本名为 Татьяна Алексéевна Афанáсьева，一个来自俄罗斯帝国基辅大公国的数学家，也是热力学-统计物理的大家，是艾伦菲斯特在哥廷恩大学的同学，他们一起著有 Die Grundlage der Thermodynamik (热力学基础)，Zur Axiomatisierung des zweiten Haupsatzes der Thermodynamik (热力学第二定律的公理化)，On the Use of the Notion "Probability" in Physics 等书 ②。克莱因 (Felix Klein, 1849—1925) 曾想让玻尔兹曼对统计物理做一系统回顾，但 1906 年玻尔兹曼辞世，克莱因便把任务交给了艾伦菲斯特。历时 5 年，艾伦菲斯特写成了

① 娃啊，听话哈，想学有所成啊，到有学问的地方去，到有学问的人身边去。
② 够 physics boys and girls 羡慕的吧?

图 6.3 艾伦菲斯特

"力学之统计表述的概念基础"[Paul und Tatjana Ehrenfest, Begriffliche Grundlagen der statistischen Auffassung in der Mechanik, in *Enzyklopädie der Mathematischen Wissenschaften*, Teubner (1909; 补缀，1911)。英文版为 *The Conceptual Foundations of the Statistical Approach in Mechanics*, Oxford University Press (1959)]，此为统计力学[1]的经典。此文在 *Enzyklopädie der Mathematischen Wissenschaften*, Vierter Band, Mechanik 一卷中的题目是 Mechanik der aus sehr zahlreichen diskreten Teilen bestehenden Systeme (大量分立部分构成之体系的力学)。

艾伦菲斯特关于黑体辐射的工作，如下几篇文献值得关注：

[1] Paul Ehrenfest, Über die physikalischen Voraussetzungen der Planckschen Theorie der irreversiblen Strahlungsvorgänge (论不可逆辐射过程的普朗克理论的物理前提), *Wiener Ber.* II, **114**, 1301–1314 (1905).

[2] Paul Ehrenfest, Zur Planckschen Strahlungstheorie (普朗克辐射理论), *Physikalische Zeitschrift* **7**, 528–532 (1906).

[3] Paul Ehrenfest, Welche Züge der Lichtquantenhypothese spielen in der Theorie der Wärmestrahlung eine wesentliche Rolle (光量子假设的什

---

[1] Statistical mechanics, 是"统计的力学"。此外，笔者想强调一下，量子力学的重心在力学而非量子。

么特征在热辐射理论中扮演了实质性角色), *Annalen der Physik* **36**, 91–118 (1911).

[4] Tatiana Ehrenfest, Paul Ehrenfest, *Begriffliche Grundlagen der statistischen Auffassung in der Mechanik* (力学中的统计表述的概念基础), Teubner (1912).

[5] Paul Ehrenfest, Adiabatische Transformationen in der Quantentheorie und ihre Behandlung durch Niels Bohr (量子理论中的非通①变换及玻尔对此的处理), *Naturwissenschaften* **11**, 543–550 (1923).

[6] Paul Ehrenfest, Energieschwankungen im Strahlungsfeld oder Kristallgitter bei Superposition quantisierter Eigenschwingungen (量子化本征振动叠加视角下的辐射场或者晶格里的能量涨落), *Zeitschrift für Physik* **34**, 362–373 (1925).

此外，艾伦菲斯特 1912 年在荷兰莱顿大学的就职讲座题为 Zur Krise der Lichtaether-Hypothese (光以太假设的危机)，显然也是基于相关工作。更多艾伦菲斯特的论文，请参阅 Martin J. Klein (ed.), *Paul Ehrenfest: Collected Scientific Papers*, North-Holland (1959).

　　艾伦菲斯特 1903 年从洛伦兹处接触黑体辐射研究，了解了普朗克的热辐射理论。洛伦兹通过量纲分析 [H. A. Lorentz, The Theory of Radiation and the Second Law of Thermodynamics, *Proceedings Amsterdam Academy* **3**, 436–450 (1901)；H. A. Lorentz, Boltzmann's and Wien's Laws of Radiation, *Proceedings Amsterdam Academy* **3**, 607–620 (1901)] 注意到，将热力学定律应用于假想的体系时应当加一份小心。艾伦菲斯特 1905 年的文章讨论普朗克的不可逆辐射过程理论，特别关注哪些假设才使得理论有能力对任意温度提供一个明确能量分布的空腔辐射。艾伦菲斯特针对普朗克在 *Annalen der Physik* 上的四篇文章 (见第 4 章)，Über Irreversible Strahlungsvorgänge, Bd. 1, (1900), p.69，Entropie und Temperatur strahlender Wärme, Bd. 1, (1900), p.718，Über das Gesetz

---

① Adiabatische, adiabatic, 穿不过、通不过的意思，在汉语中被随便译成了 "绝热的"，见于绝热近似，绝热变换等，造成了很多理解上的困惑。Thermally adiabatic 才是绝热的。表达可过热的和绝热的有专门的词儿 diatherman 和 adiatherman。

der Energieverteilung im Normalspektrum, Bd. 4, (1901), p.553，Über irre-
versible Strahlungsvorgänge, Bd. 6, (1901), p.818，进行了分析讨论。按照
普朗克的理论，针对自然辐射状态可定义一个单调增的函数 Σ (类似
玻尔兹曼的 H-函数)，给定总能量下如果静态的辐射状态拥有特定的
谱分布，则函数 Σ 保持不变。这个论断普朗克没证明。与此相对，对
应玻尔兹曼的 H-定理，麦克斯韦分布的唯一性是证明了的 [Boltzmann,
Vorlesungen über Gastheorie, Bd. I, #5, Barth (1896)]。艾伦菲斯特要证明，
根据普朗克的基本假设，给定总能量的自然辐射，在静态时 (函数 Σ 保
持不变) 依然对应无穷多不同的谱分布。考察一个自然辐射体系 (满足
无序假设)，其总能量为 E_1，能量密度为 Δ_1，能量谱密度为 $s_1 = \varphi(\lambda)$。
按照普朗克的振子模型，将电磁场强度和振子振幅按 $1 : m^2$ 缩放，则
相应地有总能量为 $E_1' = m^4 E_1$; $\Delta_1' = m^4 \Delta_1$; $s_1' = m^4 \varphi(\lambda)$。设想一个有
$E_2 = m^4 E_1$，$\Delta_2 = m^4 \Delta_1$，$s_2 = \psi(\lambda)$ 的自然辐射。如果普朗克理论决定
了一个确定的谱分布 (eine deutig bestimmte Spektralverteilung), 则要求

$$\psi(\lambda) = m^4 \varphi(\lambda) \tag{6.31}$$

这样，它们作为单峰谱函数可就不可能在同一个 λ_m 上取最大值了。再
者，谱分布最大值对应唯一的辐射密度 (和温度)，而 $\varphi(\lambda)$ 对应的辐射
密度是 Δ_1，$\psi(\lambda)$ 应该对应 $m^4 \Delta_1$。

　　普朗克理论的假设不能确定谱分布函数的唯一性。或者反过来理
解，为了唯一地确定谱分布函数，还应该为普朗克理论追加第三个要
求，单调增的 Σ 函数在给定的能量下是绝对最大，即不只是针对系统
中真实的过程不再增加，而是针对系统任意小的虚状态改变 (für jede
unendlich kleine virtuelle Zustandsänderung des Systems) 其变化为零。这
是对熵这个概念的要求，可惜一般文献中对此理解不够深入。系统达到
热平衡时，熵达到绝对最大 (absolutes Maximum)，即相对于任何与系统
的性质和条件相容的或实或虚的改变，熵的变化为零。

　　在这篇文章的补缀中，艾伦菲斯特说此文写好后他才注意到，
一篇 1902 年的文章 [S. H. Burbury, On irreversible processes and Planck's
theory in relation thereto, *Philosophical Magazine*, Series 6, **3**(14), 225–240

(1902)] 注意到了他讨论的第三条件在普朗克的文章中是作为异物隐藏着的 (als Fremdkörper steckt)。在普朗克 1900 年的 "论不可逆辐射过程" 一文的 110 页上，有句 Aber die für das absolute Maximum der totalen Entropie notwendigen Bedingungen gehen noch weiter. Es muss nämlich für jede unendlich kleine virtuelle Zustandsänderung des Systemes die Variation der totalen Entropie, S, verschwinden (但是，总熵绝对最大的必要条件还要加强。对于系统任意小的虚状态改变，总熵 S 的变化为零)。普朗克到底还是高明。

艾伦菲斯特 1906 年论文的题目简单明了，就是 "论普朗克的辐射理论"，针对普朗克的《热辐射理论教程》一书中的辐射理论谈谈他的观点。普朗克认为，关于空腔辐射普适性的基尔霍夫定律可以推广到假想的体系 (fingierte Systeme)，其提出的模型是镜子围成的空腔里面有一个或多个振子。这样的振子由齐次线性振动方程定义，只有辐射阻尼而没有摩擦阻尼[①](见 4.6 节)，只要在周围真空里稳定下来的辐射是黑体辐射就行。尽管方程是线性的，计算还是非常困难的，不易领会。普朗克的振子通过发射和吸收把所有频率的辐射的强度与偏振给均匀化了。一句话，镜子围成的内有振子的腔体，其结果应和各处都是漫反射的镜子所围成的空腔效果相同 (因为根本不存在严格意义上的镜子，所以引进振子来提供这个功能)。既然 (可看作是) 严格反射或者漫反射的空壳里包裹的只有以太，那里面的过程就只是空腔的本征振动的叠加，那就没有什么把辐射给均匀化的说法。关于普朗克振子的印象似乎是这样的：振子对其本征频率附近的波有响应，若有大量的、频率相挨着的振子，这就能把初始时的单色光给改造成连续的谱分布 (Ein Planckscher Resonator spricht wegen seiner Strahlungsdämpf- ung auf Wellen aller Perioden an, die der Periode seiner Eigenschwingung genügend nahe liegen. Es wäre darnach[②] zu erwarten, daß eine Schar von Resonatoren mit eng aneinander anschließenden Eigenschwingungsfrequenzen, die sich zusammen über das ganze Spektrum erstrecken, imstande sein müßten, eine anfänglich

---

① 受迫阻尼振动方程简直是电动力学的万金油。

② 即 danach。

monochromatische Strahlung sukzessive in Strahlung kontinuierlicher Spektralverteilung zu verwandeln)。

给每个运动状态赋予确定的熵，普朗克的结果也可以表述为，对于闭合体系，熵增加至一个上限后保持不变。但普朗克的模型，以及以前的气体模型，熵都不是增加到与给定总能量相应的绝对最大。如果明确地提出状态的绝对稳定性问题，那么通过什么途径能达到这个绝对稳定性？

艾伦菲斯特指出，如下与振子理论独立的理论，也归功于普朗克。此理论可简称为状态数理论 (Komplexionentheorie, complexion theory)[1]，其将镜面空腔里的本征振动的振幅和相位看作是独立的物理量。镜面空腔里辐射的熵可以写为

$$S = S_0 - k \int_0^\infty \mathrm{d}\nu N_\nu \int_{-\infty}^\infty \int_{-\infty}^\infty \mathrm{d}f \mathrm{d}g F(\nu, f, g) \ln F(\nu, f, g) \tag{6.32}$$

其中 $N_\nu \mathrm{d}\nu$ 是落在 $\nu \to \nu + \mathrm{d}\nu$ 之间的本征振动数，而 $N_\nu \mathrm{d}\nu F(\nu, f, g)\mathrm{d}f\mathrm{d}g$ 则是落在 $\nu \to \nu + \mathrm{d}\nu$ 之间、相空间体积[2]$\mathrm{d}f\mathrm{d}g$ 中本征振动的数目。注意，这里又出现了函数 $x \ln x$，是熵表示的老把戏了。将某本征振动的辐射的总能量表示为

$$\varepsilon_\nu = \frac{\alpha_\nu}{2} f^2 + \frac{\beta_\nu}{2} \dot{f}^2 \tag{6.33}$$

相应的 $g = \partial\varepsilon/\partial\dot{f}$ 为共轭动量。这里，关于辐射的统计物理内容都在了。能量写为一对共轭变量的二次型形式，在这一对共轭变量的相空间中谈论统计分布问题，引入一个分布函数 F，平衡态由此分布函数 F 主导，熵对于所有约束条件允许的状态取最大值。若分布函数 F 满足的约束条件包括

条件 I：

$$\iint F(\nu, f, g)\mathrm{d}f\mathrm{d}g = 1 \tag{6.34}$$

这是概率的归一化要求；

---

[1] 状态数导向熵。
[2] 注意这个概念，以后玻色就是从这儿突破的。

条件 II：

$$\int_0^\infty N_\nu \mathrm{d}\nu \int_{-\infty}^\infty \int_{-\infty}^\infty \varepsilon_\nu F(\nu, f, g)\mathrm{d}f\mathrm{d}g = E \qquad (6.35)$$

这是总能量守恒，这样得到的平衡态时的熵是相对最大。这样对应的情形是能量均分，与高频部分的实际辐射谱不符。那么，如何得到普朗克分布呢？艾伦菲斯特指出，引入新的约束条件，可以得到不同的分布函数 $F(\nu, f, g)$。比如引入

条件 III：

$$\int_0^\infty N_\nu \mathrm{d}\nu \int_{-\infty}^\infty \int_{-\infty}^\infty \varPhi(\nu, f, g)F(\nu, f, g)\mathrm{d}f\mathrm{d}g = A \qquad (6.36)$$

此处的 $\varPhi$ 是任意函数[①]，而 A 是个常数。求玻尔兹曼 H 函数最大的条件，相应的乘子法得到的变分表达为

$$\delta S + \rho \delta \mathrm{I} + \sigma \delta \mathrm{II} + \tau \delta \mathrm{III} = 0 \qquad (6.37)$$

即

$$\ln F + 1 + \rho + \sigma \varepsilon + \tau \varPhi = 0 \qquad (6.38\mathrm{a})$$

或者

$$F = \mathrm{e}^{-(1+\rho+\sigma\varepsilon+\tau\varPhi)} \qquad (6.38\mathrm{b})$$

这是一套玻尔兹曼在一篇经典文献中用到的变分法 [Ludwig Boltzmann, Über das Arbeitsquantum, whelches bei chemischen Verbingungen gewonnen werden kann (论可从化合得到的功量), *Annalen der Physik* **258**, 39–72 (1884)]。从式 (6.38) 可见，谱分布函数由 $\varepsilon(\nu, f, g)$ 和 $\varPhi(\nu, f, g)$ 决定。

　　普朗克得到普朗克分布所选的变分条件 II 为

$$\varepsilon_\nu = \frac{\alpha_\nu}{2}f^2 + \frac{\beta_\nu}{2\beta_\nu}g^2 = mh\nu \qquad (6.39)$$

其中 m 为正整数。艾伦菲斯特草草地结束了这篇文章，至于条件 III 如何选择，在指向普朗克谱分布的机理中扮演什么角色，则没有交代。

　　到了 1911 年，理论物理的研究热点转向了固体比热，明确讨论黑体辐射的文章少了。在这一年，艾伦菲斯特发表了"光量子假设的

---

① 选择 $\varPhi = \ln F$，是玻尔兹曼统计的惯常做法。

什么特征在热辐射理论中扮演了实质性角色"一文，这篇在黑体辐射研究和艾伦菲斯特个人学术成就中都不算突出的 28 页文章却因为艾伦菲斯特随口的一句"紫外灾难 (Katastrophe im Ultravioletten)"极大地主导了此后的黑体辐射问题的恶俗表述。此文可粗略总结如下。1900 年能量量子假设被提出来以后，就迅速被用到别的与黑体辐射关系不大的地方去了，其在别处的合理性由实验结果所决定。11 年后的今天，该从黑体辐射的角度反过来考察量子假说，哪些特征是被黑体辐射证实了的，是否从黑体辐射的观点看来还有可修改的可能？仔细考察黑体辐射的特征。设想空腔是镜面围成的空腔，不管里面的辐射黑不黑的，经历可逆压缩过程其熵都不变。维恩位移定律包含在谱分布 $\rho d\nu = \alpha \nu^3 f(\beta\nu/T)d\nu$ 的形式中。长波长极限下的谱分布公式要退化为瑞利-金斯公式 $\rho d\nu = \frac{8\pi}{c^3}kT\nu^2 d\nu$，这对应 $f(\beta\nu/T) \to (\beta\nu/T)^{-1}$，因此谱分布函数 $f(\sigma)$ 满足

$$\sum_{\sigma \to 0} \sigma f(\sigma) \to 1 \qquad (6.40)$$

这个要求可称为红色要求 (Rotforderung)。可以看出，维恩公式不符合这个红色要求。而如果高频部分谱分布的值要趋于 0，总能量为有限值，得要求

$$\sum_{\sigma \to \infty} \sigma^4 f(\sigma) \to 0 \qquad (6.41)$$

这是紫色要求 (Violettforderung)。参考高频处是维恩公式 $\rho d\nu \propto \nu^3 e^{-\beta\nu/T} d\nu$ 的事实，紫色要求的加强版可写为对于足够大的 n，

$$\sum_{\sigma \to \infty} \sigma^n f(\sigma) \to 0 \qquad (6.42)$$

成立。瑞利-金斯公式在高频处显然不满足这个要求 (瑞利自己知道啊，他 1900 年文章也给高频处加上了维恩公式里的指数函数。金斯后来的讨论不含这个指数函数，但人家一直强调是在讨论长波极限)，此处艾伦菲斯特千不该万不该用了一个词 Rayleigh-Jeans Katastrophe im Ultravioletten，即紫外处的瑞利-金斯灾难，且全文就用了这么一回。这就是后来物理文献里泛滥的所谓紫外灾难的来由。

普朗克的公式同时满足红色要求和紫色要求。普朗克在他的《热力学教程》一书中给出，在空的由镜面所围的立方体里，电磁波的独立本征模式数为 $N_\nu \mathrm{d}\nu = \frac{8\pi l^3 \nu^2}{c^3}\mathrm{d}\nu$。[1]将相同频率范围 $\mathrm{d}\nu$ 里的本征振动当作同种物质的分子处理。一腔辐射就是一腔混合气体，可用玻尔兹曼统计处理——用相空间体积占比表示"状态"出现的概率之比。对单个分子的 (q,p) 相空间赋予一个与 (q,p) 无关的权重 (相当于引入一个约束?)，在许多关系中是最简单的做法，但不可以看作是唯一可能的。

艾伦菲斯特然后假设一个频率为 ν 的振动携带能量为 $E \to E + \mathrm{d}E$ 的概率是 $\gamma(\nu, E)\mathrm{d}E$[2]，$\gamma(\nu, E)$ 为权重函数 (Gewichtfunktion)，类似爱因斯坦引入的状态密度。权重函数与相位无关。$N_\nu \mathrm{d}\nu$ 个本征振动中 $a_1, a_2, \ldots$ 个分别落入能量范围 $\mathrm{d}E_1, \mathrm{d}E_2, \ldots$ 中的概率为 $\left[\gamma(\nu, E_1)\mathrm{d}E_1\right]^{a_1}\left[\gamma(\nu, E_2)\mathrm{d}E_2\right]^{a_2}\ldots \frac{[N_\nu \mathrm{d}\nu]!}{a_1! a_2! \ldots}$，则状态概率的对数函数为

$$\log W = \mathrm{const.} + \int_0^\infty \mathrm{d}\nu\, N_\nu \left[\log N_\nu - 1\right] + \int_0^\infty \mathrm{d}\nu \int_0^\infty \mathrm{d}E a(\nu, E)\log\gamma(\nu, E)$$
$$- \int_0^\infty \mathrm{d}\nu \int_0^\infty \mathrm{d}E\, a(\nu, E)\left[\log a(\nu, E) - 1\right]$$
$$(6.43)$$

选定了权重函数 $\gamma(\nu, E)$，配合粒子数和总能量的约束条件，得到 $\log W$ 最大时

$$a(\nu, E) = \mathrm{e}^{\lambda(\nu)}\gamma(\nu, E)\mathrm{e}^{-\mu E} \tag{6.44}$$

也就是

$$a(\nu, E) = N_\nu \frac{\gamma(\nu, E)\mathrm{e}^{-\mu E}}{\int_0^\infty \mathrm{d}E\gamma(\nu, E)\mathrm{e}^{-\mu E}}\mathrm{e}^{\lambda(\nu)} \tag{6.45a}$$

如果要把这里的 $\log W$ 同辐射的熵联系起来，那么这里的最可几分布应该是表现出黑体辐射性质的谱分布，且缓慢压缩镜面所围的空间，则不管初始分布 $a(\nu, E)$ 为何，$\log W$ 不变，即熵不变。

由熵的非通不变性 (adiabatic invariance)[3]，艾伦菲斯特指出 $\gamma(\nu, E)$

---

[1] 量子力学中的三维方势阱波函数问题就是照抄这个模型，其中没有任何量子的影子。
[2] 原文为 $\gamma(\nu, E)\mathrm{d}\nu$。
[3] 这里是在谈论热力学，adiabatic invariance 当然就是绝热不变性啦。

应取

$$\gamma(v, E) = Q(v)\ G(E/v) \tag{6.46}$$

的形式。也就是

$$a(v, E) = N_v \frac{G(E/v)\mathrm{e}^{-\mu E}}{\int_0^\infty \mathrm{d}E G(E/v)\mathrm{e}^{-\mu E}} \mathrm{e}^{\lambda(v)} \tag{6.45b}$$

由 $G(E/v)$ 构造维恩位移定理的函数 $f(\beta v/T)$。用式 (6.45b) 计算平均能量，确实得到维恩位移定律的形式 $v^3 f(\beta v/T)$。

接下来，艾伦菲斯特探讨了权重函数 $G(x)$ 既有连续分布又有点状分立分布的问题 (此项工作在量子力学 1924 年出现之前，这个在量子体系的谱分析中很重要!)，经过大段的数学论证，指出如果只有连续分布，就不能满足紫色要求。仅仅要求辐射总能量是有限的就意味着模式的能量的不连续性。这是能量量子化作为正确的谱分布函数必要条件的问题，艾伦菲斯特在庞加莱的工作之前给出证明，但艾伦菲斯特对自己的证明没有信心。艾伦菲斯特指出，仅仅假设能量量子为 hv，能量以能量量子的形式在振子上等概率地、独立地分配，并不能得到普朗克谱分布公式。引入一个额外的约束是必需的。相关的数学论证篇幅较大，请感兴趣的读者参阅原文。

特别值得关注的是，艾伦菲斯特指出在能量分立情形，对应 $E = 0$ 处的权重函数 G_0 必须特殊对待，$G(x \to 0) \to 0$ 要比 x^2 快。看到此处，笔者我终于理解了，为什么玻尔兹曼硬引入的分子动能谱 $E = n\varepsilon$，普朗克硬引入的谐振子能量谱 $E = nhv$，以及后来从正则条件推导而来的量子谐振子能量谱 $E = (n + 1/2)\ hv$，都指明 $n = 0, 1, 2...$，即必须从 $n = 0$ 算起。当仅从权重函数 $\mathrm{e}^{-\beta E}$ (这里没有频率的事情，也和 $G(x \to 0) \to 0$ 的要求不符) 得到谱分布 $\frac{1}{\mathrm{e}^{\beta hv}-1}$ 和 $\frac{1}{\mathrm{e}^{\beta hv}+1}$ 时，都要求 $n = 0$ 的存在![1]相空间格子里粒子占据数为 0 的部分，在统计上也特别重要! 它似乎不占能量份额，但决定统计的性质[2]。当然，一个能量为 0 的体系如何存在，

---

[1] 我从前不读大家原著，净看那些不通的二杆子著名教授写的教科书，活该困惑那么多年!

[2] 这就是我们穷人的意义。别看我们穷人不参与财富的分布，但参与决定社会的形态! 社会的引领者一定要明白这个道理。

是个令人困惑的问题，后来我们发现谐振子模型必然存在零点能 (见第7、9章)。[①]

写到此处，忍不住评论几句。在后来的众多物理学文献中，紫外灾难莫名其妙成了黑体辐射的主角，让人误以为是多少有点物理的东西。在相当多的严肃物理文献中，紫外灾难被说成是瑞利-金斯理论的缺陷，还颠倒历史地说成了普朗克要面对、要清除 (beseitigen) 的问题，全然不顾瑞利、金斯两位物理学巨擘的脸面，当然也故意忽略艾伦菲斯特文章中对辐射谱分布不仅提出了紫外要求 (Violettforderung)，也同时提到了红色要求 (Rotforderung)。更绝的是，他们既不提艾伦菲斯特，也不提 1911 年，那可是远远晚于普朗克谱公式被发现的 1900 年。这让笔者在很长时间里甚至傻傻地误以为紫外灾难的概念出现在普朗克谱分布公式之前。造成这种局面的动力，可能是源于一般物理传播者的猎奇心理及其对真实物理的不屑 (能) 一顾。关注物理学深层的内容而非物理学 (家) 的轶事，是一个真正物理学家的标识。Katastrophe im Ultravioletten 在艾伦菲斯特的论文中就这么出现一次，就被四处胡乱引申，说明劣质科学家还是多啊。当然，艾伦菲斯特并不孤独。与紫外灾难一样被羞辱的，是薛定谔 1935 年引入的箱子里放一只猫的模型。薛定谔用放射性-锤子-毒药-猫的模型是要说明聚焦不准带来的照片模糊同云遮雾罩风景的照片模糊之间的不同，以此类比经典不确定性同量子不确定性之间的不同。然而，这个模型却被诠释为量子力学中容许不死不活的猫的存在，恰与薛定谔原文的内容弄拧了。物理学后发国家的某些 textbook writers 乱编物理历史与物理内容是个应当引起警惕的现象，被强暴的包括经典力学、电磁学、热力学以及量子力学等，相对论和规范场论的命运要好一些，因为他们强暴不来，但关于前者的一般表述基本不涉及学问内。

在 1923 年的两人合作论文 [Albert Einstein, Paul Ehrenfest, Quantentheorie des Strahlungsgleichgewichts (辐射平衡的量子理论), *Zeitschrift für Physik* **19**, 301–306 (1923)] 中，爱因斯坦和艾伦菲斯特首先分析泡利最

[①] 社会救济、安家费，都是这个意义吧？

新发表的论文 (见第 7 章)[①]，指出一个方向上频率范围 dv 内的辐射经自由电子散射入另一个方向、频率范围 dv' 中，在此过程中能量和动量守恒是保证的；若迁移概率为

$$dW = \left(A\rho + B\rho\rho' \right) dt \tag{6.47}$$

其中 A, B 与频率范围无关，则分布律为 ρ 的辐射和处于同一温度的分布律为麦克斯韦分布的电子气处于平衡态。笔者要说，这其实还是函数 $f(x) = e^{-x}$ 和函数 $f(x) = \frac{1}{e^x - 1}$ 之间的关系 (Fermi golden rule 中用过)。泡利指出，若是没有括号里的第二项 (ρ_v^2 出场了)，那辐射场就是维恩分布。难道量子分布律对应的辐射性质是作为干涉涨落 (Interferenzschwankungen) 出现在波动理论中的？爱因斯坦此前用两能级的辐射发射-吸收模型也获得了普朗克分布，这个和泡利的图像能统一吗？沿着这个方向思考可获得对光-物质相互作用的深刻、统一认识。考察两能级过程如下。从低能过程向高能过程为正照射，$dW = b\rho dt$；从高能过程向低能过程有负照射 $dW = b\rho dt$ 和自发出射 $dW = a dt$ 这两者。读者请注意，关键是这里上下两个过程是不可逆的，而涉及辐射场的两项却用了同样的 b 系数，体现的是互反原理。设能量相差 $h v$ 的两能级占据数之比满足玻尔兹曼关系，

$$n' = n \exp(-h v / kT) \tag{6.48}$$

于是平衡时有速率方程

$$nb\rho = n' \left(a + b\rho \right) \tag{6.49}$$

解为

$$\rho = \frac{a/b}{e^{h v/kT} - 1} \tag{6.50}$$

这段推导可以推广到分子是自由运动的，即分子的能量为连续谱的情形。只要把高能、低能状态理解为一个小的能量范围即可。上述推导和不可逆过程有关。不可以把两状态之间的过渡 $Z^* \to Z$ 和 $Z \to Z^*$ 简单地当成时间反转了的。这里的假设是，对于任何从高到低的发射过程，

---

① 此文投稿日期在泡利文章发表之前，显然两人看的是泡利的原稿。

都存在从低到高的吸收同样频率、同样方向辐射的过程!

接着他们推广上述结果。首先针对分子运动的状态推广,那就把分子的动能也包括进来,步骤如上不变,只要过程提供 $a/b = 8\pi v^2/c^3$ 就好。现在向有多个光能量量子参与的基本过程推广,比如散射就是涉及两个光量子的过程[1]。基本过程是分子吸收 $hv_1, hv_2, ...$,发射 $hv_1', hv_2', ...$,相应的辐射密度 (值) 表示为 $\rho_1, \rho_2, ...$ 和 $\rho_1', \rho_2', ...$,改造上述公式,过程概率为

$$dW = \prod b_1\rho_1 \prod (a_1' + b_1'\rho_1')dt \qquad (6.51a)$$

$\prod$ 表示对指标 1, 2, 3, ... 的连乘;逆过程概率为

$$dW = \prod (a_1 + b_1\rho_1) \prod b_1'\rho_1'dt \qquad (6.51b)$$

能量差为

$$\varepsilon' - \varepsilon = \sum hv_1 - \sum hv_1' \qquad (6.52)$$

热力学平衡时有方程

$$n' = n\exp\left[-\left(\sum hv_1 - \sum hv_1'\right)/kT\right] \qquad (6.53)$$

故得到速率方程

$$n\prod b_1\rho_1 \prod (a_1' + b_1'\rho_1') = n'\prod (a_1 + b_1\rho_1) \prod b_1'\rho_1' \qquad (6.54)$$

只要各自的 a, b 满足 $a/b = 8\pi v^2/c^3$,记

$$\frac{b_1\rho_1}{a_1' + b_1\rho_1}e^{-hv_1/kT} = f_1, \quad \frac{b_1'\rho_1'}{a_1' + b_1'\rho_1'}e^{-hv_1'/kT} = f_1', ...$$

则表达平衡的式 (6.53)—(6.54) 意味着

$$\prod(f_1/f_1') = 1 \qquad (6.55)$$

这就是普朗克公式满足的条件。Ypa!

---

[1] 这是后来的多光子谱学的基础吗?

6.5 多余的话

在追踪黑体辐射问题的过程中，笔者发现艾伦菲斯特、德拜、玻色这些大神做物理时似乎少有什么顾忌，连微分小量都敢拿过来做排列组合运算 (更多内容见第 7 章)。好的物理学家都是李逵式人物，遇到问题先提着板斧砍杀过去再说。

阅读艾伦菲斯特关于黑体辐射研究的论文，一个感慨就是他 1911 年随口的"紫外灾难"一词竟然在后世的黑体辐射问题表述里泛滥成灾，甚至扭曲了相关物理学的发展逻辑。幸好那些人既不提艾伦菲斯特的姓名，也不提 1911 年，倒让艾伦菲斯特免了一份尴尬。认为瑞利-金斯公式里存在什么紫外灾难，甚至以为"瑞利-金斯公式的紫外灾难在普朗克谱分布公式之前"，是物理学 (教育) 史上的标志性荒唐，它几乎是一个赝物理学家的标签。瑞利和金斯都是物理学巨擘，才不会那么不负责任；而艾伦菲斯特也是物理学巨擘，更是和普朗克、金斯、索末菲、庞加莱等人一样，是杰出的物理学表达者。黑体辐射从来也没有什么紫外灾难。作为物理过程的黑体辐射当然没什么灾难，而维恩、普朗克的谱公式是两端趋于 0 的，瑞利 1900 年的文章给出的谱分布也是记得要带上维恩公式里的指数函数的，是两端为零的谱分布函数，从来没有什么能量无穷大的问题。拿个瑞利-金斯讨论长波极限的结果去胡乱发挥，最后竟然去改造物理学发展史，这就有点儿过了。"瑞利-金斯公式的紫外灾难"的妄言，可以休矣。

艾伦菲斯特同爱因斯坦合作的文章中的公式 $dW = (A\rho + B\rho\rho')dt$，也是泡利的公式 (见第 7 章)。笔者以为，如果把第二项理解为从频率 ν 散射入频率 ν' 的概率正比于 $\rho\rho'$，而 ρ, ρ' 都是已占有的谱密度，物理上是说不通的。对于散射过程，终态应该计入其状态为空的概率才对，对应 $1 - \rho'$。当然，$dW = [A\rho + B\rho\left(1 - \rho'\right)]dt$ 形式上还是 $dW = (A\rho + B\rho\rho')dt$，只是换了常数而已。不过，笔者还是想强调一句，数学表述没问题的公式，却可能对应错误的物理图像。将物理公式写成对应物理图像的形式，对于物理表述也许是有益的。

这篇工作，以及爱因斯坦此前关于辐射场涨落的工作，都启发对波的概念的深入理解。从前用波动的物理量处理粒子散射的结果，导出的是波的干涉。所谓的波-粒，总是在一个公式里被同时混用的波和粒的图像。散射、跃迁，反正都牵扯起-始过程，从构造速率方程的角度来看，就需要密度的乘积项。这个在爱因斯坦关于辐射场的涨落分析中也已清楚表明。这样看来，粒子现象可能是一元的 (unitary)，而波现象是二元的 (binary)。粒子-波如同矢量与其模平方 (或者粒子动量与其动能) 之间的关系。笔者忽然大胆认为，波不是个独立层面的存在。从前上大学学力学中的机械波时，我就注意到波概念的困难。波的能量正比于振幅平方。那么设想有一维的波振动，$y_1 = A \sin(kx - \omega t + \theta_1), I_1 = \alpha A^2$；$y_2 = A \sin(kx - \omega t + \theta_1), I_2 = \alpha A^2$；将两波叠加，$y = 2A \sin(kx - \omega t + \theta_1)$，则有 $I = 4\alpha A^2$。这显然不符合能量守恒。这个困难当认定波是二元层面的存在时，至少不是独立的存在时，是可以消除的。

此外，笔者还想到内外是不可分的。如果腔体内的物质和辐射场处于热平衡态，腔内需维持高密度的辐射场，腔外也应该是。如果腔体温度真是均匀的，外部没有那么强的辐射场，而内外的区别在于存在反射与否，由此可以推断，反射对于建立起黑体辐射是重要的。实际的空腔辐射装置，空腔的外部一定是相对冷 的，为此实践上还是用了隔热材料。

笔者在阅读金斯 1909 年的文章时的一个收获是，它启发了我对 equipartition (均分) 一词的理解。将能量均分定律理解为平衡态下分子每个自由度的平均能量为 $\frac{1}{2}kT$ 没问题。金斯文中有 "equilibrium partition of energy" 的说法，不知道 equipartition 是不是由 equilibrium partition 两词合成的，嗯，反正强调平衡态很重要。我没找到是谁最先造的 equipartition 这个词，但我知道它从前在数学里就有，就是划分成等份的意思。比如，可以将一个梯形 partition 成四个全等的梯形 (图 6.4)。反过来看这个问题，用全等的单元无缝拼接给定的空间，这个动作是 "铺 [瓦] (tile)"，对应的名词为 tessellation。Tessellation problem (铺排问题) 是理解晶体学，特别是关于准晶结构的数学专题。晶体就是对空间 partition 的物理实现，就是把空间分成了全同的单胞 (unit cell)，这个实空间的 unit cell 对应在黑体辐射表述中的相空间的 Zelle (体积为 h^3)。荷

兰画家埃舍尔 (M. C. Escher, 1898—1972) 是表现 Tessellation problem 的大家 (图 6.5)，深刻地影响了包括彭罗斯 (Roger Penrose, 1931—) 在内的许多数学家和物理学家。

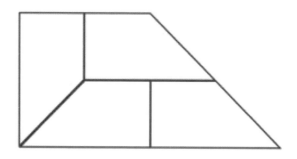

图 6.4 一个梯形被 partition 为四个与之相似的全同的梯形

图 6.5 埃舍尔的版画《骑士》
数学上可以理解为用一种形为骑士与马的瓦块 (tile) 实现了二维平面的无缝拼接 (tessellation)

　　顺便说一句，整数的 partition，即把一个整数 n 写成正整数之和的方式，是数论的一个有趣主题。比如 5，其剖分方式有 7 种，分别为 5,

4+1, 3+2, 3+1+1, 2+2+1, 2+1+1+1，1+1+1+1+1。如果要求剖分为不同的整数，那就只有 3 种方式。对于整数 7，剖分方式有 15 种，其中剖分为不同整数的方式有 5 种。你可能意识到了，这个问题与概率论、统计物理有天然的联系。扯远了，打住。

补充阅读

[1] Arne Schirrmacher, *Establishing Quantum Physics in Göttingen—David Hilbert, Max Born, and Peter Debye in Context, 1900–1926*, Springer (2019).

[2] Rob Hudson, James Jeans and Radiation Theory, *Studies in History and Philosophy of Science*, Part A, **20**(1), 57–76 (1989).

[3] Joseph Larmor, *Aether and Matter*, Cambridge University Press (1900).

[4] A. J. Kox, H. F. Schatz, *A Living Work of Art: The Life and Science of Hendrik Antoon Lorentz*, Oxford University Press (2021).

[5] Hendrik Antoon Lorentz, *The Theory of Electrons and its Applications to the Phenomena of Light and Radiant Heat*, Second edition, Teubner (1916).

[6] Hendrik Antoon Lorentz, *Weiterbildung der Maxwellschen Theorie: Elektronentheorie* (麦克斯韦理论的进一步构建：电子理论), Teubner (1904).

[7] Hendrik Antoon Lorentz, The Radiation of Light, *The Scientific Monthly* **2**(19), 170–179 (1924).

[8] Walter Heitler, *The Quantum Theory of Radiation*, 3rd edition, Dover Publications (1984).

[9] Krzysztof Apt, *Principles of Constraint Programming*, Cambridge University Press (2003).

[10] Luis Navarro, Paul Ehrenfest on the Necessity of Quanta (1911): Discontinuity, Quantization, Corpuscularity, and Adiabatic Invariance, *Archive for History of Exact Science* **58**(2), 97–141 (2004).

[11] R. Guzmán, J. A. Cervera, The Origins of Quantum Drama and the Critical View of Paul Ehrenfest, *Revista Mexicana de Física E* **63**, 33–47 (2017).

第 7 章 众神的狂欢（之二）

一锤定音的本领来自对十八般兵器的样样精通。

一个基础物理问题，如果没从数学上解决，那就是没解决。

摘要　　黑体辐射是占据理论物理 70 年的前沿问题，在普朗克公式出现之后更是引起了诸多物理学家的关注。到了 1910 年，黑体辐射本身依然有诸多悬而未决的深刻问题。庞加莱给出了量子化是得到普朗克公式的充分必要条件证明。弗兰克的工作表明普朗克的连续吸收、量子化发射的振子构成正则系综，可按照统计规则计算其平均能量和熵。劳厄证明如果有辐射的无序，那应是源于单个振子之振动的无序。沃尔夫克把瑞利-金斯极限与维恩极限之间的区别看作是辐射的高密度与低密度的区别，认为辐射在光分子的概念上是空间独立的。泡利从电子对光散射的模型得到了普朗克谱分布公式。博特指出自发辐射是被掩盖了的特殊受激辐射，基于光量子团的概念给出了一个普朗克公式推导。爱丁顿在放弃玻尔兹曼概率公式的前提下依然推导出了普朗克谱分布公式。

关键词　　量子化，充分必要条件，态密度，拉普拉斯变换，正则系综，傅里叶级数，无序，光分子，散射，自发辐射

在 1910 年前后，比热理论吸引了更多理论物理学家的注意，相应地黑体辐射研究的热潮有短暂的回落。然而，这只是暂时的。黑体辐射本身依然有诸多悬而未决的深刻问题，零点能又带来了新的关切。黑体辐射问题研究继续带来意想不到的收获，不断丰富着物理学的这个领域。在这个过程中，那些真物理学家对公式吃干榨净的机巧和技巧，看问题角度的灵活变换，以及处理问题精益求精的精神，都让人大开眼界。

7.1　庞加莱的充分必要条件论证

庞加莱，法国数学家、物理学家、工程师、哲学家，数学界最后一个啥都懂、物理界和工程界雄踞最顶端的人 (图 7.1)。庞加莱以数学家、物理学家和工程师的身份闻名于世，其对相对论和量子力学的建立都有开创性的贡献，参见拙作《磅礴为一》。庞加莱的物理研究涉及各个领域，自然会关切黑体辐射问题。庞加莱批评普朗克的理论缺失振子间交换能量的机制，为此他提出两个可能的能量交换机制：其一为多普勒-斐佐效应[①]，振子在不同运动速度上会发出不同的频率；其二，不同

[①] 就是多普勒效应。Hippolyte Fizeau (1819—1896)，法国物理学家，以光速测量而闻名。

图 7.1　一辈子眼神不好的通才型学术巨擘庞加莱

本征频率振子间的碰撞导致频率迁移，两种方式应该导致同样的能量划分定律 (par le jeu du principe de Dôppler-Fizeau et par les chocs... les deux manières doivent conduire à la méme loi de partition)。这个批评对黑体辐射研究的意义不大。庞加莱对量子力学的重要贡献，是他于 1912 年初证明了振子模型中能量量子化是得到普朗克黑体辐射公式

$$e_\nu = \frac{4\pi\nu^2}{c^3} \frac{h\nu}{e^{h\nu/kT} - 1} \tag{7.1}$$

的充分必要条件。此处的公式和标准写法差个因子 2。有解释说是因为那时候还没有光子自旋的概念，这个解释不令人信服，因为那时候有电磁波偏振的概念，且文献中到处是 $e_\nu = \frac{8\pi\nu^2}{c^3} \frac{h\nu}{e^{h\nu/kT}-1}$ 的表示。庞加莱的这个工作，为自 1900 年普朗克用能量量子化假设，即一定频率的辐射其能量为 $h\nu$ 的整数倍，得到黑体辐射正确谱分布公式后物理学家们理 (摆) 解 (脱) 量子概念的努力划上了句号。能量量子化是得到普朗克谱分布的充分条件很容易验证。至于必要条件，艾伦菲斯特在 1911 年有过论述 (见第 6 章)。有趣的是，普朗克本人一直在努力证明能量量子化是没必要的，如果不是错的，普朗克甚至还从不必要证明的努力中刚得到了零点能等重要物理概念，也算是天怜其诚 (见第 4 章)。直到庞加莱的这个数学证明出来以后又过了一段时间，普朗克才消停下来，而不是如一般量子力学文献所述的那样，到了爱因斯坦 1905 年用能量量子化解释了光电效应的实验结果后，能量量子化的概念就被接受了。庞加莱此一工作在众多的量子力学教科书中未见有提及，可能是因为其中数学太

难的缘故。笔者再次重申，从理论严谨性的角度来看，庞加莱的这个论证是不可或缺的，否则能量量子化会一直就是个让人——至少是普朗克本人——无法放心的假设。这个证明，是普朗克、洛伦兹、爱因斯坦这种数学水平的人不可能完成的任务 [此文开篇即讲述哈密顿方程是最后乘子 (dernier multiplicateur) 为 1 的统计力学结果。庞加莱与拉格朗日、哈密顿以及后来的外尔、彭罗斯等人或是同等数学水平的物理学家]，虽然用到的关键工具也是爱因斯坦此前就用过的狄拉克 δ-函数 ①。从实用的角度来看，它是通往量子统计和固体量子论的桥梁，懂得这个道理后更加容易理解量子统计。爱因斯坦、艾伦菲斯特等人在庞加莱此项工作的基础上很快系统深化了固体量子论。爱因斯坦 1916 年闲来无事又考虑黑体辐射公式并提出了受激辐射的概念，1924 年见到玻色的相空间量子化假设迅速得出了玻色-爱因斯坦统计和玻色-爱因斯坦凝聚，这是爱因斯坦令笔者崇拜不已的小细节。

庞加莱在 1911 年开始思考一个问题，是否不引入量子不连续性也能得到普朗克公式，他发现结论是否定的。庞加莱 1912 年的这篇文章 [Henri Poincaré, Sur la théorie de quanta (论量子的理论), *J. Phys.* **2**(1), 5–34 (1912)] 被理解为对普朗克的量子假设提供了充分必要条件证明，内容包括 §6 La loi de Planck (普朗克分布律)，§7 Deuxième méthode (第二种方法)，§8 Nécessité de l'hypothèse de Planck (普朗克假说的必要性)，§9 La deuxième théorie de M. Planck (普朗克的第二套理论)，§10 Justification des hypothèses restrictives (对约束假说合理性的论证)。笔者以为，虽然庞加莱在文中把普朗克的量子假设称为 la plus grande révolution (伟大的革命)，但这篇文章有助于理解经典物理和量子假说之间的内在联系，避免认识上对经典物理与量子物理的割裂。其实，物理学就是物理学，哪有什么经典物理与量子物理之分。但凡有点经典物理的底子，也不会对普朗克的量子假说 (玻尔兹曼的更早) 以及此后的量子力学感到惊讶。庞加莱的伟大革命一说不过是谦谦君子的恭维话而已。

庞加莱的数学家之眼下面的物理学是裸奔的。庞加莱从配分表达式

---

① 你是不是觉得很别扭啊。δ-函数这个广义函数的发明远早于狄拉克。科学概念命名里面类似的不恰当处多着呢。

$\frac{(n+p-1)!}{n!(p-1)!}$ 直接导出普朗克分布公式的做法令人惊叹，在笔者读过的其他物理书里没见到过。做近似

$$\frac{(n+p-1)!}{n!\,(p-1)!} = \frac{(n+p)!}{n!\,p!}\frac{p}{n+p} = \left(1+\frac{p}{n}\right)^n\left(1+\frac{n}{p}\right)^p\sqrt{\frac{n+p}{2\pi np}\frac{p}{n+p}} \quad (7.2)$$

引入 $p\omega = n\varepsilon$，可得

$$\frac{(n+p-1)!}{n!\,(p-1)!} = \left(1+\frac{\varepsilon}{\omega}\right)^n\left(1+\frac{\omega}{\varepsilon}\right)^p\sqrt{\frac{1}{2\pi p}}\sqrt{\frac{\omega+\varepsilon}{\omega}\frac{\varepsilon}{\varepsilon+\omega}} \quad (7.3)$$

考察函数 $F(\omega) = \left(1+\frac{\varepsilon}{\omega}\right)^{\omega/\varepsilon}\left(1+\frac{\omega}{\varepsilon}\right)$，函数 F 取最大值才有显著的效果，即式 (7.2) 取极大值对应平衡态。记

$$\frac{F'(\omega)}{F(\omega)} = \frac{1}{\varepsilon}\log\left(1+\frac{\varepsilon}{\omega}\right) = \frac{1}{X} \quad (7.4)$$

得

$$\omega = \frac{\varepsilon}{e^{\varepsilon/X}-1} \quad (7.5)$$

这可不就是普朗克分布律嘛 (ce qui est bien la loi de Planck)。怎么回事？笔者读到这里猛一下也含糊。感觉理解这一段有困难的读者，请参阅如下解读文章：

[1] John D. Norton, The determination of theory by evidence: The case for quantum discontinuity 1900–1915, *JSTOR* **97**, 1–31 (1993).

[2] J. J. Prentis, Poincaré's proof of the quantum discontinuity of nature, *Am. J. Phys.* **63**, 339–350 (1995).

[3] F. E. Irons, Poincaré's 1911–12 proof of quantum discontinuity interpreted as applying to atoms, *Am. J. Phys.* **69**(8), 879–884 (2001).

庞加莱的证明用到的 $\frac{F'(\omega)}{F(\omega)}$，是一个统计物理里常见的角色。式 (7.4) 可以诠释为能量密度为一个给定的量，联系着一个统计量 kT。注意，

$$u = \frac{\varepsilon}{e^{\varepsilon/x}-1} = \frac{\sum\limits_{n=0}^{\infty} n\varepsilon e^{-n\varepsilon/x}}{\sum\limits_{n=0}^{\infty} e^{-n\varepsilon/x}} = -\frac{\Phi'(y)}{\Phi(y)} = -\frac{\mathrm{d}\ln\Phi(y)}{\mathrm{d}y} \quad (7.6)$$

其中 $\Phi(y) = \sum\limits_{n=0}^{\infty} e^{-n\varepsilon y}$ 或者为对应的积分形式，这是数学。从 $\frac{\varepsilon}{e^{\varepsilon/x}-1}$ 看出

来要研究 $F(y) = \frac{\Phi'(y)}{\Phi(y)} = \frac{\mathrm{d}\ln\Phi(y)}{\mathrm{d}y}$ 一类的函数，很是需要一些关于函数 e^x 的知识。当然，明眼的读者也早就看出来了，普朗克公式是维恩公式的级数和。于物理学而言，数学不光是其语言、工具甚至目标本身，数学还为物理提供一种照明。

庞加莱分析振子同原子运动之间的能量分配问题。振子的平均能量和辐射的能量密度关系是基于随机相位近似得到的。还是从玻尔兹曼分布开始，若相空间体积元为 $\mathrm{d}V$，则状态落入此部分里的概率为 $\mathrm{e}^{-E/kT}\mathrm{d}V$，这是统计的基本原则。换个表达，可以表示为落在能量间隔 $E \to E+\mathrm{d}E$ 里的概率，

$$\mathrm{d}W = C\mathrm{e}^{-E/kT}\omega(E)\mathrm{d}E \tag{7.7}$$

其中按定义

$$\omega(E) = \mathrm{d}V/\mathrm{d}E \tag{7.8}$$

这是能量 E 所包含的相空间体积 V 关于能量 E 的导数。庞加莱研究函数

$$\Phi(\alpha) = \int_0^\infty \mathrm{e}^{-\alpha E}\omega(E)\mathrm{d}E \tag{7.9}$$

的性质。系统的平均能量为

$$\bar{E} = -\Phi'(\alpha)/\Phi(\alpha) \tag{7.10}$$

也就是说，平均能量 $\bar{E}$ 和状态密度函数 $\omega(E)$ 是通过拉普拉斯变换联系起来的。式 (7.9) 的拉普拉斯变换是可逆的，因此，若函数 $\omega(E)$ 是得到某个平均能量 $\bar{E}$ 的充分条件则意味着它也是必要的。

对于经典振子，$\omega(E) = 1$，则有 $\bar{E} = 1\alpha$。若振子的平均能量是 $\bar{E} = \frac{\varepsilon}{\mathrm{e}^{\varepsilon/kT}-1}$，即普朗克谱分布公式，则要求量子化的能量

$$E = n\varepsilon, n = 0, 1, 2, 3, \ldots \tag{7.11}$$

因为 $\bar{E} = \frac{\varepsilon}{\mathrm{e}^{\varepsilon/kT}-1}$ 意味着 $\Phi(\alpha) = 1/(1 - \mathrm{e}^{-\alpha\varepsilon})$，展开

$$\Phi(\alpha) = \frac{1}{1 - \mathrm{e}^{-\alpha\varepsilon}} = 1 + \mathrm{e}^{-\alpha\varepsilon} + \mathrm{e}^{-2\alpha\varepsilon} + \ldots \tag{7.12}$$

得到相应的状态密度函数

$$\omega(E) = \delta(E) + \delta(E - \varepsilon) + \delta(E - 2\varepsilon) + \ldots \tag{7.13}$$

庞加莱的结论是，和平均能量 $\bar{E} = \frac{h\nu}{e^{h\nu/kT}-1}$ 唯一兼容的权重函数就是

$$\omega(E) = \delta(E) + \delta(E - \varepsilon_0) + \delta(E - 2\varepsilon_0) + \dots \tag{7.14}$$

其中 $\varepsilon_0 = h\nu$。普朗克量子化是普朗克谱分布公式的充分必要条件。这意思是说，某些谱分布函数只能是分立存在的结果。谱理论是数学、物理学的重要主题。

　　按照上述理论，后来我们知道对应玻尔兹曼、费米-狄拉克和玻色-爱因斯坦三种分布的态密度函数 $\omega(E)$ 分别就是

$$\omega(E) = 1 \tag{7.15a}$$

$$\omega(E) = \delta(E) + \delta(E - \varepsilon) \tag{7.15b}$$

$$\omega(E) = \delta(E) + \delta(E - \varepsilon) + \delta(E - 2\varepsilon) + \dots \tag{7.15c}$$

笔者注意到，其实对于两态的系统，平均能量就是 $U = \frac{\varepsilon}{e^{\varepsilon/kT}+1}$，这和它是否遵循费米-狄拉克统计无关！这提醒笔者，费米-狄拉克统计不应和玻色-爱因斯坦统计放在同一层面考察。1917 年，爱因斯坦得到两能级体系的能量密度与振子平均能量关系是

$$\rho(\nu) = \frac{8\pi\nu^2}{c^3} \frac{U}{1 - 2U/\varepsilon} \tag{7.16}$$

将 $U = \frac{\varepsilon}{e^{\varepsilon/kT}+1}$ 代入，因为 $\frac{1}{e^x-1} = \frac{1/(e^x+1)}{1-2/(e^x+1)}$，结果依然是普朗克分布！可惜，当时没有费米-狄拉克统计函数的说法。注意，x 很大时，$\frac{1}{e^x\pm 1} \sim e^{-x}$；若 $x \to 0$，则有 $\frac{1}{e^x-1} \sim \frac{1}{x}$。后者对应瑞利-金斯分布的情形。

　　接受了能量为 E 的状态其出现的概率正比于 $e^{-E/kT}$ 的统计力学出发点，假设能量是量子化的，$E = 0, \varepsilon, 2\varepsilon, 3\varepsilon, \dots$，$\varepsilon = h\nu$，则平均能量为 $\bar{E} = \frac{\sum_{n=0}^{\infty} n\varepsilon e^{-n\varepsilon/kT}}{\sum_{n=0}^{\infty} e^{-n\varepsilon/kT}} = \frac{\varepsilon}{e^{\varepsilon/kT}-1}$，如此得到普朗克公式是水到渠成的事儿。然而，这个公式里的 n 是从 0 开始的。能量为 0 的状态，是存在的状态吗？笔者学统计物理的时候，一直有这个疑惑。一个谐振子，能量等于 0，那还能叫振动？谢天谢地，我的这个疑惑不是因为我个性别扭，原来艾伦菲斯特也早就注意到了这个问题。这个问题的一个巧妙的解决是存在零点能，即大自然的 (微观) 谐振子能量不是 $nh\nu$，而是 $(n+1/2)h\nu$。太神奇了吧？此外，关于普朗克谱分布公式的推导，都是关于一个固定

的频率获得一个表达式的，但黑体辐射谱分布公式是给定温度下能量密度关于频率 ν 变化的公式，频率应是连续的变量！这里面有个概念的腾挪，你注意到了没有？这又是个大坑！

庞加莱对相对论和量子力学的贡献都是奠基性的、一锤定音式的。他对量子化条件作为黑体辐射谱分布公式的充分必要条件的一锤定音，其意义不下于他强调洛伦兹变换要构成群对建立狭义相对论的决定性意义。这一点，在物理文献中竟然长期被忽略了。能够自发地认识到这一点，笔者为自己感到骄傲。

7.2 弗兰克的插曲

奥地利物理学家弗兰克是玻尔兹曼的学生，1907 年毕业于维也纳大学，1912 年接替爱因斯坦在布拉格大学的位置 (图 7.2)。当普朗克 1912 年带零点能的辐射公式甫一发表，弗兰克就以严谨统计物理的眼光对其进行了检验 [Philipp Frank, Zur Ableitung der Planckschen Strahlungsformel (普朗克公式的推导), *Physikalische Zeitschrift* **13**, 506–507 (1912)]。

图 7.2 弗兰克

弗兰克把带零点能的普朗克公式写成

$$\bar{U} = \frac{\varepsilon}{2} \frac{e^{\varepsilon/kT} + 1}{e^{\varepsilon/kT} - 1} \tag{7.17}$$

的形式。有两种方式可得到这个结果。第一种是把熵定义为给定平均能量下的状态概率的对数，第二种是基于统计力学的一般考虑，把平衡态的振子当作一个标准集合 (Kanonische Gesamtheit, 即正则系综)[①], 求系综的能量平均值。前者是普朗克 1911 年的做法 (见该文 p.723), 后者是爱因斯坦和哈森诺尔的做法 [Friedrich Hasenöhrl, Über die Grundlagen der mechanischen Theorie der Wärme (热的力学理论基础), *Physikalische Zeitschrift* **12**, 931–935 (1911)]。后者严格按照统计力学行事, 缺点是没理由认为平衡态的振子构成正则系综。弗兰克的工作表明, 普朗克的连续吸收、量子化发射的振子确实构成正则系综, 可以按照统计规则计算其平均能量和熵。

根据普朗克的论文, 振子在能量为 ε 的整数倍时以 η 的概率发射, 则能量在 $n\varepsilon$ 和 $(n+1)\varepsilon$ 之间的振子数为

$$P_n = N\eta(1-\eta)^n \tag{7.18}$$

其中 N 是总振子数。记能量在 $n\varepsilon$ 和 $(n+1)\varepsilon$ 之间的能量平均值为

$$U_n = (n+1/2)\,\varepsilon \tag{7.19}$$

则可以建立起关系

$$P_n = Ne^{\log\eta+(U_n/\varepsilon-1/2)\log(1-\eta)} \tag{7.20}$$

定义

$$-\frac{1}{\theta} = \frac{1}{2}\log(1-\eta) \tag{7.21a}$$

$$\frac{\psi}{\theta} = \log\eta - \frac{1}{2}\log(1-\eta) \tag{7.21b}$$

则有表达式

$$P_n = Ne^{(\psi-U_n)/\theta} \tag{7.22}$$

这表明, 振子构成了模为 θ 的正则系综。如果把该系综同一个热物体相类比, 则式 (7.22) 中的 ψ 是自由能, 而平均能量应为

$$\bar{U} = \sum_{n=0}^{\infty} U_n e^{(\psi-U_n)/\theta} \tag{7.23}$$

[①] Kanonische Gesamtheit, 英文为 canonical ensemble。Ensemble 是个法语词, 就是群体、集合的意思, 数学的集合论, set theory, 法语就是 Théorie des ensembles。Canonical ensemble 被汉译成正则系综。如果我把它译成标准集合, 是不是我们自动就明白排列组合在统计力学中的关键角色了？

记 $\theta = kT$，引入热力学关系，

$$S = \frac{\bar{U} - \Psi}{T} = k\frac{\bar{U} - \Psi}{\theta} \qquad (7.24)$$

可得

$$\bar{U} = \left(\frac{1}{\eta} - \frac{1}{2}\right)\varepsilon; \; \eta = 1 - \mathrm{e}^{-\varepsilon/kT} \qquad (7.25)$$

把 $\bar{U}$ 和式 (7.21a—b) 代入熵表达式 (7.24)，得

$$S = k\left[\frac{1}{\eta}\log\frac{1}{\eta} - \left(\frac{1}{\eta} - 1\right)\log\left(\frac{1}{\eta} - 1\right)\right] \qquad (7.26)$$

这正是普朗克的结果，即普朗克 1912 年文章中的式 (28)，为此作替代 $\beta = \frac{1}{\eta} - 1$ 即可。

7.3　劳厄的插曲

　　劳厄 1879 年出生于莱茵河畔的科布伦茨，与爱因斯坦同年。劳厄因 X-射线衍射方面的成就而闻名，其在量子力学和相对论方面也都有所成就 (图 7.3)。劳厄于 1899 年在 20 岁上才开始上大学，历经斯特拉斯堡 (现属法国) 大学、哥廷恩大学和慕尼黑大学，深受福格特 (Woldemar Voigt, 1850—1919)、希尔伯特 (David Hilbert, 1862—1943) 等名家的影响。劳厄 1902 年转入柏林大学，跟随普朗克学习，1906 年在慕尼黑大学的索末菲手下获得了私俸讲师的资格。劳厄著述颇丰，主要在 X-射线和相对论方面，不在此一一罗列了。劳厄有一本关于物理学史的著作被翻译成了多种语言，影响颇著 [Max von Laue, *Geschichte der Physik* (物理学史), Universitätsverlag (1946)]。因为其父亲于 1913 年获得了可世袭的贵族称号，故劳厄后期多被称为 von Laue。

　　劳厄在柏林大学期间跟从普朗克学习，也听了卢默关于黑体辐射的讲座，自然对黑体辐射研究有所了解。劳厄 1914 年的文章讨论辐射束的概念 [Max von Laue, Die Freiheitsgrade von Stahlenbündeln, *Annalen der Physik* **44**, 1197–1212 (1914)]，其中的 elementare Stahlenbündeln (单元束) 的说法很有影响。劳厄 1915 年发表了两篇关于黑体辐射的文章：Max von Laue, Die Einsteinschen Energieschwankungen (爱因斯坦的能量涨落), *Verh. der Deutsch. Phys. Ges.* **17**, 237–245 (1915)；Max von

图 7.3 劳厄

Laue, Ein Satz der Wahrscheinlichkeitsrechnung und seine Anwendung auf die Strahlungstheorie (一个概率计算的定理及其在辐射理论上的应用), *Annalen der Physik*, Series 4, **47**, 853–878 (1915)。爱因斯坦对后一篇论文的回复是在同一期杂志上发表的 [Albert Einstein, Antwort auf eine Abhandlung M. von Laues: Ein Satz der Wahrscheinlichkeitsrechnung und seine Anwendung auf die Strahlungstheorie (对劳厄一个讨论的回复：一个概率计算的定理及其在辐射理论上的应用), *Annalen der Physik*, Series 4, **47**, 879–885 (1915)]。

　　劳厄思考的问题是，表示自然辐射之振动的傅里叶级数的系数，统计上可以当作独立的存在对待吗？[1] 那些导向瑞利-金斯极限的考量都采纳 "是" 的观点，将不同傅里叶级数的系数当作玻尔兹曼统计意义下的自由度。在普朗克的自然辐射假说中，这些傅里叶展开中邻近展开项中的相位被当作相互独立的。爱因斯坦也是持类似的观点。但是，所有导向瑞利-金斯极限的考量必包含一个与现实不符的前提，很可能是同一个，因此对上述问题的检验就显出重要性了。

　　劳厄的结论是，从这个傅里叶展开的系数看，统计上需要的辐射无序，即傅里叶级数邻近项的系数是独立的，不可能是由空间上无

────────────

[1] 这个问题是个严肃的问题，在物理学史上有众多的讨论。

序的众多振子共同造成的。如果有辐射的无序，那是源于单个振子
之振动的无序。劳厄的证明用到了马尔可夫[1]的理论 [A. A. Markoff,
Wahrscheinlichkeitsrechnung (概率计算), H. Liebmann (俄语德译), Leipzig
(1912)]。此文中的大段数学推导，此处不能详细再现，有兴趣的读者自
行阅读原文。

　　傅里叶分析在托勒密的天文学中即已孕育成型。笔者以为，对傅里
叶分析之思想角度的认识还有提升的空间。劳厄的这个小插曲很重要。
把傅里叶级数的系数当成统计独立的存在对待，爱因斯坦是认同的，是
按照 ja 处理的。1925 年，海森堡 (Werner Heisenberg, 1901—1976) 为构
造原子谱线强度的理论，即矩阵力学，也是把傅里叶系数当作独立对象
对待的。这两篇文章要放到一起参详，并关注是否有后续的发展。相关
问题的讨论超出本书的范围，有心的读者请自行深入思考。

7.4　沃尔夫克的插曲

　　波兰物理学家沃尔夫克是卢默的学生，又于 1913 年到苏黎世
联邦理工工作，在那里结识了爱因斯坦，故而对黑体辐射和光量子
假说有浓厚的兴趣 (图 7.4)。沃尔夫克认为，自爱因斯坦的光量子
概念被提出以后，十多年来在量子的实质此一原则问题上并没有取
得进展 [2] [Mieczysław Wolfke, Welche Strahlungsformel folgt aus der An-
nahme der Lichtatome (光原子假设会得到什么样的辐射公式)? *Physikali-
sche Zeitschrift* **15**, 308–379 (1914); Einsteinsche Lichtquanten und räumliche
Struktur der Strahlung (爱因斯坦的光量子与辐射的空间结构), *Physikali-
sche Zeitschrift* **22**, 375–379 (1921)]。爱因斯坦的量子观点是极端的，认
为即便辐射场里的能量也是以空间独立的光量子 $h\nu$ 的形式存在的。沃
尔夫克把瑞利-金斯极限与维恩极限之间的区别看作是辐射的高密度与
低密度的区别，他想根据爱因斯坦的光量子概念，探讨空腔辐射的空间
结构 (räumliche Struktur)，结论是辐射在光分子 (Lichtmolekül, $nh\nu$) 的概

---

[1] 即 Андре́й Андре́евич Ма́рков (1856—1922)，英文转写为 Andrey Andreyevich
Markov，俄国数学家，以马尔可夫过程而闻名。
[2] 还有 100 多年一直轰轰烈烈地研究却从不碰实质问题的呢。

念上都是空间独立的。沃尔夫克注意到存在等式

$$\frac{1}{e^x - 1} = \sum_{n=1}^{\infty} e^{-nx} \tag{7.27}$$

因此普朗克谱分布公式可看作是维恩公式的级数和，

$$\frac{8\pi\nu^2}{c^3} \frac{h\nu}{e^{h\nu/kT} - 1} = \frac{8\pi\nu^2}{c^3} h\nu \sum_{n=1}^{\infty} e^{-nh\nu/kT} \tag{7.28}$$

这可以写成

$$\rho_\nu = \sum_{n=1}^{\infty} \rho_\nu^{(n)}, \rho_\nu^{(n)} = \frac{8\pi\nu^2}{c^3} h\nu e^{-nh\nu/kT} \tag{7.29}$$

可理解为含 n-个光量子的光分子的能量密度。这里的计数是从 $n=1$ 开始的[①]。然而，笔者以为在 $\rho_\nu^{(n)}$ 的表达式 (7.29) 中，$e^{-nh\nu/kT}$ 项中有 n，但系数 $\frac{8\pi\nu^2}{c^3} h\nu$ 里没有 n，以光分子为基础的诠释会遭遇一些困难。光分子的概念后来逐渐式微。

图 7.4 沃尔夫克 (约 1925)

---

① 有点不对劲儿。

7.5　泡利的普朗克公式推导

　　奥地利物理学家泡利是个天才型人物，以对量子力学创立的贡献 (不相容原理、泡利矩阵、泡利方程等) 和预言存在中微子而闻名 (图 7.5)。泡利 1900 年出生于维也纳，属于罕见的早慧天才，深得其父亲的中学同学的父亲、学术巨擘马赫 (Ernst Mach, 1838—1916) 的喜爱，其中间名 Ernst 就是马赫的名，也因此受到了世界上最好的中小学教育。泡利 1918 年入德国慕尼黑大学跟随索末菲学习，大学期间完成了物理学史上的名篇 Relativitätstheorie (相对论)，1921 年获博士学位。泡利的物理基础非常好，熟悉热力学，*Pauli Lectures on Physics* 包含 *Thermodynamics and the Kinetic Theory of Gases* (卷 3) 以及 *Statistical Mechanics* (卷 4)，可资为证。泡利 1921 年博士毕业后去给玻恩当助手，一年后去了哥本哈根。1923 年这篇关于黑体辐射的论文就是年仅 23 岁的泡利在哥本哈根期间写的。

图 7.5 泡利，著名的物理学的鞭子

　　1923 年是老量子论已积累了足够多的内容、量子力学马上要诞生的关键一年 (Quantenmechanik 一词出现于 1924 年)。爱因斯坦 1916 年的黑体辐射推导，是基于辐射场同分子能级上的电子跃迁之间的平衡。那么，对于根本没有内能级的对象，比如电子，同辐射场构成的体系呢？泡利要找到辐射与自由电子之间相互作用的量子版机理，使得麦克斯韦分布的电子同普朗克分布的辐射能处于平衡 [Wolfgang Pauli, Über das thermische Gleichgewicht zwischen Strahlung und freien Elektronen (辐射与自由电子之间的热平衡), *Zeitschrift für Physik* **18**, 272–286 (1923)]。洛伦兹电子理论的结果是空腔中有电子的辐射场不遵从普朗克谱分布。爱因斯坦为原子体系 (通过光吸收-发射) 找到了如下的量子机理。吸收和受激辐射都是被迫的 (erzwungene) 过程，平衡是自发辐射 (体系自身的性质，概率由系数 A 描述) 与受迫过程 (吸收 + 受激辐射)。体系在辐射场下的行为，双向的概率由系数 B 乘上辐射强度 ρ 来描述) 的竞争。只要 $\frac{A}{B} = \frac{8\pi h}{c^3}\nu^3$，则辐射能量和物质体系内能之间就是平衡的。爱因斯坦证明，如果认为转移能量 E 的基本过程还伴随着线[①]动量 $h\nu/c$ 的转移 (方向随机)，则物质系统的平动能也可以纳入这个模型。

如果辐射场里是电子这样的基本粒子，那里就没有自发辐射这回事儿了 (没有内部自由度，自然就没有可见光能撬动的内部自由度)，只需要考虑电子的平动能。上述的爱因斯坦论证就不成立。不过，反过来看这种情形也具有特别的意义。接下来采用康普顿和德拜的关于 X-射线与电子之间散射的处理方式，辐射量子有能量 $h\nu$ 和动量 $h\nu/c$，电子有动量

$$p = mv/\sqrt{1 - v^2/c^2} \tag{7.30a}$$

和能量

$$E = mc^2/\sqrt{1 - v^2/c^2} \tag{7.30b}$$

散射过程的结果为 $\nu \to \nu_1$，过程中动量和能量守恒。

设想单色的辐射波同静止电子相遇，光场和电子散射的概率正比于 $d\Omega = 2\pi \sin\theta d\theta$ (θ 是散射角)，且正比于入射光的强度，这都没问题，还得有一个依赖于入射频率 ν 和散射角 θ 的函数。根据汤姆森 (J. J. Thomson, 1856—1940) 的理论，在长波区域这个因子为 $\frac{1+\cos^2\theta}{2}$，与频率无关。我们将看到，热平衡问题对这个比例因子没要求。泡利发现，如果基本过程 $\nu \to \nu'$ 发生的概率正比于谱密度 ρ_ν，结果平衡态时辐射遵

[①] Linear，沿一条线的，成线状的。不能见到 linear 都译成线性的。Linear algebra 是"线的代数"。

循维恩分布[①]，而如果对不同频率辐射间的相互作用做个适当假设的话，就能得到普朗克分布。

电子和光子的动量四矢量各不相同。对于电子，有 $E^2 - (pc)^2 = m^2c^4$，辐射对应上式 $m = 0$ 的情形。辐射、电子在散射前后的动量四矢量都满足模平方是变换不变量。根据狭义相对论，可以找到一个 Normalkoordinatensystem [正规坐标系，参见 Erwin Schrödinger, Dopplerprinzip und Bohrsche Frequenzbedingung (多普勒原理与玻尔频率条件), *Physikalische Zeitschrift* **23**, 301–303 (1922)]，经过基本过程辐射频率和电子的速度都保持不变，也即在这个参照系内没发生辐射与电子之间的能量交换。关于辐射的电子散射过程，请详细参阅经典文献 Peter Debye, Zerstreuung von Röntgenstrahlen und Quantentheorie (伦琴射线散射与量子理论), *Physikalische Zeitschrift* **24**, 161 (1923) 和 Arthur H. Compton, A quantum theory of the scattering of X-rays by light elements, *Phys. Rev.* **21**, 483–502 (1923)。在接下来的相对论变换处理中，泡利巧妙地用到了一段时间里发生的基本过程数目应该是洛伦兹变换不变的事实，则单位时间内发生的基本过程数目对时间的变换是相反的。一通操作后泡利得到那个概率权重函数形式应为

$$F = \frac{\Phi}{EU} \tag{7.31}$$

其中 Φ 是某个洛伦兹变换不变量，E, U 分别是辐射和电子的能量。由于这个权重因子一般写为 $F = A\rho_v$，而洛伦兹变换意义下 $\rho_v \propto v^3$ [Kurd von Mosengeil, Theorie der stationären Strahlung in einem gleichförmig bewegten Hohlraum (匀速运动空腔内静态辐射的理论), *Annalen der Physik* **22**, 867–904 (1907)]，故得 $A = \frac{\Psi}{UE^4}$，其中 Ψ 是洛伦兹变换不变量。泡利的结论是，如果选择权重因子

$$F = A\rho_v \tag{7.32}$$

这样的平衡条件下得到的辐射分布是维恩分布。可以考虑给这个权重因

---

① 有个疑问，这是因为散射过程是频率减小的过程？那反康普顿效应如何纳入，会带来什么样的影响呢？

子加一项，类比于经典的干涉涨落 (Interferenzschwankungen)，即选择

$$F = A\rho_\nu + B\rho_\nu{}^2 \tag{7.33}$$

发现并不好使，得不到普朗克分布。但是，如果写成

$$F = A\rho_\nu + B\rho_\nu\rho_{\nu_1} \tag{7.34}$$

就得到普朗克分布了。

笔者此处斗胆先评论几句。上述这个表达式 (7.34) 表面上的意思是，过程 $\nu \to \nu_1$ 当辐射场中频率为 ν 和 ν_1 的辐射都存在时，更经常发生。这显然不合逻辑。过程 $\nu \to \nu_1$ 当辐射场中频率为 ν 的辐射多而频率为 ν_1 的辐射偏少时更经常发生，这样才合理一点[①]。这粗略地可表示为

$$F = A\rho_\nu + B\rho_\nu\left(\rho_{\nu_1}^{(0)} - \rho_{\nu_1}\right) \tag{7.35}$$

当然它形式上还是 $F = A\rho_\nu + B\rho_\nu\rho_{\nu_1}$。萨哈离化方程也有这个意思，终态的空会强化过程发生的概率，这解释了宇宙中氢原子容易离化的原因。终态的空，是物理过程得以发生的关键因素！物理的空和数学的 0，非常关键。

根据关于辐射的电子散射的相对论推导，同时满足爱因斯坦的理论，在表达正反过程平衡时泡利选择了 $A/B = \alpha\nu_1{}^3$，得到平衡条件

$$\left(\alpha\frac{\rho_\nu}{\nu^3} + \frac{\rho_\nu}{\nu^3}\frac{\rho_{\nu_1}}{\nu_1{}^3}\right)\mathrm{e}^{h\nu/kT} = \left(\alpha\frac{\rho_\nu}{\nu_1{}^3} + \frac{\rho_\nu}{\nu^3}\frac{\rho_{\nu_1}}{\nu_1{}^3}\right)\mathrm{e}^{h\nu_1/kT} \tag{7.36}$$

由此得

$$\left(\alpha\frac{\nu^3}{\rho_\nu} + 1\right)\mathrm{e}^{-h\nu/kT} = \left(\alpha\frac{\nu_1{}^3}{\rho_{\nu_1}} + 1\right)\mathrm{e}^{-h\nu_1/kT} \tag{7.37}$$

既然上式左边只与 ν 有关，而右边只与 ν_1 有关，且两侧形式相同，自然有

$$\left(\alpha\frac{\nu^3}{\rho_\nu} + 1\right)\mathrm{e}^{-h\nu/kT} = \text{const.} \tag{7.38}$$

---

① 打个庸俗的比喻。扑克牌游戏表明，一手牌如何出才算正确，不仅取决于手中还有的牌，也取决于已经出过的牌及出牌顺序。

对应 $\left(\alpha\frac{v^3}{\rho_v}+1\right)e^{-hv/kT}=1$ 的就是普朗克谱分布公式。上述推导的把戏 (trick)，即得到形式相同但依赖不同独立变量的表达式之间的等式从而可以令表达式为常数，此前在获得机械能守恒定律此后在狄拉克推导量子对易式同经典泊松括号之间关系时都用到过，请物理学家们务必掌握。

到此时，笔者发现这些物理巨擘们总是通过添巴添巴点儿什么就能从维恩分布过渡到普朗克公式。维恩分布同普朗克分布之间的关系，绝不是什么经典与量子的关系。物理学就是物理学，把物理分成什么经典的与量子的，应该是不懂物理的特征表现。普朗克分布在爱因斯坦模型里是受激辐射，是波动性，在泡利模型里是初态-终态关联，故而愚以为维恩分布某种意义上是考虑了一次项的结果 (偏向于粒子性)，而普朗克分布还需同时考虑了二次项修正 (二次项容易联想到波的干涉)，对应物理上的两态过程，这与量子不量子的无关。黑体辐射研究只是捎带着产生了量子理论。这修正了笔者关于这个问题的认识。庞加莱的量子化是得到普朗克黑体辐射谱分布公式的充分必要条件的论断，是关于振子型 (二次型) 物理体系的结论。

7.6　博特的普朗克公式推导

博特是确立受激辐射特征的关键人物 (图 7.6)。博特 1913 年给普朗克做助教，1914 年在普朗克名下获得博士学位，在 1913—1930 年之间一直在 PTR 工作，那里正是黑体辐射研究的几乎唯一的重镇。博特的一些有影响的黑体辐射研究论文包括：

[1] Walther Bothe, Die räumliche Energieverteilung der Hohlraumstrahlung (空腔辐射中能量的空间分布), *Zeitschrift für Physik* **20**, 145–152 (1923).

[2] Walther Bothe, Über die Wechselwirkung zwischen Strahlung und freien Elektronen (辐射与自由电子之间的交换作用), *Zeitschrift für Physik* **23**, 214–224 (1924).

[3] Walther Bothe, Zur Struktur der Strahlung (辐射的结构), (1925). 未出版

[4] Walther Bothe, Über die Kopplung zwischen elementaren Strahlungs-vorgängen (基本辐射过程之间的耦合), *Zeitschrift für Physik* **37**, 547–567 (1926).

[5] Walther Bothe, Lichtquanten und Interferenz (光量子与干涉), *Zeitschrift für Physik* **41**, 332–344 (1927).

[6] Walther Bothe, Zur Statistik der Hohlraumstrahlung (空腔辐射的统计), *Zeitschrift für Physik* **41**, 345–351 (1927).

图 7.6 博特 (1950)

博特研究爱因斯坦考虑过的辐射场同二能级体系相互作用的问题，认为吸收和受激辐射是空间上完全相干的过程，诱导的光量子和受激辐射的光量子是相干的。在受激辐射的情形，发射方向和诱导发射的入射束的方向严格一致，与此同时自发辐射的光量子方向是随机的 (im Falle der erzwungenen Emission ist die Emissionsrichtung genau die desjenigen einfallenden Strahlenbündels, welches die Emission verursacht, während die Richtung der spontanen Emission dem Zufall unterliegt)。有人还把这个一致性从方向拓展到了相位和极化，不过博特 1923 的这篇文章里真没有这么说。此外，认定受激辐射束同诱导束方向相同的结论，似乎也未见严格论证。

博特 1925 年未发表的"Zur Struktur der Strahlung (辐射的结构)"试图在辐射的波动图像同辐射的量子图像之间搭桥 (to find a bridge between the quantum picture and the wave picture of radiation)。他认为从爱因斯坦的涨落公式的角度来看，静态辐射场中的光量子一般来说不是独立的，而是聚成团的 (light quanta within the stationary radiation field are in general not independent of each other, but rather bunched)。注意，这里的问题在于对普朗克公式作维恩公式那样的展开，缺少 $s = 0$ 项 (见补充阅读 Dieter Fick & Horst Kant)。博特假设辐射场由光多倍体 (light multiples) 组成，得到多倍体单元数目为

$$n_{\nu,s} = \frac{8\pi\nu^2}{c^3}\frac{1}{s}\mathrm{e}^{-sh\nu/kT}, s = 1, 2, 3, \dots \tag{7.39}$$

这和前述沃尔夫克的结果是一样的。博特 1925 年很高明地把 $s = 0$ 的项给加进去。说白了，当你面对一个 $s = 1, 2, 3, \dots$ 自然计数的对象而非要有 $s = 0$ 时，那就必须借助数目减 1 的物理过程带入 $s - 1$，比如光量子的吸收。级数项表示的数学、物理存在，$s = 0$ 项都需要特别的过程带入。举个简单的例子，$(x + y)^n$ 展开的系数要构成杨辉三角 (帕斯卡三角)，就必须引入 $n = 0$ 项 (这时候哪还有展开)，否则三角就缺个尖。没有这一项，许多与之相关的数学就不成立 (参阅拙著《云端脚下》)。

博特 1927 年题为"空腔辐射的统计"的文章[①]摘要中开宗明义：(1) 自发过程作为激发过程的特例表述；(2) 光量子团表现为稳态的；(3) 光量子团与玻色统计一致。能量涨落用波-光量子的二象性解释。统计的对象是实际单色的、平行的 (劳厄意义下的) 单元束 (Elementarbündel)，其中包含许多光量子，体积 V 内频率在 $\nu \to \nu +$ dν 之间的单元束数目为 $F = 8\pi V\nu^2 \mathrm{d}\nu/c^3$。In der Tat wird ja erst durch Annahme von Kopplungen zwischen den Einzelquanten die Bosesche Statistik verständlich, wie von verschiedenen Seiten bemerkt, wurde (假设了单个光子之间的耦合，玻色统计才是可理解的)。这句很重要。认识到辐射量子的组团 (Gruppierung der Quanten) 在热平衡下是稳态的，会导向玻色公式，笔者觉得其也是导向爱因斯坦的气体凝聚理论的关键。不过，爱

[①] 该论文的收稿时间为 1926 年 12 月 27 日。

因斯坦那里的物质与辐射作用是用单个量子进行的。

设想 s-量子的单元束，体积密度为 n_s，同二能级的原子体系相互作用，原子能量为 E_1，E_2，则吸收过程的概率为 $B_{12}sn_s\mathrm{e}^{-E_1/kT}$；而受激辐射且结果为 s-量子的单元束的过程，其概率为 $B_{21}sn_{s-1}\mathrm{e}^{-E_2/kT}$[①]。热平衡时，

$$B_{12} = B_{21} \tag{7.40}$$

以及

$$n_s = n_{s-1}\mathrm{e}^{-h\nu/kT} \tag{7.41}$$

对于 $s = 1$，有

$$n_1 = n_0\mathrm{e}^{-h\nu/kT} \tag{7.42}$$

其中 n_0 是空束的数目 (Zahl der leeren Bündel)。这是什么概念，作者没详细交代，笔者猜测这和真空有关。

要求 $\sum_{n=0}^{\infty} n_s = 8\pi V\nu^2\mathrm{d}\nu/c^3$，得

$$n_s = \left(1 - \mathrm{e}^{-h\nu/kT}\right)\mathrm{e}^{-sh\nu/kT}8\pi V\nu^2\mathrm{d}\nu/c^3 \tag{7.43}$$

则有

$$E = \sum_{n=0}^{\infty} sh\nu\, n_s = \frac{8\pi V\nu^2 d\nu}{c^3}\frac{h\nu}{\mathrm{e}^{h\nu/kT} - 1} \tag{7.44}$$

这里用到了等式

$$\frac{1}{\mathrm{e}^x - 1} = \frac{\mathrm{e}^{-x}}{1 - \mathrm{e}^{-x}} = \frac{\mathrm{e}^{-x}/\left(1 - \mathrm{e}^{-x}\right)^2}{1/\left(1 - \mathrm{e}^{-x}\right)} = \frac{\sum\limits_{n=0}^{\infty} n\mathrm{e}^{-nx}}{\sum\limits_{n=0}^{\infty} \mathrm{e}^{-nx}} \tag{7.45}$$

这意思是说，把 $\frac{1}{\mathrm{e}^{h\nu/kT}-1}$ 理解为平均占据数，则计数展开项依然从 $n = 0$ 开始。上述推导过程中完全没提到自发辐射。不过，由

$$B_{21}sn_{s-1}\mathrm{e}^{-E_2/kT} = B_{21}\left(s - 1\right)n_{s-1}\mathrm{e}^{-E_2/kT} + B_{21}n_{s-1}\mathrm{e}^{-E_2/kT} \tag{7.46}$$

[①] 作者特别提到这里是 sn_{s-1} 而不是 $(s-1)n_{s-1}$，但没有给出理由。读者可参详产生算符、湮灭算符的算法，有 $a^+|n\rangle = \sqrt{n+1}|n+1\rangle$, $a|n\rangle = \sqrt{n}|n-1\rangle$。

可以认为 $B_{21}n_{s-1}\mathrm{e}^{-E_2/kT}$ 项联系着自发辐射过程。这就揭示了自发辐射是被掩盖了的特殊受激辐射的事实。这种方式描述辐射同电子之间的稳态能量交换，用作者自己的话说，非常丝滑 (so zwangsläufig)。式 (7.43) 中的 n_s 正好是相空间中 s-个量子占据的小室之数目的玻色表述。这篇文章最重要的地方在于将涨落，其表达式与爱因斯坦的结果相同，理解为"经典的"和"量子的"涨落之和，

$$\bar{\Delta}^2 = \bar{\Delta}_{cl}^2 + \bar{\Delta}_{qu}^2 = \frac{E^2}{F} + h\nu E \tag{7.47}$$

即波动部分是经典的，"量子的"字面上也请按"(光) 粒子的"来理解。这篇文章对笔者个人来说最重要的是这句话：Nach dieser ist das klassische Wellenfeld ein "Wahrscheinlichkeitsfeld" (据此，经典波场是"概率场")。这个应该和后来的量子力学波函数的诠释放一起理解。容日后再细细琢磨。

7.7 爱丁顿的普朗克公式推导

英国物理学家爱丁顿出生于 1882 年，几乎与爱因斯坦同龄，是爱因斯坦忠实的拥趸 (图 7.7)，对广义相对论是倾力维护与支持[①]。爱丁顿对爱因斯坦 1916 年的黑体辐射推导也是深入研究，在 1925 年竟然从中得到了普朗克谱分布公式的另一种极为独特的推导 [Arthur Eddington, On the derivation of Planck's law from Einstein's equation, *Philosophical Magazine* **50**, 803–808 (1925)]。这篇论文令笔者感到惊讶的是爱丁顿超常的数学能力，应该说超出他在《相对性的数学理论》(*The Mathematical Theory of Relativity*, Cambridge University Press, 1923) 一书中的表现。接下来我们将看到，爱丁顿是如何放弃玻尔兹曼概率公式却能推导出普朗克谱分布公式的，或者说是如何凭借自己的数学推导能力而敢于放弃玻尔兹曼概率公式的——那可是此问题一直以来各种推导所依据的前提。

爱因斯坦 1916 年的论文得到了普朗克公式，其论证是本原的、自

[①] 当然不是凭借什么不着调的日食期间的拍照。广义相对论没有那么简单。关于 1919 年日食期间拍摄的照片证实了光线在太阳附近弯曲一事，一直备受质疑。1975 年，英国物理学会万不得已作出回应，委婉地称当年的结果是 "reasonable"，你懂的。

图 7.7 爱丁顿

足的，只用到了维恩位移定理和玻尔兹曼概率公式这两个前提。可以直接从爱因斯坦速率方程得到普朗克分布而无需玻尔兹曼公式，其实是玻尔兹曼公式也可以同时得到。考察有两内能级 χ_1, χ_2 ($\chi_2 > \chi_1$) 的原子，吸收和发射的光量子能量为 $h\nu_{12} = \chi_2 - \chi_1$。记 n_1, n_2 为占据相应能级上的原子数目，$I(\nu_{12})$ 是频率为 ν_{12} 的辐射强度，则在时间间隔 $\mathrm{d}t$ 内双向的跃迁数目分别为

$$1 \to 2: \quad a_{12}n_1 I(\nu_{12})\mathrm{d}t \tag{7.48a}$$

$$2 \to 1: \quad b_{21}n_2\mathrm{d}t + a_{21}n_2 I(\nu_{12})\mathrm{d}t \tag{7.48b}$$

其中的系数 a_{12}, a_{21}, b_{21} 均与温度无关。a_{21} 的正负未定 (在爱因斯坦那里，a_{21} 是正的，是受激辐射系数)。

在某个热平衡态 (equilibrium) 下，两个方向上的过程达成平衡 (balancing)，有爱因斯坦速率方程

$$a_{12}n_1 I\left(\nu_{12}, T\right)\mathrm{d}t = b_{21}n_2\mathrm{d}t + a_{21}n_2 I\left(\nu_{12}, T\right)\mathrm{d}t \tag{7.49}$$

之所以把辐射强度写成 $I\left(\nu_{12}, T\right)$ 的形式是因为只有同温度 T 相对应的特定的辐射强度才能让爱因斯坦方程成立，$I\left(\nu_{12}, T\right)$ 包含辐射的分布定律。通过简单的代数，从式 (7.49) 可得

$$\frac{n_1}{n_2} = \frac{a_{21}}{a_{12}}\left(1 + \frac{b_{21}}{a_{21}I\left(\nu_{12}, T\right)}\right) \tag{7.50}$$

现在考虑还存在第三个能级 $\chi_3 \left(\chi_3 > \chi_2 > \chi_1 \right)$ 的情形，那就该有 $\frac{n_1}{n_2}\frac{n_2}{n_3} = \frac{n_1}{n_3}$，即

$$\frac{a_{21}}{a_{12}}\left(1 + \frac{b_{21}}{a_{21}I\left(v_{12}, T\right)}\right)\frac{a_{32}}{a_{23}}\left(1 + \frac{b_{32}}{a_{32}I\left(v_{23}, T\right)}\right) = \frac{a_{31}}{a_{13}}\left(1 + \frac{b_{31}}{a_{31}I\left(v_{13}, T\right)}\right)$$

(7.51a)

此等式与温度 T 无关。假设随温度 T 的增加 $I(v, T)$ 的增加是无限制的，$I(v, \infty) = \infty$，则对温度 T 取无穷大，有

$$\frac{a_{21}}{a_{12}}\frac{a_{32}}{a_{23}} = \frac{a_{31}}{a_{13}}$$

(7.52)

那就有

$$\left(1 + \frac{b_{21}}{a_{21}I\left(v_{12}, T\right)}\right)\left(1 + \frac{b_{32}}{a_{32}I\left(v_{23}, T\right)}\right) = \left(1 + \frac{b_{31}}{a_{31}I\left(v_{13}, T\right)}\right)$$

(7.51b)

必然成立。现在引入维恩位移定律 $I(v, T) = v^3 f(v/T)$，记 $c_{12} = \frac{b_{21}}{a_{21}v_{12}^3}$，则有

$$\left(1 + \frac{c_{12}}{f\left(v_{12}/T\right)}\right)\left(1 + \frac{c_{23}}{f\left(v_{23}/T\right)}\right) = \left(1 + \frac{c_{13}}{f\left(v_{13}/T\right)}\right)$$

(7.53)

同时请记住还有条件 $v_{13} = v_{12} + v_{23}$。

式 (7.53) 形式上是

$$F(\alpha) F(\beta) = F(\alpha + \beta)$$

(7.54)

这可是能表达广延物理量的表达式。也就是说，式 (7.53) 中每个括号里的内容都是一个指数函数，即 $\left(1 + \frac{c_{12}}{f\left(v_{12}/T\right)}\right) \sim e^{\gamma v_{12}/T}$。可以证明，$c_{12}, c_{23}, c_{13}$ 是个常数。展开式 (7.53)，得

$$\frac{1}{f\left(v_{12}/T\right)}\frac{1}{c_{23}} + \frac{1}{f\left(v_{23}/T\right)}\frac{1}{c_{12}} - \frac{1}{f\left(\frac{v_{12}}{T} + \frac{v_{23}}{T}\right)}\frac{c_{13}}{c_{12}c_{23}} = \frac{1}{f\left(v_{12}/T\right) f\left(v_{23}/T\right)}$$

(7.55)

将上式针对 T_1, T_2, T_3 具体写出来，消去 $\frac{1}{c_{23}}, \frac{c_{13}}{c_{12}c_{23}}$，会发现 $\frac{1}{c_{12}}$ 是 v_{12}，v_{23} 分别除以 T_1，T_2，T_3 所得的六个变量的函数，可约化为 v_{23}/T_1，v_{23}/T_2，

ν_{23}/T_3 和 ν_{12}/ν_{23} 这四个变量的函数。但是，c_{12} 是能级 1 和 2 函数，它就不可能是上述四个变量的函数，它得是常数！[1]同理，c_{23}，c_{13} 都是常数。

于是，可把式 (7.53) 改写为

$$\left(1 + \frac{C}{f(\alpha)}\right)\left(1 + \frac{C}{f(\beta)}\right) = \left(1 + \frac{C}{f(\alpha + \beta)}\right) \tag{7.56a}$$

其中，$\alpha = \nu_{12}/T; \beta = \nu_{23}/T$。这样，就有

$$1 + \frac{C}{f(\alpha)} = e^{\gamma\alpha} \tag{7.57a}$$

也就是

$$f(\alpha) = \frac{C}{e^{\gamma\alpha} - 1} \tag{7.58a}$$

相应地，

$$I(\nu, T) = \frac{C\nu^3}{e^{h\nu/kT} - 1} \tag{7.59a}$$

这就是普朗克公式。此处取 $\gamma = h/k$。

现在回过头计算 $\frac{n_1}{n_2}$，由式 (7.50), (7.57)，得

$$\frac{n_1}{n_2} = \frac{a_{21}}{a_{12}} e^{(\chi_2 - \chi_1)/kT} \tag{7.60}$$

如果在温度无穷大时 $\frac{a_{21}}{a_{12}} = q_1/q_2$，则

$$\frac{n_1}{n_2} = q_1 e^{-\chi_1/kT} : q_2 e^{-\chi^2/kT} \tag{7.61}$$

这正是玻尔兹曼分布，而这是从爱因斯坦速率方程得到的，只是要求过程是平衡的。上述论证，也适用于离化（χ_2 为正值[2]），所以式 (7.61) 可以用于 (离化造成的) 自由电子数目的计算。

此前证明时用到过假设 $I(\nu, \infty) = \infty$，热力学第二定律保证 $\partial I(\nu, T)/\partial T \geq 0$，但不能保证 $I(\nu, T)$ 无限增加。可以证明，如果没有 $I(\nu, \infty) = \infty$ 的假设，就得不到普朗克谱分布，但不妨碍得到玻尔兹曼公式。不做假设 $I(\nu, \infty) = \infty$，式 (7.52) 右边就得多个因子。可

---

① 说实话，这个证明方式震惊了我。我以前没见过。
② 关于原子的能量 scheme。中性原子中的电子的真空能级定义为 0。

以考虑四个温度的表达式来消除多出的这个因子，可以得到修改的式 (7.56a)，即

$$\left(1 + \frac{C}{f(\alpha)}\right)\left(1 + \frac{C}{f(\beta)}\right) = \left(1 + \frac{C}{f(0)}\right)\left(1 + \frac{C}{f(\alpha+\beta)}\right) \tag{7.56b}$$

这样，一般解为

$$1 + \frac{C}{f(\alpha)} = ae^{\gamma\alpha} \tag{7.57b}$$

也就是

$$f(\alpha) = \frac{C}{ae^{\gamma\alpha} - 1} \tag{7.58b}$$

相应地，

$$I(v, T) = \frac{Cv^3}{ae^{hv/kT} - 1} \tag{7.59b}$$

对上式取 $a = 1$，就得到了普朗克公式。也恰恰是 $a = 1$ 给出了当 T 足够大时，$I(v, T) \propto T$，这是此前我们用到的假设。容易证明，不管 $a = 1$ 成立不成立，都可以得到玻尔兹曼公式。

7.8 多余的话

辐射同物质的相互作用，一来一往，当有平衡之说。从前的经典图像，有光的吸收和发射，两个对象。1916 年在爱因斯坦的文章之后，图像变了。考察一个处于辐射场中的二能级体系，有吸收，有受激辐射和自发辐射，三个过程。笔者注意到这和电磁学里的微分运算可相类比，在电磁学中算符 ∇ 在三个不同语境中出现，分别为梯度 $\nabla\varphi$，散度 $\nabla \cdot A$ 和旋度 $\nabla \times A$，许多人闹不清这里的关系。学过几何代数的都知道，算符 ∇ 是个矢量，其和任意多矢量 A 的几何积由内积和外积两部分构成，$\nabla A = \nabla \cdot A + \nabla \wedge A$，前者将多矢量 A 的级别 (grade) 降 1，后者将多矢量 A 的级别 (grade) 升 1。若 A 是矢量 (grade 1)，故 $\nabla \cdot A$ 的级别为 0，是标量；而 $\nabla \wedge A$ 的级别为 2，是二矢量，在三维空间中其和赝矢量 $\nabla \times A$ 共轭。对于标量 φ，本身级别为 0，无处可降，故 $\nabla\varphi = \nabla \wedge \varphi$，结果为一矢量。这样，我们就明白了矢量算符 ∇ 和物理量的作用只有内积和外积两种，即所谓的散度和旋度，而梯度只是旋度的特例。有趣的是，

关于吸收、受激辐射和自发辐射这三个概念，在博特 1927 年的文章 Zur Statistik der Hohlraumstrahlung 之后，也可以如此理解。文章摘要中的一句 "spontane Prozesse sich als spezialfall der induzierten darstellen (将自发过程当作受激过程的特例表述)" 启发了笔者将辐射-物质相互作用同微分算子 ∇ 到物理量上的作用相类比。辐射场同物质相互作用，对各能级上的电子都有影响。依照博特的理论，辐射场中的量子是组团的，能量为 nv, 各有相应的存在概率。对于一个能量差为 hv 的二能级体系，量子团[①]作用的效果就是诱发吸收和诱发辐射，与此同时能量为 nhv 的量子团变为能量为 $(n-1)hv$ 和 $(n+1)hv$ 的量子团。注意，诱发辐射过程结果为 $(n+1)hv$ 的量子团意味着诱发得到的光量子和作为诱因的能量为 nhv 的量子团是**相干的**。对于 $n=0$ 的情形，没有吸收，只有受激辐射，但是受激辐射的结果为单个的光量子，没有作为诱因的量子团与其相干，其相位和方向是随机的。这个受激辐射的特殊情形就是自发辐射。

在数学中，自然计数从 $n=0$ 开始的例子比比皆是，因此笔者认为 0 是自然数，自然数应该自 $n=0$ 开始，参阅拙著《云端脚下》以及《0 的智慧密码》。0, 或者无，或曰真空对于物理学的重要性，值得细细品味。可以说一部电磁学的历史就是认识到真空重要性的思想历程，这一点可从阅读麦克斯韦的著作中体会到。有感于在量子统计中要计入 $n=0$ 项，且 $n=0$ 这一项扮演最重要的角色，笔者写下它的社会学意义："穷人不占有财富，却决定社会形态。" 当时只是这么随手一写，不曾想真有这样的社会学存在。2007 年，印度发行了 0 元纸币 (图 7.8)。0 元币没有价值，但却十分神圣，代表反抗精神与意识，可以向索要钱财的人表明态度。

爱丁顿是用数学勘破物理的高手，有兴趣的读者请读读他的《相对性的数学理论》。就统计物理而言，爱丁顿说，本质上是权重问题让证明变得冗长而又艰难 (it is essentially the problem of weight which makes the usual proofs long and difficult)，这话儿，醍醐灌顶。物理这门学科，用数学表示、用数学往前摸索，才是正道。

---

① 当代也许会用 cluster 这个词，汉译团簇。

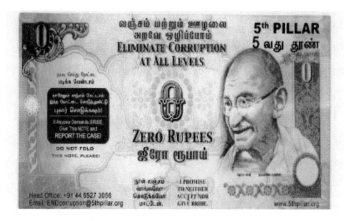

图 7.8 印度 2007 年发行的 0 元纸币

补充阅读

[1] A. O. Barut, A. van der Merwe (eds.), *Selected Scientific Papers of Alfred Landé*, Springer (1987).

[2] Paul Langevin, Maurice de Broglie (eds.), *La thorie du rayonnement et les quanta, rapports et discussions de la Réunion tenue à Bruxelles, du 30 octobre au 3 novembre 1911 sous les auspices de M. E. Solvay* (辐射理论与量子——1911 索尔维会议的报告与讨论), Gauthier-Villars (1912).

[3] D. Fick, Bothe's 1925 Heuristic Assumption in the Dawn of Quantum Field Theory, *The European Physical Journal H* **38**, 39–55 (2013).

[4] Shaul Katzir, Christoph Lehner, Jürgen Renn (eds.), *Traditions and Transformations in the History of Quantum Physics*, Neopubli (2013). Wolfke 和 Bothe 都出现在此书的 Dieter Fick and Horst Kant 所撰 The Concepts of Light Atoms and Light Molecules and Their Final Interpretation 一章中

[5] Walther Bothe, *Der Physiker und sein Werkzeug* (物理学家及其工具), Gruyter (1944).

[6] Karl H. Bauer, Walther Bothe, *Vom Atom zum Weltsystem* (从原子到世界体系), Kröner (1954).

[7] Louis de Broglie, La théorie quantique du rayonnement (辐射的量子理论), *Revue de métaphysique et de morale*, #2, **46**, 199–210 (1939).

[8]　Olivier Darrigol, The Origin of Quantized Matter Waves, *Historical Studies in the Physical and Biological Sciences* **16**(2), 197–253 (1986).

[9]　Sándor Varró, A Study on Black-Body Radiation (网文).

第 8 章　相空间量子化与理想气体量子化

那哪是概率，那是规律。

Cum grano salis [1]，这是看问题的正确方式。

① 拉丁语谚语，加点盐粒，意思是要有怀疑精神。

摘要　1924 年玻色基于相空间量子化的假设又得到了普朗克公式一种推导。爱因斯坦看到了其中的非凡意义，迅速把它推广到了单原子理想气体，还得到了爱因斯坦凝聚的概念。玻色-爱因斯坦统计是一种有别于麦克斯韦-玻尔兹曼统计的新分布规律。几乎同时，费米-狄拉克统计也诞生了。统计规律与组合计算方式密切相关。薛定谔及时阐述了气-体作为线性本征振子体系以及玻色统计的本质。爱因斯坦为玻色翻译论文发表并继之发展出一般性的量子统计规律，恐怕是物理学史上后无来者的一段佳话。

关键词　相空间，相空间量子化，理想气体，退化 (简并)，系综，组合，玻色-爱因斯坦统计，玻色-爱因斯坦凝聚，费米-狄拉克统计，自然统计，气-体，线性本征振子系统

8.1　玻色的普朗克公式推导

印度人玻色是一个典型的通才型学者 (图 8.1)，至少除了是个优秀的物理学家以外他还是个不错的音乐人。玻色 1913 年大学毕业，1915 年硕士毕业，据说总考第一，他的朋友萨哈 (Meghnad Saha, 1893—1956) 总考第二。玻色和萨哈是亲密朋友，构成了一个研究联合体[①]。当年有一位德国植物学家 Paul Johannes Brühl (1855—1935) 来到了印度 (第一次到印度是在 1881 年)，随身携带了大量的德语科学书籍，萨哈和玻色两人因此得以熟读玻尔兹曼、普朗克、维恩等人的著作[②]。这个

[①] 萨哈关于原子离化的公式与相空间、统计有关，这和玻色的学问极为接近。爱因斯坦在伯尔尼时和朋友 Conrad Habicht, Maurice Solovine 组成了三人学习小组，自称奥林匹亚学园，Akademie Olympia。别见到个 Akademie, Academy 就翻译成科学院。Academy, Ακαδήμεία, 来自雅典一个英雄的名字，雅典城外一片供奉女神雅典娜的种橄榄树的园子，garden, 以此为名。柏拉图老师在约公元前 385 年在那园子里办学，才让 Ακαδήμεία 一词有了高大上的意思。一般把 Academy of Sciences 翻译成科学院，科学这个标签是要额外硬贴上去的。在法国，Académie 的层次在 l'Institut de France 之下。此外，科学院的重音应放在科学上面。

[②] 我觉得，读书就该读学问创造者的书。笔者本人高中毕业前就没读过书。1975 年上山下乡知识青年陆续聚拢准备回城，我从我家旁边的知青窝点捡到了半本被丢弃的《大同煤矿工人血泪史》，那是我读过的第一本除小学课本之外的书。要是那些知青能丢下个半本量子力学、相对论啥的，该多好。这种感慨驱使我编纂了《哲人思》。我希望后世的高中毕业生都能骄傲但诚实地宣称自己曾研读过某某巨擘的著作。

德国植物学家可能是老天专门派去成就玻色和萨哈的。此外，一个叫
Debendra Mohan Bose 的印度人 1919 年从德国回到印度，给玻色又带回
了普朗克的书，这也就容易理解为什么玻色会研究黑体辐射问题了。玻
色获得数学硕士学位后，1916 年应召入加尔各答大学新成立的科学学
院，讲授最前沿的物理——边学边教的那种。玻色分到的任务是讲授
相对论，这让玻色也非常熟悉爱因斯坦的工作。1918 年，萨哈和玻色
两人联手在英国的 *Philosphical Magazine* 杂志上发表了关于气体动力
学的文章 [Megh Nad Shaha, Satyendra Nath Basu[①], On the influence of the
finite volume of molecules on the equation of state, *Philosophical Magazine*
36, 199–202 (1918)][②]，算是初试牛刀。1919 年的爱因斯坦因广义相对论
而家喻户晓，玻色与萨哈两人努力把爱因斯坦的相对论德语表述翻译成
英文。当然，玻色也精通热力学和电磁学理论。1921 年，玻色开始教
授热力学和麦克斯韦的电磁理论。据说是萨哈让玻色注意泡利和艾伦
菲斯特等人新近推导普朗克分布的努力。1923 年，玻色向 *Philosophical
Magazine* 杂志投了一篇稿件，宣称仅凭统计力学方法即足以研究辐
射-物质间的热平衡，与能量交换过程的具体机制无关。6 个月后，玻色
被拒稿。

图 8.1　玻色 (1925)

---

① 原文如此。
② 可以参考这篇文章去阅读泡利 1923 年的黑体辐射文章。

1924 年 6 月 4 日，玻色给爱因斯坦寄去一封英语信，信中写道：

尊敬的先生，我斗胆随信发给您一篇文章向您请教。我急切地想知道您的看法。我试图不依赖经典电动力学而只通过假设相空间的体积单元为 h^3 就能得到普朗克定律里的系数 $8\pi\nu^2/c^3$。我的德语水平不足以把这篇文章翻译成德语。如果您认为这篇文章还值得发表，请您安排它在 *Zeitschrift für Physik* 上发表，对此我不胜感激。尽管我们素不相识，但我在做出上述请求时没有任何犹豫，因为虽然我们只能通过您的文章受教于您，我们也都是您的学生。不知您是否还记得曾经有人从加尔各答请求您允许把您相对论的文章翻译成英文。您答应了请求，书也得以出版。我就是那个翻译您广义相对论论文的人。

您真诚的

玻色

我必须说，这是一封真诚的、礼貌周到的信函。

爱因斯坦于 7 月 2 日回复了一张明信片，不长，照录如下：

Lieber Herr Kollege, ich habe ihre Arbeit übersetzt und der Zeitschrift für Physik zum Druck übergehen. Sie bedeutet einen wichtigen Fortschritt und hat mir sehr gut gefallen. Ihre Einwände gegen meine Arbeit finde ich zwar nicht richtig. Denn das Wiensche Verschiebungsgesetz setzt die undulationstheorie nicht voraus und das Bohrsche Korrespondenzprinzip ist überhaupt nicht verwendet. Doch dies thut nichts. Sie haben als erster den Facktor quanten-theoretische abgeleitet wenn auch wegen des Polarisations-Faktor 2 nicht ganz streng. Es ist ein schöner Fortschritt.

Mit freundlichen Grüss Ihr

Albert Einstein

爱因斯坦的回复可简单翻译如下：

亲爱的同事先生，我已将您的工作翻译了，并交给 *Zeitschrift für Physik* 杂志刊印。您的工作意味着一个重要的进展，我很喜欢。您对我本人的工作的挑剔我以为并不正确，因为维恩的位移公式不以波动理论为前提，也根本没用到玻尔的对应原理。当然了，这没关系。您第一个用量子理论导出了 (普朗克公式的) 因子，尽管关于极化因子 2 的部分不那么严谨。这确实是一个漂亮的进展。

致以友好的问候，您的

阿尔伯特·爱因斯坦

我必须说，对爱因斯坦的这个回复，我不知道说啥好。玻色和爱因斯坦的第一轮往来信件见图 8.2。

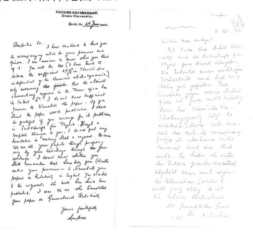

图 8.2　玻色和爱因斯坦的第一轮往来信件

爱因斯坦接受了玻色的请求，把他的文章给翻译成了德文。不知道玻色的对爱因斯坦公式的挑剔是不是在英语原文中有更多体现。爱因斯坦在提交德语译文给杂志时还附上了一个便条，上写道："我认为，玻色对普朗克公式的推导是一个重要的进展。这里用到的方法也能得到理想气体的量子理论。关于这一点，我会在别处展开 (Boses Ableitung der Planckschen Formel bedeutet nach meiner Meinung einen wichtigen Fortschritt. Die hier benutzte Methode liefert auch die Quantentheorie des idealen Gases, wie ich an anderer Stelle ausführen will)"。

派斯在爱因斯坦传记中认为，玻色 1924 年的文章是老量子理论的第四篇也是最后一篇革命性文章，前三篇分别是 Planck (1900)，Einstein (1905) 和 Bohr (1913) 那三篇。关于这个说法，读者们可以见仁见智。

玻色 1924 年的第一篇关于黑体辐射的文章 [S. N. Bose, Plancks Gesetz und Lightquantenhypothese (普朗克定律与光量子假说), *Zeitschrift für Physik* **26**, 178–181 (1924). 此为玻色人生里的第 6 篇论文] 只有短短

的四页，两句话的摘要把事情说得非常清楚。给定体积中光量子的相空间被划分成大小为 h^3 的"小室"。宏观定义的辐射中的光量子在这些小室里的可能分布数目提供了熵，进而提供了辐射的所有热力学性质 (Der Phasenraum eines Lichtquants in bezug auf ein gegebenes Volumen wird in "Zellen" von der Größe h^3 aufgeteilt. Die Zahl der möglichen Verteilungen der Lichtquanten einer makroskopisch definierten Strahlung unter diese Zellen liefert die Entropie und damit alle thermodynamisehen Eigenschaften der Strahlung)。

玻色指出普朗克推导中使用的量子论基本前提与经典电动力学不符。所有的推导都使用了关系 $\rho_\nu = \frac{8\pi\nu^2 d\nu}{c^3}\bar{U}$，其中 $\bar{U}$ 是振子的平均能量，还假设了以太自由度的数目，即公式右侧的第一项。或者说，因子 $8\pi\nu^2 d\nu/c^3$ 作为单位体积内辐射量子态的总数[①]，那是从经典理论导出的。玻色对普朗克推导用到的 ad hoc 假设感到很困惑[②]。

这是所有推导中令人不满意的地方，也因此人们试图找到一个克服这个逻辑缺陷的推导。在玻色看来，此前所有的推导逻辑上都不够坚挺，量子假设加上统计物理就足以导出普朗克公式而无需再用到经典理论。玻色认为需要一个新的和量子理论相恰的统计力学，把关于能量交换过程机制的假设放弃，就能消除那些逻辑缺陷。普朗克统计是辐射自己内在性质的体现。

设总能量为 E 的辐射被限制在体积为 V 的物理空间里，

$$E = V\int \rho_\nu d\nu = \sum_s N_s h\nu_s \tag{8.1}$$

注意，玻色特别强调这里 $s = 0$ 直到 $s = \infty$。确定了 N_s，就确定了 ρ_ν。由 N_s 表征的分布，对应的概率应该在满足辅助能量条件 (8.1) 的前提下取最大值。这个概率的表示是我们要找寻的物理。辐射量子有动量 $h\nu_s/c$。这些量子的状态由位置 x, y, z 和动量 p_x, p_y, p_z 表征，且

$$p_x^2 + p_y^2 + p_z^2 = (h\nu/c)^2 \tag{8.2}$$

---

① 驻波波节数。确实不令人信服。
② 确实让人困惑，如果转述的人不知道来龙去脉那就更惨了。当年笔者就一直也弄不清楚真空腔里哪来的谐振子。

笔者以为，这还是经典物理混合着量子假设得来的色散关系[①]，而且很可能是错的——很难说光量子的动量有三个分量。因为如果光的频率和速度不变，那么投影方向上的动量依然是 $h\nu/c$，就不可能有 $p_x^2 + p_y^2 + p_z^2 = (h\nu/c)^2$ 这样的关系。笔者倾向于认为光速没有分量的说法，或者说光量子的动量没有分量的说法 (关于光速的更多讨论见第 11 章)。此问题先放过一边。对能量在 $h\nu$ 附近的相空间积分，

$$\iiint \mathrm{d}x\mathrm{d}y\mathrm{d}z\mathrm{d}p_x\mathrm{d}p_y\mathrm{d}p_z = V \cdot 4\pi \left(\frac{h\nu}{c}\right)^2 \frac{h\mathrm{d}\nu}{c} = Vh^3\frac{4\pi\nu^2}{c^3}\mathrm{d}\nu \tag{8.3}$$

这意思是说，如果把相空间分成 h^3 大小的小室，则在频率 $\nu \to \nu + \mathrm{d}\nu$ 之间的小室数目为 $V\frac{4\pi\nu^2}{c^3}\mathrm{d}\nu$ 个，这可正是辐射谱分布公式所需要的那个系数的模样。至于为什么这么分，没啥可说的 (In bezug auf die Art dieser Einteilung kann nichts Bestimmtes gesagt werden!)。为了计入存在偏振的事实，这个数改为 $V\frac{8\pi\nu^2}{c^3}\mathrm{d}\nu$。后来，玻色对爱因斯坦擅自加上这个因子 2 老大不高兴。

现在计算宏观状态的热力学概率。在频率范围 $\nu_s \to \nu_s + \mathrm{d}\nu_s$ 内有 N_s 个量子。这 N_s 个量子在频率范围 $\nu_s \to \nu_s + \mathrm{d}\nu_s$ 内的小室中分布，记

$$A_s = V\frac{8\pi\nu_s^2}{c^3}\mathrm{d}\nu_s \tag{8.4}$$

设其中没有量子的小室数目为 A_s^0 个，有一个量子的小室数目为 A_s^1 个，...，这就变成了在约束

$$N_s = \sum_{r=0} r \cdot A_s^r = 0 \cdot A_s^0 + 1 \cdot A_s^1 + 2 \cdot A_s^2 + ... \tag{8.5}$$

之下去计算状态数 $\frac{A_s!}{A_s^0!A_s^1!...}$。接下来玻尔兹曼 1877 年的旧手段就可以用了。当然还有条件 $A_s = A_s^0 + A_s^1 + ...$，写成

$$A_s = \sum_{r=0} A_s^r \tag{8.6}$$

整个系统的状态数为

$$W = \prod_s \frac{A_s!}{A_s^0!A_s^1!...} \tag{8.7}$$

---

① 请记住，色散关系，色散关系，色散关系！

求对数

$$\lg W = \sum_{s=0} A_s \lg A_s - \sum_{s=0} \sum_{r=0} A_s^r \lg A_s^r \tag{8.8}$$

为此用到了 (8.6)。在条件 (8.1) 和 (8.5) 下对 (8.8) 求极大，做变分，共有如下几项变分：(1) $\sum_s \delta N_s h\nu_s = 0$，即总能量 E 固定；(2) $\delta N_s = \sum_r r\delta A_s^r$；(3) $\sum_r \delta A_s^r = 0$，即小室数目固定；和要求 (4) $\sum_s \sum_r \delta A_s^r(1 + \ln A_s^r) = 0$，这些是极值条件。由此有

$$\sum_s \sum_r \delta A_s^r(1 + lnA_s^r + \lambda_s) + \frac{1}{\beta} \sum_s h\nu_s \sum_r r\delta A_s^r = 0 \tag{8.9}$$

解得

$$A_s^r = B_s \exp(-rh\nu_s/\beta) \tag{8.10a}$$

进一步地有

$$A_s = B_s[1 - \exp(-h\nu_s/\beta)] - 1 \tag{8.10b}$$

此即后来统计物理中计算配分函数的老路数，以及

$$N_s = A_s/[\exp(h\nu_s/\beta) - 1] \tag{8.11}$$

返回头，由 E 以及 S 的表达式

$$E = \sum_s V \frac{8\pi\nu_s^2}{c^3} d\nu_s \frac{h\nu_s}{\exp(h\nu_s/\beta) - 1} \tag{8.12a}$$

$$S = k\left[\frac{E}{\beta} - \sum_s A_s \lg(1 - \exp(h\nu s/\beta))\right] \tag{8.12b}$$

使用 $\partial S/\partial E = 1/\beta$，解得 $\beta = kT$。复述上述内容时对于有些标记笔者作了改动，让表达式更接近常见的表述。看看人家在推导时，一点不受约束。玻色总是把 A_s^r 当作大数处理，虽然 A_s^r 也可以是 0, 1, 2 这样的小数目。咱们敢吗？忽然想到，玻色被拒稿是不是也有点儿道理？

玻色的推导简单明了，但它有三个新颖、激进的特征：(1) 黑体辐射由 0-质量、动量为 $h\nu/c$（那时候关系 $p = h\nu/c$ 才刚写出一年半）、能量为 $h\nu$ 的类粒子光量子组成，它们被当作粒子进行排列组合；(2) 没有涉及经典理论，所谓独立的、稳衡的振动模式数被粒子相空间的小室数目

给替代了；(3) 玻色的在小室中分配频率区间内辐射量子数目的统计规律意味着粒子间存在一种新的统计相关。这种特征被称为粒子的全同性[①]，只和计数方式有关。将相空间分立化，相较于普朗克的能量量子化，看似是个进步。其实，相空间量子化是几何的玩法，量子就是首先被黎曼于 1859 年作为几何对象引入的 (用词为 Quantel)。物理几何化也是物理后来的发展方向。这些算是关于光的行为和统计的革命性看法。玻色的文章称辐射是无质量粒子。因为吸收和发射，热辐射作为粒子集合那就有粒子数不守恒问题。在这些认知下，用一种新的统计方式描述，得到了普朗克统计。

玻色的第二篇文章依然是爱因斯坦给翻译成德语发表的 [S. N. Bose. Wärmegleichgewicht im Strahlungsfeld bei Anwesenheit von Materie (有物质在场时辐射场的热平衡), *Zeitschrift für Physik* **27**, 384–393 (1924)]，该文试图导出物质-辐射体系统计平衡的条件，发展同物质-辐射相互作用相契合的基本过程统计概率之表示。玻色指出，德拜从统计可导出普朗克公式，不过还是用到了经典电动力学，那里普朗克公式里的因子 $8\pi V \nu^2 \mathrm{d}\nu/c^3$ 是能量量子化 ($nh\nu$) 了的振子的数目。不过，可将 $8\pi V \nu^2 \mathrm{d}\nu/c^3$ 理解为辐射量子的 6-维相空间中的基本区域 (Elementargebiet) 的数目。爱因斯坦利用的则是辐射场同带 (内禀) 能级的原子之间的相互作用，设定了平衡时物质的能量分布律，就能凭借能量交换机制知道辐射的能量分布律。在 1923 年德拜、艾伦菲斯特和泡利等人的理论模型中出现的是辐射场同电子间的相互作用，由此也能导出普朗克公式 (见上节)。爱因斯坦和艾伦菲斯特的多光子过程，是对爱因斯坦自己和泡利工作的推广。泡利的关于正、反过程之概率表达可以推广为

$$\mathrm{d}W_1 = \prod b_1 \rho_1 \prod (a_1' + b_1' \rho_1') \mathrm{d}t, \ \mathrm{d}W_2 = \prod (a_1 + b_1 \rho_1) \prod b_1' \rho_1' \mathrm{d}t \quad (8.13)$$

其中各项的意义请参照 7.5 节理解。玻色认为上述推导包含不必要的假设，物质在辐射场中的热平衡依然可以用统计的方法得到而不必涉及具体的能量交换机制[②]。况且，体系状态的概率就是两者各自概率的乘积，

[①] 全同粒子，分为可分辨的和不可分辨的。经典的全同粒子可分辨，是说用其初始条件的运动轨迹加以分辨。

[②] 这正体现统计的威力啊！

所谓的平衡态就是整体体系的概率最大。若平衡时辐射场是普朗克分布，物质是麦克斯韦分布，那相应的统计关系是什么样的呢？为此要有辐射和物质各自的热力学概率的表达式。

关于辐射，谱范围 $\nu \to \nu + \mathrm{d}\nu$ 的量子数为 $N_\nu \mathrm{d}\nu$，相空间单元数为 $A_\nu = V \frac{8\pi\nu^2}{c^3}\mathrm{d}\nu$，则

$$W = \prod_\nu \frac{(A_\nu + N_\nu \mathrm{d}\nu)!}{A_\nu!(N_\nu \mathrm{d}\nu)!} \tag{8.14}$$

此表达式应为 $W = \prod_\nu \frac{(A_\nu - 1 + N_\nu \mathrm{d}\nu)!}{(A_\nu - 1)!(N_\nu \mathrm{d}\nu)!}$ 的近似，讨论统计规律应该用严格表达式，否则图像不正确。如同此前的德拜，这里玻色拿微分做阶乘计算。你敢拿微分表示做阶乘吗？你敢拿连续量做连乘计算吗？一个小数目的阶乘你也敢用 Maclaurin 展开对付吗？反正玻色敢而我不敢，我学的数学误导或限制了我。

关于物质粒子，相空间也是分成小区域的。这个前提对分立原子能级和平动能都适用。每一个小区域中有一个数 g 给出任意粒子处于其中的概率 (此为统计权重，statistical weight)，这个数 g 可以是各处相同的但对于分立能级原子除外，则 N 个粒子在不同小室里分布的分布数是

$$\frac{N! \, g_1^{n_1} g_2^{n_2} \cdots}{n_1! \, n_2! \, \cdots} \tag{8.15}$$

条件是当粒子满足麦克斯韦分布时这个分布数最大，即要求

$$n_r \propto g_r \exp(-E_r/kT) \tag{8.16}$$

对于平衡时系统的分布数

$$\prod_s \frac{(A_s + N_s)!}{A_s! \, N_s!} \prod_r \frac{N! \, g_r^{n_r}}{n_r!} \tag{8.17}$$

满足条件

$$\sum_r n_r = N \tag{8.18}$$

和

$$\sum_r n_r E_r + \sum_s N_s h\nu_s = E \tag{8.19}$$

玻色这里注意到了光量子数是不守恒的！笔者的理解是，光量子没有

粒子数守恒问题。所谓发生的基本过程，就是物质粒子的 $n_r \to n_r - 1$，$n_{r'} \to n_{r'} + 1$，和关于辐射量子的 N_{v_1}, N_{v_2}, ... 减 1 伴随 $N_{v'_1}$, $N_{v'_2}$, ... 加 1。平衡时，W 的变化应为零，有

$$\frac{n_r}{g_r} \prod_v \frac{N_v}{N_v + A_v} = \frac{n_{r'}}{g_{r'}} \prod_{v'} \frac{N_{v'}}{N_{v'} + A_{v'}} \tag{8.20}$$

以及

$$\sum hv' - \sum hv + E_r - E_{r'} = 0 \tag{8.21}$$

式 (8.20) 相当于德拜那里的条件

$$\frac{n_r}{g_r} \prod_v \frac{b_1 \rho_v}{a_1 + b_1 \rho_v} = \frac{n_{r'}}{g_{r'}} \prod_{v'} \frac{b_1' \rho_{v'}'}{a_1' + b_1' \rho_{v'}'} \tag{8.22}$$

其中 $\frac{b_1}{a_1} = \frac{8\pi v^2}{c^3} hv$, $\frac{b_1'}{a_1'} = \frac{8\pi v'^2}{c^3} hv'$。

玻色接下来分析了爱因斯坦、泡利和爱因斯坦-艾伦菲斯特的模型，给出了具体的平衡条件。对详情感兴趣的读者请将相关的几篇文章放到一起参详，此处不作深究。玻色的表述有点儿乱，当年的审稿估计不严，搁现在这篇乱糟糟的文章可不好发表。

爱因斯坦在玻色的第二篇文章后面加上了一页半的评论，认为"关于辐射基本过程之概率的玻色假设，我有如下理由不能同意: (1) 从低能级到高能级的过程对逆过程的概率之比应为 $N_v : A_v + N_v$，而按照玻色的假设则为 $\frac{N_v}{A_v + N_v} : 1$；(2) 根据玻色假设必然有冷物体具有依赖于辐射密度的吸收能力"。玻色表示不能接受这种观点。1925 年两人在柏林相遇，爱因斯坦建议玻色考虑两件事: (1) 新统计是否意味着光量子之间有新的相互作用? (2) 在新量子理论中光量子统计和跃迁概率是怎样的? 结果都没下文。

据 Partha Ghose 回忆，玻色有自己的构造量子论的方法，基于自发辐射和受激辐射之间的关联，拟作为其第三篇文章的主题。爱因斯坦是将自发辐射和受激辐射当作独立的过程处理的。玻色说他打算从新观点看待辐射场，把能量量子的传播同任何电磁影响分开来，而且如果量子论要想同广义相对论合拍的话，这种分离就是必要的。但是玻色关于黑体辐射的第三篇文章一直没有踪影。1924—1925 年在法国和德国待了

一段时间后，玻色从柏林回到印度，后来就没有研究成果了。

Partha Ghose 在其 2005 年的回忆中还提到，玻色晚年曾坦承他获得普朗克公式的因子是 $4\pi v^2/c^3$ 而不是 $8\pi v^2/c^3$。玻色认为这多余的因子 2 可能来自光子有一个单位的自旋，同自身的传播方向平行或者反平行[①]。玻色是用孟加拉语说的，"那老头儿把这个给划掉了 (The old man crossed it out)！"爱因斯坦简单地代之以这个因子 2 来自光的偏振，也是那个时期比较流行的做法。也许爱因斯坦以为没必要在这里谈论光的自旋。而玻色认为，对一个粒子来说，偏振是什么意思啊？愚以为，玻色的这个质疑是有道理的。可能对光这种动量空间的粒子来说，也许偏振是有意思的？我觉得今天所谓的量子光学没有，或许是因为没有能力，面对这个问题。

玻色在这两篇论文里的玩法，爱因斯坦早已经玩得溜溜的了。因此，爱因斯坦看到玻色的论文愿意为他翻译，并且说他也要接着做些工作。爱因斯坦说到做到，1924 年一篇，1925 年两篇，且在第二篇论文中引入了凝聚 (玻色-爱因斯坦凝聚) 的概念。

关于玻色的故事与工作，如下几篇文献可供参考：

[1] Kameshwar Wali, The man behind Bose statistics, *Physics Today* **59**(10), 46–52 (2006).

[2] Robert Bruce Lindsay, D. ter Haar, *Men of physics: Lord Rayleigh—The Man and His Work*, Pergamon (1970).

[3] Mehra Jagdish, *Golden Age of Theoretical Physics*, World Scientific (2001).

[4] Barry R. Masters, Satyendra Nath Bose and Bose-Einstein statistics, *Optics and Photonics News*, 41–47, April 2013.

8.2 爱因斯坦的理想气体量子化与凝聚

爱因斯坦此前的工作表面表明，黑体辐射是辐射场的涨落，黑体辐射分布函数 $1/(e^{hv/kT} - 1)$ 中的 "−1" 在辐射-双能级分子模型中明确地

[①] 这是螺旋性的概念。再说了，photon 的概念是 1926 年才有的。

来自受激辐射机制。爱因斯坦一直对热力学、统计力学感兴趣，我甚至觉得爱因斯坦并未区分什么物理的领域，他只是研究物理而已。前面说过，阅读爱因斯坦论文时每一个字都不可以漏过。我不敢说其中的每一个字都包含物理，但我感觉其中的每一个字都对我理解物理有帮助。

　　玻色的黑体辐射推导勾起了爱因斯坦的兴趣，并且敏锐地看到了推广玻色思想以构造单原子理想气体量子理论的可能性。爱因斯坦在玻色1924 年的文章上附加了一条译者注："Boses Ableitung der Planckschen Formel bedeutet nach meiner Meinung einen wichtigen Fortschritt. Die bier benutzte Methode liefert auch die Quantentheorie des idealen Gases, wie ich an anderer Stelle ausführen will (我认为，玻色的普朗克公式推导意味着一个重要的进步。其所用到的方法也提供了理想气体的量子理论，我将在别处探讨)。"爱因斯坦果断中断了当时占据他脑海的统一场论研究，转过来谈论统计问题，而这本是他的拿手好戏。在给玻色回信后的第 8天，即在 1924 年 7 月 10 日的会上，爱因斯坦就提交了他关于理想气体量子理论的第一篇论文，估计他在给玻色翻译论文的过程中就完成了推导。爱因斯坦迅速两篇论文出手，其中第一篇分两部分发表：

[1] Albert Einstein, Quantentheorie des einatomigen idealen Gases (单原子理想气体的量子理论), *Sitzungsberichte der Preussischen Akademie der Wissenschaften*, Physikalisch-mathematische Klasse, 261–267 (1924).

[2] Albert Einstein, Quantentheorie des einatomigen idealen Gases, zweite Abhandlung (单原子理想气体的量子理论，之二), *Sitzungsberichte der Preussischen Akademie der Wissenschaften*, Physikalisch-mathematische Klasse, 3–14 (1925).

[3] Albert Einstein, Zur Quantentheorie des idealen Gases (理想气体的量子理论), *Sitzungsberichte der Preussischen Akademie der Wissenschaften*, Physikalisch-mathematische Klasse, 18–25 (1925).

这两篇论文，因为题目相似，其 1925 年的"理想气体的量子理论"一文甚至连维基百科的 Bose-Einstein statistics 和 Bose-Einstein condensate

条目都是忽略的。爱因斯坦的第一篇文章 (分为两部分的) 表述中连字母使用都有点儿忙乱，不是很好懂。笔者愚鲁，可能理解得不够准确。爱因斯坦这两篇文章之后的统计力学有了量子统计的面貌。同年，费米-狄拉克统计诞生。愚以为，那未必是新的统计。

爱因斯坦开篇把玻色的推导誉为具有最高关注价值的推导 (eine höchst beachtenswerte Ableitung)。玻色的推导方式，提供了得到单原子理想气体量子理论的途径。系统组成单元 (此处为单原子分子) 的相空间可分成 h^3 大小的相空间小室，许多个基本单元组成的体系的热力学由系统基本单元在这些相空间小室里的分布所决定。宏观状态的概率由实现该宏观状态的微观状态数表征，这样的体系满足玻尔兹曼定律。体积为 V 的物理空间里色散关系为

$$E = \frac{1}{2m}(p_x^2 + p_y^2 + p_z^2) \tag{8.23}$$

的粒子，其在能量 E 之下部分的相空间体积为

$$\Phi = \mathrm{d}x\mathrm{d}y\mathrm{d}z \iint_{<E} \mathrm{d}p_x\mathrm{d}p_y\mathrm{d}p_z = V \cdot \frac{4}{3}\pi(2mE)^{3/2} \tag{8.24}$$

在能量范围 ΔE 内的相空间小室数则为

$$\Delta s = \frac{\Delta \Phi}{h^3} = \frac{2\pi V}{h^3}(2m)^{3/2}E^{1/2}\Delta E \tag{8.25a}$$

此处有必要加一句，这个 s 应该按照

$$s = \frac{V}{h^3} \cdot \frac{4}{3}\pi(2mE)^{3/2} \tag{8.25b}$$

来理解，后面会用到。假设在 $E \to E + \Delta E$ 内有粒子数 Δn，这些相空间小室中有 r-个粒子的数目为 $p_r\Delta s$ $(r = 0, 1, 2, 3, \ldots)$。显然，属于 s-标记的小室之占据概率 p_r 当然也是 s (也即 E) 的函数，须加个 s-标记。这样，就有条件

$$\sum_r p_r^s = 1 \tag{8.26}$$

对于给定的分布 p_r^s，和给定的分子数 Δn，分子在能量区域的分布数为 $\frac{\Delta n!}{\prod_{r=0}(p_r^s\Delta n)!}$ (原文如此。这里，以及接下来的几处 Δs 似应是 Δn)。笔者猜测，这样的分布是将相空间的小室当作可分辨的，而粒子是不可分辨的。

利用式 (8.26)，以及 Sterling 公式 $\ln n! \sim n\ln n - n$，得

$$\frac{\Delta n!}{\prod_{r=0}(p_r^s \Delta n)!} \sim \frac{1}{\prod_r p_r^{s\Delta np}} \sim \frac{1}{\prod_{rs} p_r^{sp_r^s}} \qquad (8.27a)$$

上式肯定有问题，有英译版也注意到了式 (8.27a) 的问题，将其修改为

$$\frac{\Delta n!}{\prod_{r=0}(p_r^s \Delta n)!} \sim \frac{1}{\prod_r (p_r^s)^{p_r^s\Delta n}} \sim \frac{1}{\prod_{r,s}(p_r^s)^{p_r^s}} \qquad (8.27b)$$

这后一步，按照上下文，似乎应是 $s = 1, 2, \dots, \Delta n$。将连乘扩展为 $s = 1, 2, \dots \infty$，则 (8.27) 表示由 p_r^s 定义的气体宏观状态的总状态数。再次提请注意，$r = 0, 1, 2, \dots \infty$。也即一个空间划分为小室，小室的计数从 1 开始；小室被粒子占据，粒子占据数的计数从 0 开始。对于整个体系，熵表达式为

$$S = -k \ln \sum_{sr} (p_r^s \ln p_r^s) \qquad (8.28)$$

接下来是类似玻色的推导。在约束条件下

$$n = \sum_{s,r} r \cdot p_r^s \qquad (8.29a)$$

$$\bar{E} = \sum_{s,r} E^s r \cdot p_r^s \qquad (8.29b)$$

求熵最大。用到式 (8.25b) 有

$$E^s = cs^{2/3}, c = \left(\frac{4}{3}\pi V\right)^{-2/3} h^2 (2m)^{-1} \qquad (8.30)$$

则变分法得到的结果可表示为

$$p_r^s = \beta^s e^{-\alpha^s r}, \alpha^s = A + Bs^{2/3} \qquad (8.31)$$

由概率和为 1，可得

$$\beta^s = 1 - e^{-\alpha^s} \qquad (8.32)$$

而每个小室里的平均占据分子数为

$$\sum_{r=0,\infty} rp_r^s = \beta^s \sum_{r=0,\infty} re^{-\alpha^s r} = \frac{1}{e^{\alpha^s} - 1} \qquad (8.33)$$

不得不说，这篇文章，因为其中变量 r, s 作为指标放到上标上，极易误会为幂指数，求和起始值也不标清楚，算是爱因斯坦的文章中表达最糟

糕的一篇，请读者阅读时留心。反正，按照玻色的相空间体积量子化的思想，得到了粒子数和能量的表达式

$$n = \sum_{s=1,\infty} \frac{1}{e^{\alpha^s} - 1} \tag{8.34a}$$

$$\bar{E} = \sum_{s=1,\infty} \frac{cs^{2/3}}{e^{\alpha^s} - 1} \tag{8.34b}$$

其中 $\alpha^s = A + Bs^{2/3}$，它们一起可以确定常数 A 和 B。代入式 (8.28) 的熵表达式，由 $d\bar{E} = TdS$，可以确定 $\frac{B}{c} = \frac{1}{kT}$，最后推导出了 (每摩尔) 理想气体熵的表达式为

$$S = Nk \ln[e^{5/2} \frac{V}{Nh^3} (2\pi mkT)^{3/2}] \tag{8.35}$$

统计物理的教科书大体会直接照抄这个结果。但是，有个问题，对于一个由 $n_1 + n_2$ 个性质几乎一样的两种分子组成的体系，总的熵按说应该等于 $N = n_1 + n_2$ 个分子所组成的体系的熵 (即熵的可加性)，基于上述推导的结果好象不对啊 (须保持 N/V 不变)。用爱因斯坦的顽皮话说，Dies erscheint aber so gut wie unmöglich (想美事儿呢)。这个后来会被当作一个悖论处理。

爱因斯坦说根据这里的理论，能斯特 (Walther Nernst, 1864—1941) 定理针对理想气体会满足，由其可以直接看到，在绝对温度零度下熵必定为零 (Indessen erkennet man unmittelbar, daß die Entropie beim absoluten Nullpunkt verschwinden muß)。坦白说，从式 (8.35) 数学上我看不出怎么当 $T = 0$ 有 $S = 0$。难道是认定 lg 的函数宗量就是被占据小室的数目，当然只能小到 1 的极限了 (物理理论想当然尔！)。爱因斯坦说，这样所有的分子都集中在第一个小室里，这样的状态在我们此处的计数的意义上只有唯一的分布。这应该说是爱因斯坦提及这种量子凝聚的概念。

总结一下，关于理想气体，可得到如下方程

$$n = \sum_{s=1,\infty} \frac{1}{e^{\alpha^s} - 1} \tag{8.34a}$$

$$\bar{E} = \frac{3}{2}pV = c \sum_{s=1,\infty} \frac{s^{2/3}}{e^{\alpha^s} - 1} \tag{8.34b}$$

$$\alpha^s = A + \frac{cs^{2/3}}{kT} \tag{8.31}$$

$$c = \left(\frac{4}{3}\pi V\right)^{-2/3} h^2(2m)^{-1} \tag{8.30}$$

引入参数 $\lambda = \mathrm{e}^{-A}$，此为气体退化的量度 (ein Maß für die "Entartung" des Gases)。把式 (8.34) 改写成双重求和的形式

$$n = \sum_{s,\tau} \lambda^\tau \mathrm{e}^{-cs^{\frac{2}{3}}\tau/kT} \tag{8.36a}$$

$$\bar{E} = \sum_{s,\tau} c\lambda^\tau s^{2/3} \mathrm{e}^{-cs^{\frac{2}{3}}\tau/kT} \tag{8.36b}$$

其中关于所有的 s 要对 $\tau = 1, \infty$ 求和。

把对 $s = 1, \infty$ 的求和换成从 0 到 ∞ 的积分[①]，得

$$n = \frac{3\sqrt{\pi}}{4}\left(\frac{kT}{c}\right)^{3/2}\sum_\tau \lambda^\tau \tau^{-3/2} \tag{8.37a}$$

$$\bar{E} = c\frac{9\sqrt{\pi}}{8}\left(\frac{kT}{c}\right)^{5/2}\sum_\tau \lambda^\tau \tau^{-5/2} \tag{8.37b}$$

关于理想气体的后续讨论即建立在这样的量子理论基础之上。

在这篇文章的第二部分，爱因斯坦首先指明他用玻色的方法得到的是理想气体退化理论 (eine Theorie der "Entartung" idealer Gase)，建立起辐射和气体之间的形式亲缘 (formale Verwandtschaft) 是其价值。Entartung，字面意思种类减少、退化，被英译为 degeneration，保留了 Entartung 的原义。这个词后来在统计物理里一概被汉译成"简并"，故有些句子不好懂。汉语的简并在物理体系有相同能量的能级、矩阵有相同本征值的本征矢量的语境下才是没有歧义的。笔者以为，Entartung 这个词儿按照退化理解比较好，比如从普朗克分布回到维恩分布就是爱因斯坦说的退化，这也是 Entartung，degeneration 在数学中的本意。爱因斯坦注意到，他得到的退化气体同满足力学统计的气体 (Gas der mechanischen Statistik) 之间的偏差可类比于辐射的普朗克分布与维恩分布之间的偏差。爱因斯坦觉得作为量子气体的辐射和分子气体之间的类

[①] 这么做是否合适，请读者自行思考。

比应该是全面的, 如果玻色的普朗克公式推导应认真对待, 那么对理想气体的理论就不该匆匆放过, (辐射) 量子气体同分子气体之间的类比应该是全面的。爱因斯坦要对前一篇里的思考加以补充。

封闭空间里的理想气体, 是个给定温度和体积的系统。理论要能给出能量和压强。爱因斯坦注意到, 上篇文章的结果表明, 如果粒子数 n 和温度 T 给定, 则体积 V 可不能任意小, 式 (8.37) 中的 λ 在 0 到 1 之间取值。对于给定温度 T 和 V, 最大粒子数为

$$n = \frac{V}{h^3}(2\pi mkT)^{3/2} \sum_1^\infty \tau^{-3/2} \tag{8.38}$$

如果体系有更多粒子呢? 多出的粒子去占据动能为零的状态, 类似将蒸汽等温压缩到饱和体积以下。凝聚部分与饱和部分的普朗克函数 $\Phi = S - \frac{E+pV}{T}$ 都为零。对于凝聚部分, 普朗克函数为零, 因为 S, E, V 各自为零 (einzeln verschwinden)。笔者在别处读到玻色-爱因斯坦凝聚的介绍时, 对何以凝聚体的体积为零感到难以接受。爱因斯坦肯定是注意到了这一点, 故而他专门加了一个注: 物质的凝聚部分不要求特别的体积, 因为它对压强没有贡献 (Der "kondensierte" Teil der Substanz beansprucht kein besonderes Volumen, da er zum Druck nichts beiträgt)。如今, 笔者感觉有点可以接受爱因斯坦们的做法了。"大行不顾细谨, 大礼不辞小让", 樊哙的哲学, 这些物理巨擘们明白得很啊。爱因斯坦特别强调, 这是一种分子间没有吸引前提下的凝聚。

此篇论文首次提出了后来被称为玻色-爱因斯坦凝聚的凝聚概念。据说爱因斯坦发表这个结果时, 受到了艾伦菲斯特等人的斥责 (gerügt), 具体内容没能找到。值得关注的是, 这篇文章的手稿于 2005 年在荷兰莱顿大学理论物理研究所的艾伦菲斯特图书馆被发现了 (图 8.3), 应是当初爱因斯坦带到艾伦菲斯特处的那份儿。批评者的观点是, 在这个理论里辐射量子和气体分子不是作为统计独立的对象对待的。这个责难没说错。确实不是把辐射量子和气体分子作为统计独立的对象对待的, 如果这样做, 结果就分别是维恩分布和麦克斯韦分布。

根据玻色的做法, 在能量范围 ΔE 内的相空间小室数则为 $z_v = \frac{2\pi V}{h^3}(2m)^{3/2}E^{1/2}\Delta E$, 见式 (8.25a)。若有 n_v 个分子要分布其上, 则对应第

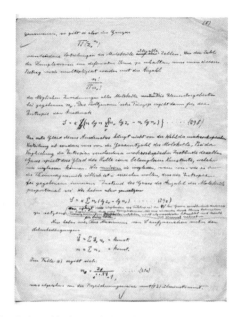

图 8.3　爱因斯坦"单原子理想气体的量子理论"第二部分的手稿

ν-个无穷小范围的状态数为 $\frac{(n_\nu+z_\nu-1)!}{n_\nu!(z_\nu-1)!}$，这样总的熵为

$$S = k \sum_\nu \left[(n_\nu + z_\nu) \lg (n_\nu + z_\nu) - n_\nu \lg n_\nu - z_\nu \lg z_\nu \right] \tag{8.39}$$

这样分子没有被当作统计独立的。

　　如果分子被当作统计独立的，有 n_ν 个分子要分布于 z_ν 个小室中，则状态数为 $z_\nu{}^{n_\nu}$；系统的总状态数为 $\prod_\nu z_\nu{}^{n_\nu}$。为了让这个状态数有意义，还要乘上 $\frac{n!}{\prod n_\nu}$。这样得到的熵为

$$S = k \left[n \lg n + \sum_\nu \left(n_\nu \lg z_\nu - n_\nu \lg n_\nu \right) \right] \tag{8.40a}$$

其中第一项只与总粒子数有关，是个常数，可以去掉不管，得

$$S = k \sum_\nu \left(n_\nu \lg z_\nu - n_\nu \lg n_\nu \right) \tag{8.40b}$$

在能量守恒和粒子数守恒条件下求熵最大，则分别得到

$$n_r = \frac{z_r}{e^{\alpha + \beta E} - 1} \tag{8.41}$$

和

$$n_r = z_r \mathrm{e}^{-\alpha - \beta E} \tag{8.42}$$

其中 $\beta = 1/kT$。

爱因斯坦指出，玻色处理方式得到的熵满足能斯特定理，而第二种经典的处理方式却不能满足能斯特定理，因此玻色统计更应该受到青睐，它揭示了辐射量子同气体之间深层的本质亲缘关系 (tiefe Wesensverwandtschaft)。此文中我看到 Komplexionen 就是 Fälle 的说法，这让我明白所谓的 Komplexionen (其数目指向熵) 大概对应汉语的"情况"。"情"对应粒子，"况"对应可分布其中的小格子间，需要计算的是会出现多少种"情况"。

在 1925 年的另一篇文章中，爱因斯坦重新对玻色统计的问题进行了梳理。爱因斯坦觉得光量子，先不论那个偏振的事情，和理想气体的差别就是光量子质量为零的事儿。因为大家对此前的推导不认账 (指另一位统计物理大拿艾伦菲斯特有异议)，我只好再寻找不包含任意假设的考量。给定体积 V 内质量为 m 的分子，设温度为 T，求其分布函数，

$$\mathrm{d}n = \rho(V, m, kT, L)\frac{V\mathrm{d}p_x \mathrm{d}p_y \mathrm{d}p_z}{h^3} \tag{8.43}$$

其中 $L = (p_x^2 + p_y^2 + p_z^2)/2m$，即假设动量以动能 L 的形式[①]出现在分布函数 ρ 中。此刻我们不假设气压是由按照力学规律的相互碰撞决定的，那样又会得到麦克斯韦分布和经典状态方程。考察 $S = k \ln W$ 中的 W，根据玻尔兹曼的量子论，那应该是个整数，表示熵 S 能实现的不同状态方式，当然是量子论意义下的。熵不包含任意可加常量 (additive Konstant)，而应是一个量子论意义下确定的正数！这个普朗克表达 $S = k \ln W$ 就能斯特定理看来是必须的。绝对零度下热激发的无序都停止了，系统状态只有一种可能，$W = 1$，故有当 $T = 0$ 时，$S = 0$。这让我们确信，熵不可为负。这是到目前为止笔者在爱因斯坦论文里发现的第一句让我摇头的话。熵是广延物理量、标量，当然不可为负。爱因斯坦接着还对着经典气体理论中理想气体的熵表达式中所加上的一

---

① 在相对论文章中，爱因斯坦还用 L 表示光速。

项 $R \ln V$ 这一项在那里讨论一番,说什么 V 变得足够小这项熵值会是负的,故经典状态方程应该抛弃,云云。奇怪,这可不是爱因斯坦的水平啊。$\ln V$ 这种表述是完全错误的。物理函数的宗量 (argument) 必须是无量纲的,小学生都知道。爱因斯坦在此篇论文里可是善用量纲分析 (Dimensionalbetrachtung) 的。爱因斯坦紧接着就认定分布函数应该写成

$$\rho = \psi \left(\frac{L}{kT}, \frac{m(V/N)^{2/3}kT}{h^2} \right) \tag{8.44}$$

的形式,即分布函数是两个独立变量的函数,可见此处变量都弄成无量纲的组合了。这个分布函数应该满足要求条件

$$\frac{V}{h^3} \int \rho \, \mathrm{d}\Phi = N \tag{8.45}$$

其中

$$\mathrm{d}\Phi = \int_L^{L+\Delta L} \mathrm{d}p_x \mathrm{d}p_y \mathrm{d}p_z = 2\pi (2m)^{3/2} L^{1/2} \mathrm{d}L \tag{8.46}$$

是动能在 $L \to L + \Delta L$ 之间的动量空间的体积。可循着如下两条线索来研究分布函数的性质,目的是表明这个两变量的函数 ψ 是个单变量函数:(1) 无限缓慢绝热压缩过程不改变体系的熵;(2) 对于理想气体,也存在外加保守力下的静态对应这个分布函数。后者是说能量表示中加上一势能项不妨碍统计分布。

考察一闭合空间里的理想气体,分子数随动量的分布函数为

$$\mathrm{d}n = \frac{V}{h^3} \rho \, \mathrm{d}\Phi \tag{8.47}$$

那么,该分布会怎么随尺度的单向压缩

$$\frac{\Delta \ell}{\ell} = \frac{1}{3} \frac{\Delta V}{V} \tag{8.48}$$

而改变呢?根据弹性碰撞理论,某方向上的动量绝对值改变为 [①]

$$\Delta |p_1| / |p_1| = -\Delta \ell / \ell \tag{8.49}$$

---

① 气体体系一个方向上压缩了,为啥对应的动量改变是这样的?如何得到这个关系的碰撞理论,笔者不知道。此外,这里似乎隐含着相空间体积守恒的前提。后来量子力学的位置-动量对易式与此也有关。

动能改变为

$$\frac{\Delta L}{L} = -\frac{2}{3}\frac{\Delta V}{V} \tag{8.50}$$

这样就可以得到

$$\Delta \mathrm{d}\Phi/\mathrm{d}\Phi = -\Delta V/V, \ \Delta(V\mathrm{d}\Phi) = 0 \tag{8.51}$$

过程中应该用到了 $\frac{\Delta \mathrm{d}L}{\mathrm{d}L} = \frac{\Delta L}{L} = -\frac{2}{3}\frac{\Delta V}{V}$。此处的 Δ 都是指绝热过程引起的变化。绝热体积变化过程不引起粒子数分布 $\mathrm{d}n = \frac{V}{h^3}\rho\mathrm{d}\Phi$ 的变化，即

$$\Delta(V\rho\mathrm{d}\Phi) = 0 \tag{8.52}$$

故得

$$\Delta\rho = 0 \tag{8.53}$$

结论是，绝热体积变化过程不引起分布函数的变化。

针对式 (8.47) 表达其状态分布的气体，假设其熵关于动能，如同辐射情形关于频率是加和性的 (additiv)。设动量体积微元 $\mathrm{d}\Phi$ 内粒子贡献的熵为

$$\frac{\Delta S}{k} = \frac{V}{h^3}s(\rho, L)\,\mathrm{d}\Phi \tag{8.54}$$

这其中 $V\mathrm{d}\Phi/h^3$ 是对应动能在 $L \to L + \Delta L$ 之间的相空间小室的数目，$s(\rho, L)$ 是个依赖于动能 L 和分布函数 ρ 的 (熵) 函数 (这是个概念上的进步)。考察绝热压缩过程熵不变，$\Delta \mathrm{d}S = 0$，这是要求

$$\frac{\partial s}{\partial \rho}\Delta\rho + \frac{\partial s}{\partial L}\Delta L = 0 \tag{8.55}$$

但如前已知 $\Delta\rho = 0$，所以有

$$\partial s/\partial L = 0 \tag{8.56}$$

结论是这个熵函数就独独是分布函数 ρ 的函数。

热平衡态下，熵 $S = \frac{kV}{h^3}\int s\mathrm{d}\Phi$ 必须在条件

$$\delta\left(\frac{V}{h^3}\int\rho\mathrm{d}\Phi\right) = 0; \ \delta\left(\frac{V}{h^3}\int L\rho\mathrm{d}\Phi\right) = 0 \tag{8.57}$$

下取极值，结果为应有

$$\frac{\partial s}{\partial \rho} = AL + B \tag{8.58}$$

但是，因为 $s = s(\rho)$，所以必然有 $AL + B$ 是 ρ 的 (可逆) 函数，可记为

$$\rho = \psi(AL + B) \tag{8.59}$$

函数 ψ 形式待定。系数 A，B 依赖于 kT，$\frac{V}{N}$，m，h。

考察等密加热 (isopyknische Erwärmung) 过程。用 E 表示气体的能量，

$$\mathrm{D}E = T\mathrm{d}S \tag{8.60}$$

D 是这个过程的变化符号。爱因斯坦又是一通操作，

$$\mathrm{D}E = \frac{V}{h^3} \int L\mathrm{D}\rho\mathrm{d}\Phi = T\mathrm{d}S = \frac{VkT}{h^3} \tag{8.61}$$

由于 $\frac{\partial s}{\partial \rho} = AL + B$，故也有

$$\mathrm{D}s = (AL + B)\mathrm{D}\rho \tag{8.62}$$

外加粒子数守恒条件 $\int \mathrm{D}\rho\mathrm{d}\Phi = 0$，则有

$$\int L\mathrm{D}\rho\mathrm{d}\Phi(1 - kTA) = 0 \tag{8.63}$$

此即 $A = 1/kT$，因此得到了

$$\rho = \psi\left(\frac{L}{kT} + B\right) \tag{8.64}$$

其中 k 应该是个意义待明确的常数。

进一步地，考察保守外场下理想气体的分布。记 ρ 为约化到 6-维相空间里的分子密度，平衡态的经典动力学会得到

$$\rho = \psi^*[L + \Pi] \tag{8.65}$$

的表达式，其中如前 L 是动能，因为各向同性故动量以动能的形式出现；而 Π 是势能，因为同一温度下平衡态分布与体积相对应，故上式中的势能 Π 应是体积 V 的函数。

将上述通过两种途径分析得到的分布函数表达式放到一起参详，容

易得出结论

$$\rho = \psi[\frac{L}{kT} + \chi(C)] \tag{8.66}$$

其中 $C = \frac{m(V/N)^{2/3}kT}{h^2}$，$\chi$ 是一个待定函数。由粒子数守恒条件可以得到关系

$$\int_0^\infty \psi(x+\chi)\sqrt{x}\mathrm{d}x = \frac{Nh^3}{2\pi(2mkT)^{3/2}V} \tag{8.67}$$

可见知道了函数 ψ 就确定了函数 χ。爱因斯坦接着做了一件令笔者感到新鲜的推导，他要把 h 这个量从分布律中消除。记

$$u = \frac{Nh^3}{(mkT)^{3/2}V}, v = L/kT \tag{8.68}$$

从 ρ 的定义和表达式 (8.68) 可以看出，只有当 ψ/u 不依赖于 u 时才能把 h 从 $\mathrm{d}n$ 的表达式 (8.47) 中消除，即要求有

$$\psi(v + \phi(u)) = u\Psi(v) \tag{8.69}$$

对这个方程两边取函数，然后对 u, v 微分，发现 $\ln\psi$ 是线性函数的形式，故而 ψ 必是指数函数。根据麦克斯韦推导麦克斯韦分布律的过程，经典理论对应的是 $\psi(v) = \mathrm{e}^{-v}$。爱因斯坦统计对应的是 $\psi(v) = \frac{1}{\mathrm{e}^v - 1}$。爱因斯坦这篇文章强调两点：其一，$\rho = \psi[\frac{L}{kT} + \chi(C)]$，其中 $C = \frac{m(V/N)^{2/3}kT}{h^2}$，是理想气体统计的一般形式；其二，绝热压缩过程和保守外场不影响状态方程。关于气体统计，有个特征量 $\frac{h^3 N}{(mkT)^{3/2}V}$，那是个纯数目。

顺带说一句，爱因斯坦 1926 年和 1927 年的两篇与光子有关的文章也值得关注，分别是：

[1] Albert Einstein, Vorschlag zu einem die Natur des elementaren Strahlungs-emissions-prozesses betreffenden Experiment (关于与基本辐射发射过程之本质有关的实验的建议), *Naturwissenschaften* **14**, 300–301 (1926).

[2] Albert Einstein, Theoretisches und Experimentelles zur Frage der Lichtentstehung (光产生问题的理论与实验考量), *Zeitschrift für angewandte Chemie*, **40**, 546 (1927).

行文至此，笔者以为就黑体辐射而言，爱因斯坦的研究是最深刻的，也是收获最大的。爱因斯坦的黑体辐射研究收获总结如下：

(1) 解释了光电效应、斯塔克效应等；

(2) 建立了固体量子论；

(3) 发展了涨落理论，认识到光的波粒二象性；

(4) 得出 delta 函数和用 Dirac-comb 表示的态密度分布；

(5) 得出基本电荷 e 与普朗克常数 h 之间的内在关系；

(6) 提出受激辐射概念；

(7) 导出玻色-爱因斯坦统计；

(8) 提出玻色-爱因斯坦凝聚。

有趣的是，基于受激辐射概念人类实现了激光，多年后激光冷却技术让玻色-爱因斯坦凝聚成为可能，而它们都是推导黑体辐射公式之努力的意料之外的结果。黑体辐射是第一个相对论统计研究，在狭义相对论出现之前，后来又引出了量子力学。黑体辐射之意义，由此观之，怎么强调都不为过。

8.3 统计规律与排列组合

黑体辐射研究和统计物理有密切的关系。黑体辐射研究先是用到麦克斯韦-玻尔兹曼统计，在 1924—1925 年带出了玻色-爱因斯坦统计，在 1925—1926 年又有了费米-狄拉克统计。这样我们就有了三种统计规律。以笔者的浅见，把这些统计分为经典的麦克斯韦-玻尔兹曼统计、量子的玻色-爱因斯坦统计和费米-狄拉克统计是不恰当的。统计从来都是玩的整数，恰是为了玩必须用整数进行的统计计算，玻尔兹曼 (1872, 1877) 和普朗克 (1900) 才分别引入了分子动能和辐射能量的量子概念。是统计用的量、量子 (Quant, Quantel, Quantum) 的权宜考量带来了玻色-爱因斯坦统计和费米-狄拉克统计，带来了 quantum mechanics。笔者猜测，quantum mechanics 和 quantum statistics 中的 quantum 应该都是名词，而不是作为形容词对应 classical。我这样说的理由是，当我们谈论 light quantum 时，quantum 是作名词的；量子力学的德语原词 Quantenmechanik 中的 Quanten 是名词 Quantum 的复数形式。当我们使用 quantum mechanical 这种表达时，quatnum 也是作为名词出现的。

三种统计规律可以从对粒子分布的不同要求出发得到。

(1) 麦克斯韦-玻尔兹曼统计。设想有 N 个全同可分辨粒子[①]，按照能量 ε_i 分成粒子数为 N_i 的不同的堆儿。这堆儿是有能量标签的，故也是可分辨的。一堆里的粒子就当作一个集合。记能量 ε_i 状态的简并度为 g_i，如果是连续的能量分布，那就是 $\omega(E)\,\mathrm{d}E$。考察 $g_i = 1$ 的情形。状态数为

$$w = \frac{N!}{N_1!\,(N-N_1)!}\frac{(N-N_1)!}{N_2!\,(N-N_1-N_2)!}\cdots\frac{N_k!}{N_k!\,!0!} = N!\prod_{i=1\ldots k}\frac{1}{N_1!} \tag{8.70}$$

这里大家就明白了，$w = \frac{N!}{N_1!(N-N_1)!}\frac{(N-N_1)!}{N_2!(N-N_1-N_2)!}\cdots\frac{N_k!}{N_k!\,!0!}$ 有物理图像，让你明白道理，而 $w = N!\prod_{i=1\ldots k}\frac{1}{N_1!}$ 是等价的数学结果。如果第 i 堆儿里非要分成 g_i 个子堆儿，那么就多出了 $g_i{}^{N_i}$ 种排列方式，故

$$W = N!\prod_{i=1\ldots k}\frac{g_i{}^{N_i}}{N_i!} \tag{8.71}$$

给定粒子数和能量的约束条件下，求熵最大的条件为

$$f(N_i) = \ln W + \alpha\left(N - \sum_i N_i\right) + \beta\left(E - \sum_i \varepsilon_i N_i\right) \tag{8.72}$$

得

$$\frac{N_i}{N} = \frac{g_i}{\mathrm{e}^{(\varepsilon_i - \mu)/kT}} = \frac{g_i\mathrm{e}^{-\varepsilon_i/kT}}{Z} \tag{8.73}$$

其中 $Z = \sum_i g_i\mathrm{e}^{-\varepsilon_i/kT}$ 是配分函数。

如果是指标对单个微观能量态计数，这相当于 $g_i = 1$，则公式为

$$\frac{N_i}{N} = \frac{1}{\mathrm{e}^{(\varepsilon_i - \mu)/kT}} = \frac{\mathrm{e}^{-\varepsilon_i/kT}}{Z} \tag{8.74}$$

其中配分函数 $Z = \sum_i \mathrm{e}^{-\varepsilon_i/kT}$。

注意，此处的求和 $\sum_i$ 是对有限个指标的求和。

(2) 玻色-爱因斯坦统计。此统计针对的是全同不可分辨的粒子。能

[①] 全同粒子，可以通过其轨迹而分辨。具有相同能量的全同粒子，可以具有不同的动量标签而被分辨。

量为 ε_i，简并为 g_i 的能级上分布 n_i 个粒子，状态

$$W(n_i, g_i) = \frac{(n_i + g_i - 1)!}{n_i!\,(g_i - 1)!} \tag{8.75}$$

计算方法是计算 $g_i + 1$ 挡板构成的 g_i 个小隔间里 n_i 个粒子的可能组合。两端的挡板是固定的，故这相当于计算 $n_i + g_i - 1$ 个对象分为两类的排列组合数，故是式 (8.75)。这样，系统的总状态数

$$W = \prod_i \frac{(n_i + g_i - 1)!}{n_i!\,(g_i - 1)!} \tag{8.76}$$

仿照如上推导过程，在粒子数和给定能量的约束下求熵最大的条件，得结果为

$$n_i = \frac{g_i}{e^{\alpha + \beta \varepsilon_i} - 1} \tag{8.77}$$

此为玻色-爱因斯坦分布。对于 $\alpha = 0$，或者说化学势 $\mu = 0$ 的体系，玻色-爱因斯坦分布退化为普朗克分布公式。

(3) 费米-狄拉克统计。此统计针对的是全同不可分辨的、无相互作用的粒子，但引入了泡利不相容原理。能量为 ε_i，简并为 g_i 的能级上分布 n_i 个粒子，$n_i = 0, 1$。对于特定能级的状态数为

$$W(n_i, g_i) = \frac{g_i!}{n!\,(g_i - n_i)!} \tag{8.78}$$

这样，系统的总状态数

$$W = \prod_i \frac{g_i!}{n!\,(g_i - n_i)!} \tag{8.79}$$

仿照如上推导过程，在粒子数和给定能量的约束下求熵最大的条件，得结果为

$$n_i = \frac{g_i}{e^{\alpha + \beta \varepsilon_i} + 1} \tag{8.80}$$

此为费米-狄拉克分布。

8.4　玻色-爱因斯坦统计与费米-狄拉克统计

　　玻色和爱因斯坦的 1924—1925 年间的工作算是建立起了玻色-爱因斯坦统计理论。1926 年又有了费米-狄拉克统计。这两种统计针对不同

系综的推导简单罗列如下，供参考。

微正则系综 (microcanonical ensemble)[①]。针对微正则系综，如上所述，玻色-爱因斯坦统计可这样得到：考虑能量为 ε_i、简并为 g_i 的能级上放 n_i 个粒子，这个宏观状态的多重数[②]为 $W = \frac{(g_i+n_i-1)!}{n_i!(g_i-1)!}$，在 $\sum n_i = N, \sum \varepsilon_i n_i = E$ 的约束下求熵最大，即得玻色-爱因斯坦统计式 (8.77)。

正则系综 (Canonical ensemble)。这个推导很麻烦，且只在大粒子数的渐近极限下得到玻色-爱因斯坦分布。假设粒子有用 i 标记的简并度为 g_i、能量为 ε_i 的能级。依然是 n_i 个玻色子的分布方式 $\frac{(n_i+g_i-1)!}{n_i!(g_i-1)!}$，总的分布数 $W = \prod_i \frac{(n_i+g_i-1)!}{n_i!(g_i-1)!}$。但是，接下来又是固定粒子数和固定能量的讨论。但是，不对啊，正则系统的能量不是固定的，温度 T 由外部的热库保持。据说 Darwin-Fowler method 是一种非常好的推导。有兴趣的朋友请研读如下参考文献：

[1] C. G. Darwin, R. H. Fowler, On the partition of energy, *Philosophical Magazine*, Series 6, **44**, 450–479 (1922).

[2] C. G. Darwin, R. H. Fowler, On the partition of energy, Part II, Statistical principles and thermodynamics, *Philosophical Magazine*, Series 6, **44**, 823–842 (1922).

[3] R. H. Fowler, *Statistical Mechanics*, Cambridge University Press (1952).

巨正则系综 (Grand Canonical ensemble)。巨正则系综，同库之间交换能量和粒子，温度和化学势由库所固定。由于粒子间没有相互作用，则每一个能量态都构成一个子巨正则系综。配分函数

$$Z = \sum_{n=0}^{\infty} e^{-n\beta(\varepsilon-\mu)} = \frac{1}{1 - e^{-\beta(\varepsilon-\mu)}} \tag{8.81}$$

① Ensemble 被汉译成系综，割裂统计物理同其他数学的联系。哪有什么系综，就是简单的集合而已，可按法语中的 ensemble 来理解，见 Nicolas Bourbaki, *Théorie des ensembles* (集合论), Springer (2006)。
② 英文的 multiplicity，应该就是德语的 Komplexionszahl，Komplexionsanzahl 英译为 complexion number。还有一种英文说法，为 number of "possibilities of realization"，意思是"实现的可能性"数目。

求得能级上的平均粒子数为

$$\langle n \rangle = \frac{1}{e^{\beta(\varepsilon - \mu)} - 1} \qquad (8.82)$$

这是玻色-爱因斯坦统计。此处出现了化学势，μ。好的统计力学文本应该告诉人们这个量是从哪儿来的，它的物理意义是什么。

　　与玻色-爱因斯坦统计对应的还有费米-狄拉克统计。费米-狄拉克统计应用于后来被称为费米子的半整数自旋粒子，其实主要是电子 (自旋为 $s = 1/2$)，其也是费米-狄拉克统计的必要性所在。人们早就注意到，比热相较于电流牵扯的电子数目似乎少得多，非常令人困惑。费米-狄拉克统计是 1926 年由意大利物理学家费米和英国物理学家狄拉克独立提出的 (图 8.4)。费米 1926 年 3 月 24 日提交的一篇论文，题目和爱因斯坦 1924 年的论文几乎一模一样 [Enrico Fermi, Zur Quantelung des idealen Einatomigen Gases (理想单原子气体的量子化), *Zeitschrift für Physik* **36**, 902–912 (1926)][1]。另有一篇同名的意大利语短文 [Enrico Fermi, Sulla quantizzazione del gas perfetto monoatomico, *Rendiconti Lincei* **3**, 145–149 (1926)]。费米指出，低温下分子运动量子化，其行为同经典理论有偏差。描述这个现象，费米用了 Entartung，

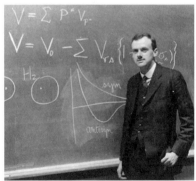

图 8.4 费米 (左) 与狄拉克 (右)

---

[1] 费米的这篇论文是一篇标准的外国人写的德语论文。请注意，德语很诡异，德国人自己一般写不好，非德国人更是很难写得像样。希腊人 Κωνσταντίνος Καραθεοδωρή (Constantin Carathéodory, 1873—1950) 的热力学第二定律的公理化表达那篇文章是外国人写的真德语，格外稀罕，见 Untersuchungen über die Grundlagen der Thermodynamik (关于热力学基础的探讨), *Math. Ann.* **67**, 355–386 (1909)。

Entartungserscheinung, Entartungstheorie 等名词，对应的德语动词用了 abweichen，偏差。解释这些偏差的理论会采用这样或那样的假设，而作者发现只需要假设系统里不可以存在量子数相同的两个等价单元 (nie zwei gleichwertige Elemente vorkommen können, deren Quantenzahlen vollständig übereinstimmen) 即可。这是不是从数学得来的考虑呢？

关于理想气体的行为，由分子间完全独立而得到的分子运动的量子化还是不够的——当体积足够大时，由边界条件约束而来的能量值的量子化问题实际上消失了。为此可参考泡利 1924 年引入的不相容原理 [Wolfgang Pauli, Über den Zusammenhang des Abschlusses der Elektronengruppen im Atom mit der Komplexstruktur der Spektren (原子中电子群体的闭合同谱线复杂结构之间的关系), *Zeitschrift für Physik* **31**(1), 765–783 (1925)][1]。作者的技巧是将分子置于一个力场下获得周期化的运动 (由此赋予量子数？)，但知道统计与外加力场无关。费米施加力场使得分子变成了一个振子，频率为 ν，相应的势能为 $u = 2\pi^2\nu^2 mr^2$。振子的量子数有三个，s_1, s_2, s_3。泡利原理此处可理解为，"对应一组量子数 (s_1, s_2, s_3) 只有一个分子"。这样，对应能量

$$\varepsilon_s = s \cdot h\nu = (s_1 + s_2 + s_3)\, h\nu \tag{8.83}$$

最多有 $Q_s = (s+1)(s+2)/2$ 个分子。这样，在绝对零度时，此中气体的分子从能量上构成一个壳层结构。这样，设能量为 $s \cdot h\nu$ 的粒子数为 N_s，平衡态对应 $\prod \binom{Q_s}{N_s}$ 最大值 (这个记号就是组合数 $C_{Q_s}^{N_s}$)，条件为

$$\frac{N_s}{Q_s - N_s} = \alpha e^{-\beta s}, \quad 即 N_s = \frac{\alpha e^{-\beta s}}{\alpha e^{-\beta s} + 1} Q_s \tag{8.84}$$

有总分子数 $N = \sum_{s=0}^{\infty} \frac{\alpha e^{-\beta s}}{\alpha e^{-\beta s}+1} Q_s$ 和总能量单元数 $\sum_{s=0}^{\infty} \frac{\alpha e^{-\beta s}}{\alpha e^{-\beta s}+1} s Q_s$。这样的分布，后来狄拉克把它叫做费米分布 [P. A. M. Dirac, *The Principles of Quantum Mechanics*, 1st edition, Oxford University Press (1930)]。

顺带说一句，$n_s = \frac{1}{e^{(\varepsilon_i - \mu)/kT} + 1}$ 这样的函数又被称为 logistic function 或者 sigmoid function。

———————————

[1] 闭合，Abschluss，指电子壳层的闭合问题。

狄拉克在量子力学语境里讨论理想气体 [P. A. M. Dirac, On the theory of quantum mechanics, *Proceedings of the Royal Society of London* A **112**, 661–677 (1926)]。在 1926 年 8 月提交的这篇文章里，他就用到了 Einstein-Bose Statistics (玻色-爱因斯坦统计) 一词。黑体辐射带来了普朗克分布和光辐射能量量子化；玻色关于黑体辐射的工作经过爱因斯坦到理想气体的推广有了玻色-爱因斯坦统计；同一时期研究原子的辐射问题，试图表达谱线位置和强度，有了量子力学。狄拉克统计从狄拉克一方则是从考虑多电子体系波函数开始的，针对多粒子体系波函数的对称性问题。为了让系统的运动积分是矩阵，满足矩阵的乘法，多粒子体系的波函数要么是对称的，要么是 determinantal form (保证反对称性)。量子力学，从一开始就是统计。量子统计出现在量子力学之前，至少是在薛定谔 1926 年的波动力学之前。愚以为，量子统计是个需要认真理解的概念，统计从来就是基于可数性、分立性，用的是整数。

现在来找寻本征函数反对易体系的气体之状态方程，也就是一个分子只联系一个波。把波分成一定的集合 (即 ensemble，系综)，每个集合里的波只联系具有相同能量的分子。设 A_s 是某集合里的波的数目[①]，而 ε_s 是相应的每个分子的能量，则 N_s 个分子同这个集合里的波相联系的分布数 (相应的反对称波函数的数目) 为

$$W = \prod_s \frac{A_s!}{N_s!(A_s - N_s)!} \tag{8.85}$$

这其实就是把 m 个球放到 n 个盒子里，每个盒子里面最多只有一个，这种问题的多重数 (multiplicity) 或者状态数 (Komplexionszahl)，即式 (8.78)。对熵关于粒子数的变分求极值，

$$\delta S = k \sum_s \ln(A_s/N_s - 1)\delta N_s = 0 \tag{8.86}$$

加上约束条件为 $\sum_s \delta N_s = 0, \sum_s \varepsilon_s \delta N_s = 0$，得

$$\ln(A_s/N_s - 1) = \alpha + \beta \varepsilon_s \tag{8.87}$$

[①] 在谈论波函数呃。这里 The number of wave 真是波的数目，不是经典光学里的 $k = 2\pi/\lambda$。

故有统计 $N_s = \frac{A_s}{e^{\alpha+\beta\varepsilon_s}+1}$。敲定系数 β 后，有

$$N_s = \frac{A_s}{e^{\alpha+\varepsilon_s/kT}+1} \tag{8.88}$$

其中

$$A_s = 2\pi V(2m)^{3/2} E_s^{1/2} dE_s/(2\pi h)^3 \tag{8.89}$$

由关系式 (8.89) 和

$$\frac{2\pi V(2m)^{3/2}}{(2\pi h)^3} \int_0^\infty \frac{E_s^{1/2} dE_s}{e^{\alpha+\varepsilon_s/kT}+1} = N \tag{8.90}$$

消去参数 α，使用关系式 $pV = \frac{2}{3}E$(此关系不依赖于统计)，即可得到系统的状态方程。这个理论中不会出现玻色-爱因斯坦凝聚那样的饱和的情形。顺带说一句，那个自旋 1/2 的事儿，这篇文章里可没提。

如同玻色-爱因斯坦统计，对费米-狄拉克统计也要考虑微正则系综、正则系综和巨正则系综的情形。

微正则系综。如上，考虑能量为 ε_i，简并度为 g_i 的能级，按照泡利不相容原理最多只有一个粒子可以占据其中的任何子能级。设能量为 ε_i 的粒子有 n_i 个，占据方式有 $w(n_i, g_i) = \frac{g_i!}{n_i!(g_i-n_i)!}$，在约束 $\sum n_i = N$ 和 $\sum \varepsilon_i n_i = E$ 下求最大。令 $\ln W + \alpha(N - \sum n_i) + \beta(E - \sum \varepsilon_i n_i)$ 的关于 n_i 的变分为零，得 $n_i = \frac{g_i}{e^{\alpha+\beta\varepsilon_i}+1}$。

正则系综。考虑粒子数 N 固定的一个多粒子费米子体系，同库处于热平衡。对应某个粒子数分布 n_i，系统能量为 $\sum \varepsilon_i n_i = E_R$，但是，系统处在这样的总能量为 E_R 的概率为

$$P_R = \frac{e^{-\beta E_R}}{\sum e^{-\beta E_R}} \tag{8.91}$$

其中的 $e^{-\beta E_R}$ 就是玻尔兹曼因子，求和对系统可采取的所有状态进行。可表示单粒子状态的占据问题，有

$$P_R = \frac{e^{-\beta(n_1\varepsilon_1+n_2\varepsilon_2+\dots)}}{\sum e^{-\beta(n_1\varepsilon_1+n_2\varepsilon_2+\dots)}} \tag{8.92}$$

故得平均粒子数

$$\bar{n}_i = \frac{\sum n_i e^{-\beta(n_1\varepsilon_1+n_2\varepsilon_2+\dots)}}{\sum e^{-\beta(n_1\varepsilon_1+n_2\varepsilon_2+\dots)}} \tag{8.93}$$

此问题的约束条件为

$$\sum n_i = N, \bar{n}_i = \frac{\sum n_i \mathrm{e}^{-\beta(n_1\varepsilon_1+n_2\varepsilon_2+\cdots)}}{\sum \mathrm{e}^{-\beta(n_1\varepsilon_1+n_2\varepsilon_2+\cdots)}} = \frac{\sum_{n_i=0,1} n_i \mathrm{e}^{-\beta n_i\varepsilon_i} Z_i(N-n_i)}{\sum_{n_i=0,1} \mathrm{e}^{-\beta n_i\varepsilon_i} Z_i(N-n_i)} \quad (8.94)$$

其中 $Z_i(N-n_i) = \sum^{(i)} \mathrm{e}^{-\beta(n_1\varepsilon_1+n_2\varepsilon_2+\cdots)}$，$(i)$ 表示求和排除这一项。这样，则有

$$\bar{n}_i = \frac{\mathrm{e}^{-\beta\varepsilon_i} Z_i(N-1)}{Z_i + \mathrm{e}^{-\beta\varepsilon_i} Z_i(N-1)}, \quad (8.95)$$

记 $Z_i(N)/Z_i(N-1) = \mathrm{e}^{-\beta\mu}$，由此可计算化学势 μ（当 μ 处于能量谱的空隙部分中间时，比如半导体中的电子能谱所遇到的情形，被称为费米能级），得

$$\bar{n}_i = \frac{1}{\mathrm{e}^{\beta(\varepsilon_i-\mu)} + 1} \quad (8.96)$$

巨正则系综。由于粒子间没有相互作用[1]，每一个单粒子能级都是一个单独的巨正则系综，对应每一个单粒子能级系统都只有两个能量态，$E = 0$，$E = \varepsilon$，故配分函数为

$$Z = 1 + \mathrm{e}^{-\beta(\varepsilon-\mu)} \quad (8.97)$$

故单粒子态上的平均占据数为

$$\bar{n} = \frac{\mathrm{e}^{-\beta(\varepsilon-\mu)}}{1 + \mathrm{e}^{-\beta(\varepsilon-\mu)}} = \frac{1}{\mathrm{e}^{\beta(\varepsilon-\mu)} + 1} \quad (8.98)$$

而涨落为

$$\overline{(\Delta n)^2} = \bar{n}(1 - \bar{n}) \quad (8.99)$$

其中显然仍由粒子性贡献和波动性贡献的两项构成。巨正则系统计算配分函数，从一开始就计入了化学势 μ 这个物理量。

8.5　纳坦松的前奏

在一般的论述如何得到玻色-爱因斯坦统计的文本中，很少会提及波兰人纳坦松的贡献 (图 8.5)。纳坦松出生于 1864 年，比爱因斯坦和玻色都年长，其人早在 1911 年的文章 [Ladislas Natanson, Über die statis-

---

[1] 或者是说不考虑相互作用。

tische Theorie der Strahlung (辐射的统计理论), *Physikalische Zeitschrift* **12**, 659–666 (1911). 此为对英文 On the statistical theory of radiation 的翻译, 两者皆署名 Ladislas Natanson] 中就指出, 推导出普朗克公式的前提是能量量子的不可分辨性。P 个能量量子 (Energiequanten) 在 N 个能量载体 (Energiehalter) 间分配, 可能的组合数为 $W = \frac{(N+P-1)!}{(N-1)!P!}$。如果是可分辨的, 就少 $P!$ 这一项[①], 结果就是玻尔兹曼分布。纳坦松的这项成就在 1960 年逐渐得到认可, 甚至有 Natanson-Bose-Einstein 统计的提法。然而, 愚以为似乎不然。相较于纳坦松的工作, Bose-Einstein 统计另有深意。关于粒子组合与统计, 见 Paul Ehrenfest, Heike Kamerlingh Onnes, Vereinfachte Ableitung der kombinatorischen Formel, welche der Planckschen Strahlungstheorie zugrunde liegt (作为普朗克辐射理论基础的组合公式的简化推导), *Annalen der Physik* **46**, 1021–1024 (1915)。在这篇文章里, 艾伦菲斯特指出, 爱因斯坦处理他的光量子的方式是, P 个相同的、完全分立的量子 (gleichartige, voneinander losgelöste Quanten), 当其所处空间的体积不可逆地从 N_1 变到 N_2 时[②], 相应的熵变为

$$S_2 - S_1 = k\lg\left(N_2/N_1\right)^P \tag{8.100}$$

如果看作是 P 个量子分配入 N 个体积单元的问题, 那相应的可能分配数目之比为 $N_2^P : N_1^P$。如果是按照普朗克的处理, 可能分配数目之比应该是 $\frac{(N_2-1+P)!}{(N_2-1)!P!} : \frac{(N_1-1+P)!}{(N_1-1)!P!}$。这两者在 P 是大数时相近, 因此熵不变。如果按爱因斯坦那样计算熵来处理黑体辐射, 会得到维恩分布。

图 8.5 纳坦松

---

① 载体反正是不可分辨的?
② 用 N 表示体积, 是不是容易看成是某个体积单元 (Raumzellen) 的倍数?

8.6　薛定谔的即时补充

1925 年底，薛定谔 (图 8.6) 写了题为 "论爱因斯坦气体理论" 的论文 [Erwin Schrödinger, Zur Einsteinschen Gastheorie, *Physikalische Zeitschrit* **27**, 95–101 (1926)]，此为对爱因斯坦的气体量子理论的响应，也是他那石破天惊[①]的 "量子化作为本征值问题" 问世前的最后一篇文章。这篇论文对于理解波动力学的产生至关重要。相关内容还有另一篇也值得关注 [Erwin Schrödinger, Die Energiestufen des idealen einatomigen Gasmodells (单原子理想气体模型的能级), *Sitzungsberichte der Preußischen Akademie der Wissenschaften*, Physikalisch-mathematische Klasse, 23–36 (1926)]。

图 8.6 薛定谔 (1933)

爱因斯坦的理想气体理论把玻色统计当作第一性的 (etwas Primäres)，其假设似乎隐藏着气体分子的某种相互依赖或者交换作用。也许能获得对新理论实质的深刻认识。

设有 n 个全同分子，其允许的状态的能量，或曰能谱 (可看作非负

[①] 你要是能看到那石头里的能量是怎么积聚的，你的世界里就没有什么石破天惊。

递增的数列)，为 $\varepsilon_1, \varepsilon_2, \ldots, \varepsilon_s, \ldots$，可以多个分子处于同一个状态[1]。第 s-个自由度，当有 n_s 个分子处于其上时，能量为 $n_s \varepsilon_s$，行为类似可以具有能量 $0, \varepsilon_s, \ldots, n_s \varepsilon_s, \ldots$ 的一维谐振子。整个体系可以当作线性振子的集团，类似固体，或者如辐射 (振子的数是无限多的)。状态求和会用到 $e^{-(n_1\varepsilon_1 + n_2\varepsilon_2 + \ldots n_s\varepsilon_s\ldots)/kT}$，对于辐射和固体 n_s 没有限制，

$$\prod_s \sum_{n_s=0}^{\infty} e^{-n_s\varepsilon_s/kT} = \prod_s \frac{1}{1 - e^{-\varepsilon_s/kT}} \tag{8.101}$$

对于气体，有约束条件

$$\sum n_s = n \tag{8.102}$$

这个平凡自明的条件根据爱因斯坦理论塑造了**气-体**的独特不同是最有价值的结果 (die eigentliche differentia specifica des Gaskörpers bildet)。注意，薛定谔这里用了拉丁词 differentia specifica 来强调独特性，还让笔者第一次见到了**气-体**这个词 (Gaskörper，相当于 gas-body)，后面对应这个词时都会如此表示。

对于气体，有约束条件，则需要挑出式 (8.101) 中 $x_s = e^{-\varepsilon_s/kT}$ 的所有 n-次幂项。这个状态求和，记为 Z，用复变函数的留数定理就能做到，

$$Z = \frac{1}{2\pi i} \oint_{z=0} dz \, z^{-n-1} \prod_{s=1} \frac{1}{1 - zx_s} \tag{8.103}$$

这里引入的 z^{-n-1} 就是为了筛出 n-次幂项[2]。积分核在实轴上在 $z = 0, 1/x_1$ 区间上有一个区域狭窄的最小值，记其位置为 $z = r$，满足

$$-\frac{n+1}{r} = \sum_{s=1} \frac{x_s}{1 - rx_s} \tag{8.104}$$

一通近似计算得到

$$Z \approx \left(2\pi r \prod_{s=1} \frac{x_s}{(1 - rx_s)^2} \right)^{-\frac{1}{2}} r^{-n-1} \prod_{s=1} \frac{1}{1 - rx_s} \tag{8.105}$$

---

[1] 考察如下三种情形的统计规律：一个班有 n 个同学，考试分数为 0, 1, 2, ..., 100，多个同学可以有相同的成绩；设有 n 个同学参加研究生面试，面试成绩为 60, 61, ..., 100，每个分数至多给予一位同学；设考试分数为 0, 1, 2, ..., 100，多个同学可以有相同的成绩，但同学爱交卷不交卷，随便。

[2] 薛定谔是维也纳大学的数学物理教授。不懂数学的物理教授可以鄙夷他。

薛定谔这里的 r 就是爱因斯坦文章中的 e^{-A}。薛定谔说，他这儿到处出现的是 $n+1$ 而非 n 没啥意义 (Daß bei uns überall $n+1$ an stelle von n auftritt, ist natürlich völlig belanglos)，这是那时候的短浅认识。后来的量子力学和量子场论的语境中到处出现的是 $n+1$ 而非 n，是与量子化服从的非交换代数有关的。

　　薛定谔接下来计算**气-体**的能谱 (统计掩盖了分子间的相互依赖)，计算状态占据数的平均值和涨落，讨论分子和光量子用平面波之干涉表述的可能性，都是笔者此前闻所未闻的。限于篇幅和内容选择，不能详细赘述。大概说来，爱因斯坦的气体理论把气体如固体或者辐射体 (Strahlungsvolumen) 那样当成线性本征共振的系统看待，只是量子数求和对应分子数，受限制。**气-体**的频谱按照德布罗意的稳态相位波量子化程序用金斯和德拜的方法计算。如果有实验情形需要用到玻色统计，则不应看作是真正独有的，而是能量激发情形。玻色统计只是一个过渡 (Durchgangsstadium)，是可以用自然统计 ("natürliche" Statistik) 代替的。玻色统计和自然统计之间存在如下的关系。将用于光量子得到普朗克公式的统计应用于气体分子就得到爱因斯坦的气体理论，将自然统计用于以太振子就能得到普朗克谱分布。当我们把能量状态的多样性 (Mannigfaltigkeit der energitischen Zustände) 同状态载体的多样性 (Mannigfaltigkeit der Träger dieser Zustände) 交换一下角色，就会有玻色统计和自然统计之间的切换。

　　薛定谔在这里用波动理论处理**气-体**问题，在德布罗意和爱因斯坦的波粒二象性想法之后。这是波粒二象性概念发展的一个重要环节。此文章的提交日期是 1925 年 12 月 15 日，10 天后薛定谔去往一个滑雪胜地开始专心构造波动力学。

　　这又引起了一个思想和计算哪个更难的问题。我倾向于计算比思想更难。一个问题，理解它的思想会同时发生在很多人的头脑里，但有本事用数学把它表述、拓展成系统的物理学的人却很少。也因此，牛顿、欧拉、哈密顿、庞加莱、外尔这类物理学家有更高的声望。

8.7 普朗克的响应

普朗克在 1925 年发表了一篇论文 [Max Planck, Zur Frage der Quan-telung einatomiger Gase (单原子气体的量子化问题), *Sitzungsberichte der Preußischen Akademie der Wissenschaften*, Physikalisch-Mathematische Klasse, 49–57 (1925)]，可看作是对爱因斯坦 1924 年关于理想气体统计的反响，在 §7 中作了简短的针对性讨论。普朗克开篇就指出，多年前我就发展了单原子气体的量子统计 [Max Planck, *Sitzungsber. d. Berl. Akad. d. Wiss.*, 8 Juli, 1916][1]，据此断言在低温高密度时会导向某种退化现象 (gewisse Entartungserscheinungen)。根据量子假设，相空间里充满相点 (Phasenpunkt)，这个空间分布的密度从一个相室 (Phasenzelle) 过渡到邻近的相室时会有跳跃。然而，斯特恩和盖拉赫的实验表明某种情形下在相空间中仅有一条确定的相轨迹。那么，问题来了：量子统计及由其得到的结论该如何调整？

(体积、温度固定的) 气体的热力学行为用自由能描述，

$$F = -kT \log \sum \mathrm{e}^{-U/kT} \tag{8.106}$$

其中 U 是满足量子要求的状态的能量，求和对不同状态进行，状态等于相空间以 h^f，f 是系统单元的自由度，为单位的基本区域数或者相室数目。相空间的体积元，写成关于位置与动能函数的形式，为

$$d\sigma = dx_1 dy_1 dz_1 \sqrt{2m^3 u_1}\, du_1 d\Omega_1 \ldots dx_N dy_N dz_N \sqrt{2m^3 u_N}\, du_N d\Omega_N \tag{8.107}$$

其中 $d\Omega$ 是速度空间的小方向角微元。系统的总能量是各个分子动能总和。每一个气体状态对应相空间的一个点，但每个气体系统的状态对应 $N!$ 个相点。每一个量子小室 (Quantenzelle)，也称为原始小室 (Urzelle)，在相空间是由 $N!$ 个相互等同的小室体现的。为了让量子化有物理意义，要把原始小室的体积选为 h^{3N}。普朗克在这里用了 Phasenzelle, Quantenzelle, Urzellen 等涉及相空间分割的词儿，笔者都是在这里才第一次见到。好的物理学家在构造理论的时候构造概念，有时候为此还得造新词儿。

---

① 遗憾未能找到原文。

考察能量在 $0 \to u$ 的量子小室的数目，应为

$$z = \frac{1}{h^{3N}} \frac{1}{N!} V^N \left(\frac{4\pi}{3} \right)^N 2mu^{3N/2} \tag{8.108}$$

而求和

$$\sum \mathrm{e}^{-U/kT} = \sum_0^u \mathrm{e}^{-\frac{u_1+\dots+u_N}{kT}} = \sum_0^u \mathrm{e}^{-\frac{u_1}{kT}} \dots \sum_0^u \mathrm{e}^{-\frac{u_N}{kT}} = \left(\sum_0^u \mathrm{e}^{-\frac{u}{kT}} \right)^N \tag{8.109}$$

这个结果虽然表示成了单原子的求和，但是求和元素的数目却是从气体状态的量子化而来的。令 $z = n$，近似地得

$$u_n = \frac{h^2}{2m} \left(\frac{3N}{4\pi eV} \right)^{2/3} n^{2/3}, n = 1, 2, 3, \dots \tag{8.110}$$

即为分子能量量子化。那么，能量在哪个量子化的能量区域呢？接下来，普朗克又有惊人之举。他说，为了保障某种一般性，可把上式改造成

$$u_n = \frac{h^2}{2m} \left(\frac{3N}{4\pi eV} \right)^{2/3} (n - \alpha)^{2/3} \tag{8.111}$$

对于分数 $\alpha = 0 \to 1$，这对应 $n-1$ 和 n 所限制的能量区间。当 $\alpha = 0$ 时，是有零点能的情形，因为 u_1 不为零 (mit Nullpunktsenergie, da u_1 von null verschieden ist)。你看，零点能与温度无关，这里没有温度。它说的是量子化能级的最低处是否为零而已。动能因为相对论没有绝对静止，看来应该有零点能。记 $\sigma = \frac{h^2}{2mkT} \left(\frac{3N}{4\pi eV} \right)^{2/3}$，得自由能为

$$F = -NkT \log \sum \mathrm{e}^{-\sigma(n-\alpha)^{2/3}} \tag{8.112}$$

由 $p = -\frac{\partial F}{\partial V}, S = -\frac{\partial F}{\partial T}, U = F - T\frac{\partial F}{\partial T}$，可得

$$U = \frac{3}{2} pV \tag{8.113}$$

用近似 $\sum \mathrm{e}^{-\sigma(n-\alpha)^{2/3}} \sim \frac{3}{4}\sqrt{\pi/\sigma^3} + \alpha - \frac{1}{2}$，这里的 $1/2$ 还是等测度 $[0, 1]$ 区间的平均值 [Planck (1913)]。对于 α 在 $[0, \frac{1}{2}]$ 之间得到的能量和压力，其值比理想气体状态的值略大。简并度很小，但在某些条件下也许是可测量的。

在文章的最后，普朗克提到了爱因斯坦 1924 的理论。当前的工作与爱因斯坦的单原子气体退化理论在方法上有一定关系，但内容和结果有本质上的区别。理论的要点是在大量同样的分子在大量同样的

相室中的最可几分布不是均匀的，而最可几分布是，最经常被代表的
小室却为最少的分子所占据 (die wahrscheinlichste Verteilung einer großen
Anzahl von gleichartigen Molekülen auf eine größe Anzahl von geleichartigen
Phasenzellen keine gleichmäßige ist, sondern daß bei der wahrscheinlichsten
Verteilung diejenigen Zelle am häufigsten vertreten sind, welche die wenigsten
Moleküle besitzen)。这只有假设单个分子不是统计独立的才好理解。这
句话让我理解了玻色-爱因斯坦凝聚。笔者突然想到，相空间里的非独
立性，是对物理空间里的相互作用这种原始描述的升华。

8.8 费米的响应

在意大利，费米也对爱因斯坦的理想气体理论作出了响应，带来
了一种新统计 [Enrico Fermi, On the Quantization of the Monoatomic Ideal
Gas, *Rend. Lincei* **3**, 145–149 (1926)]。根据经典热力学，理想单原子气
体的定体积比热为 $c = 3k/2$。如果承认能斯特定理成立 (ammetere la
validità del principio di Nernst)，即当 $T \to 0$ 时比热为零，则将熵表达式
推进到绝对零度情形时那个积分常数就不能未定。为了实现满足这个要
求的比热，理想气体必须量子化。量子化不光影响气体的能量，它也影
响状态方程 (avrà anche una influenza sopra la sua equazione di stato)，导致
理想气体在低温下的简并现象 (fenomeni di degenerazione del gas perfetto
per basse temperature) 的发生。

在可想见的实验条件下，因简并造成的对气体方程 $pV = kT$ 的偏
离应该是小的。理想气体分子运动的量子化可以通过无数种路径实
现，比如可以假设气体被约束在弹性壁围成的六面体中 (in un recipiente
parallelepipedo a pareti elastiche)，对其来回反弹的周期运动的量子化[①]；
也可以将分子置于合适的力场下使其运动变成周期性的，然后量子化[②]。
理性气体意味着运动的独立性，体现在统计计数上。但是，将分子当作
独立的还不够，还要再加上相互间的不可分辨性 (non distinguibili tra di

---

① 这与约束黑体辐射的由镜面反射壁所围成的六面体可相类比。最原始的量子化，
拿经典波的波节数进行计数。
② 薛定谔会用这个办法。

loro)，这样才能让比热只是温度和气体密度的函数。

当前的研究已表明，原子里的电子轨道确定有四个量子数，为总量子数、角量子数、内量子数和磁量子数 (quanto totale, azimutale, interno, magnetico)。由这四个量子数标记的状态，似乎当含有一个电子时就算是完全被占据的了。可以试试把这种假设用之于理想气体，看看能否带来什么好的结果 (se una ipotesi simile non possa dare dei buoni risultati)。

关于理想气体的分子，设想其运动的条件是可以量子化的。比如，将其当作是被固定点吸引的三维谐振子，频率为 ν，由三个量子数 s_1, s_2, s_3 表征，

$$w = h\nu \left(s_1 + s_2 + s_3\right) = h\nu s \tag{8.114}$$

对每一个 s 有 $(s+1)(s+2)/2$ 种模式。这样，假设要把总能量 $W = Eh\nu$，E 是个整数，分配 (distribuire) 到 N 个分子上，记 $N_s \leq Q_s$ 为能量为 $h\nu s$ 的分子的数目，其最可几值为

$$N_s = \frac{\alpha Q_s}{e^{\beta s} + \alpha} \tag{8.115}$$

接下来费米还给出了分子平均动能同分子数密度之间的关系，但这篇文章都没提供具体数学推导。用费米的话说，当前理论的数学细节留待其他场合发表 (Riservandoci di pubblicare, in una prossima occasione, i dettaglie matematici della presente teoria)。这是费米-狄拉克统计的第一篇。这篇文章的收稿日期为 2 月 7 日，比狄拉克的文章收稿日期 8 月 26 日约早了半年。

8.9　多余的话

如果我们对物理学和物理学史有一些深入的思考，会发现那种浅薄层面的物理学传播多有可质疑处。

如今的文献提起费米-狄拉克统计，会谓之为量子统计，言明是对遵循泡利不相容原理的粒子的统计。这个考虑是用单粒子能量状态来描述几乎没有相互作用的多粒子态，但没有两个粒子处于相同的那种多体状态中。这个费米子无相互作用的统计前提让我非常十分很困惑。是如何将电子纳入无相互作用体系的图像的呢？或者是在将相互作用

纳入了背景以后的问题中才堪使用的统计？再者，费米-狄拉克统计和
玻色-爱因斯坦统计的分布律可以从同一个求和公式得来，只是前者
只有 $n = 0, 1$ 的两项而已。固然，因此可以说这两种统计是 distinctly
different，但它们应该也有本质上的亲密关系吧？笔者以为，至少对于
二能级系统，这个问题也许是个问题。

据信，费米-狄拉克统计是 1925 年由约当 (Pascual Jordan,
1902—1980) 先推导出来的，并且他称之为泡利统计 [Engelbert Schück-
ing, Jordan, Pauli, Politics, Brecht, and a Variable Gravitational Constant,
Physics Today **52**(10), 26–31 (1999); Jürgen Ehlers, Engelbert Schücking,
Aber Jordan war der Erste (约当才是第一个), *Physik Journal* **1**(11), 71–74
(2002)]。约当把论文投给了 Zeitschrift für Physik，而主编玻恩把稿件往
公文包里一塞去了美国，等到玻恩半年后回来再拿出这篇论文，费米
的论文已经发表了 (图 8.7)。在约当的《量子理论基础上的统计力学》
[*Statistische Mechanik auf quantentheoretischer Grundlage*, Vieweg (1933)]
一书里，约当提到这个统计，但不提任何人的名字，其中悲愤，估计别
人是无法体会的。此外，波动力学最关键的关系式 $p \to -i\hbar\partial$ 也是约当
于 1925 年及时提出来的。没有这个关系式，哪有 1926 年薛定谔的方程
用于氢原子问题，即把一个含 $\frac{p^2}{2m}$ 项形式的方程转化成一个具体的二阶
微分方程？约当是个天才型人物，其对量子力学和量子统计建立的贡
献，至少应该为欲掌握这些学问的学者所熟知。

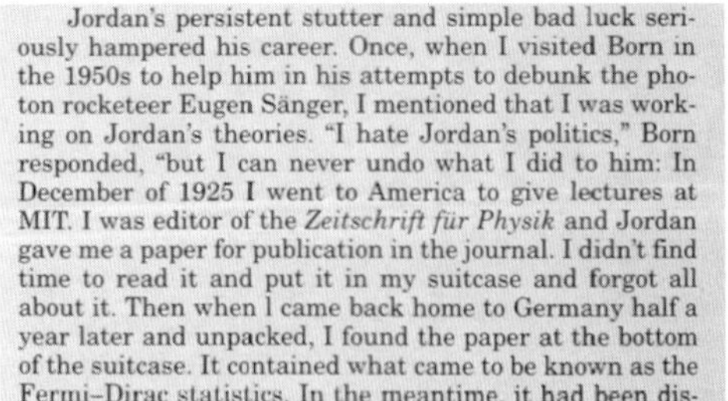

Jordan's persistent stutter and simple bad luck seri-
ously hampered his career. Once, when I visited Born in
the 1950s to help him in his attempts to debunk the pho-
ton rocketeer Eugen Sänger, I mentioned that I was work-
ing on Jordan's theories. "I hate Jordan's politics," Born
responded, "but I can never undo what I did to him: In
December of 1925 I went to America to give lectures at
MIT. I was editor of the *Zeitschrift für Physik* and Jordan
gave me a paper for publication in the journal. I didn't find
time to read it and put it in my suitcase and forgot all
about it. Then when I came back home to Germany half a
year later and unpacked, I found the paper at the bottom
of the suitcase. It contained what came to be known as the
Fermi–Dirac statistics. In the meantime, it had been dis-
covered by Enrico Fermi and, independently, by Paul
Dirac. But Jordan was the first."

图 8.7 谈论约当投稿被耽误一事的文献截图 (取自 Ehlers & Schücking,
Physics Today, 1999)

补充阅读

[1] Kameshwar Wali, The Man behind Bose Statistics, *Physics Today*, 46–52 (October 2006).

[2] Willi-Hans Steeb, Yorick Hardy, *Bose, Spin and Fermi systems*, Word Scientific (2015).

[3] Adolf Smekal, Zwei Beiträge zur Bose-Einsteinschen Statistik (对玻色-爱因斯坦统计的两个论述), *Zeitschrift für Physik* **33**, 613–622 (1925).

[4] Hermann Von Schelling，Statistische Schätzungen auf kombinatorischer Grundlage (组合基础之上的统计估算), *Zeitschrift für Angewandte Mathematik und Mechanik* **1**(21), 52–58 (1941).

[5] Harold A. Wilson, On the Statistical Theory of Heat Radiation, *Philosophical Magazine* **20**, 121–125 (1910).

[6] Michał Kokowski, The Divergent Histories of Bose-Einstein Statistics and the Forgotten Achievements of Władysław Natanson (1864—1937), *Studia Historiae Scientiarum* **18**, 327–464 (2019).

[7] Phil Attard, *Quantum Statistical Mechanics in Classical Phase Space*, IOP Publishing (2021).

第 9 章 黑体辐射与量子力学

前不见古人，后不见来者。

—— [唐] 陈子昂《登幽州台歌》

对相对论和量子力学的盲目推崇源自对经典物理的无知。

摘要 由黑体辐射研究引入的量子理论最终催生了量子力学的概念 (1924) 以及量子力学的矩阵力学 (1925) 和波动力学 (1926) 两种形式的表述。矩阵力学来自对原子谱线强度问题研究，而波动力学更多的是来自爱因斯坦的涨落理论、金斯的电子波、德布罗意的物质波概念以及玻色统计所揭示的理想气体波动行为。

关键词 量子化条件，矩阵力学，电子波，相波 (物质波)，波粒二象性 (量子-波二象性)，波动力学，气-体

黑体辐射研究在 1900 年引入了光能量量子的观念，掀起了自然奥秘新的一角。约四分之一世纪后，量子理论发育成了量子力学。

9.1 黑体辐射研究与矩阵力学

在玻恩提出量子力学这个概念 [Max Born, Über Quantenmechanik (论量子力学), *Zeitschrift für Physik* **26**, 379–395 (1924)] 的第二年，即 1925 年，海森堡、玻恩和约当连发三篇文章，奠立了量子力学的矩阵力学形式。在此之前，玻恩和约当的另两篇奠立量子力学概念的论文也值得关注 [Pasucal Jordan, Zur Theorie der Quantenstrahlung (量子辐射理论), *European Physical Journal* **30**, 297–319 (1924); Max Born, Pascual Jordan, Zur Quantentheorie aperiodischer Vorgänge (论非周期过程的量子理论), *Zeitschrift Für Physik* **33**, 479–505 (1925)]。这后一篇，请和薛定谔 1922 年挽救规范场论的关于周期过程的量子理论讨论 [Erwin Schrödinger, Über eine bemerkenswerte Eigenschaft der Quantenbahnen eines einzelnen Elektrons (单电子量子轨道的一个值得关注的性质), *Zeitschrift für Physik* **12**(1), 13–23 (1922)] 一起参详 (参见拙著《云端脚下》)。矩阵力学三部曲，依提交日期，顺序为：

[1] Werner Heisenberg, Über quantentheoretische Umdeutung kinematischer und mechanischer Beziehungen (运动学的与力学的关系之量子理论再诠释), *Zeitschrift für Physik* **33**, 879–893 (1925). 收稿日期：1925 年 7 月 29 日

[2] Max Born, Pascual Jordan, Zur Quantenmechanik (通向量子力学), *Zeitschrift für Physik* **34**, 858–888 (1925). 收稿日期：1925 年 9 月 27 日

[3] Max Born, Werner Heisenberg, Pascual Jordan, Zur Quantenmechanik II (通向量子力学 II), *Zeitschrift für Physik* **35**, 557–615 (1926). 收稿 日期：1925 年 11 月 16 日

　　这三篇文章，第一篇 14 页，第二篇和第三篇实际上是一篇文章的两部分，合起来 90 页整。注意，Zur Quantenmechanik 中的 zur = zu + der，介词是 zu，对应英语的 to。虽然一般会把 Zur Quantenmechanik 和 Über Quantenmechanik 一样译为 "论量子力学"，然而考虑到 1925 年这三篇文章对建立量子力学的意义，笔者依然认为把 Zur Quantenmechanik 译成 "通向量子力学" 更贴切，更忠实于物理学史的情境。在第三篇文章的结尾，文章讨论了黑体辐射问题，把黑体辐射问题推向了新的高度。虽然论述一篇多人署名文章中各人的贡献是大忌讳，但笔者仍然想指出，约当应是这篇文章的主要贡献者。这是一篇矩阵分析的好文章，但海森堡那时候尚不知矩阵数学，第一篇文章的思想来自海森堡，完成人却是未署名的玻恩。补充一句，海森堡和约当那时候都是德国哥廷恩大学玻恩教授的助手 (图 9.1)。

图 9.1　玻恩 (左)、海森堡 (中) 和约当 (右)

约当他们认识到，他们构造的理论有助于理解原子构造及相关问题，比如 Franck-Hertz[①]碰撞过程，塞曼效应等，但关于量子理论的原则性困难尚无解。在文章最后，他们对镜面所围空腔的本征频率进行量子化，其同光量子假说有某些相似处，也得到了普朗克公式。然而，半经典处理方式得到的空腔之部分体积内的能量平均涨落，其值是错的。这些结果必须看作是对量子理论迄今采用的方法之最严重的辩驳 (Dieses Ergebnis muß als besonders schwerwiegender Einwand gegen die bisherigen Methoden der Quantentheorie angesehen werden)。约当他们采用自创的新理论方法，计算得到了和普朗克公式一致的涨落表达式，此可看作是对他们尝试建立的量子力学的支持。

想到要建立量子力学，是量子力学之建立的最关键步骤[②]。从这个角度来看，就对量子力学 (不是量子理论) 的建立而言，玻恩的贡献是第一位的。

文章的最后为第四章"理论的物理应用"的第三节，名为"耦合谐振子：波场统计"。耦合谐振子的体系，哈密顿量为

$$H = \frac{1}{2} \sum_{k=1} \frac{p_k^2}{m_k} + Q(q) \tag{9.1}$$

其中 $Q(q)$ 是坐标的二次型。同时对坐标和动量作正交变换，交换规则不变。这样的体系很容易被约化成非耦合的体系 (对应本征频率谱)，每一个本征振动都可以当作简单、线性的振子处理。这套方法也适用于无穷多自由度的体系，比如晶体的振动和空腔的电磁振动。[③]量子理论得到振子体系的能量谱为 $h\nu$ 的整数倍，这和光量子假设形式上是一致的，或许从对空腔辐射的关注能认识到光量子的实质 (das Wesen der Lichtquanten)。或许可以相信，任何关于空腔本征振动的统计，都对应

① 即电子与原子的碰撞过程，从 James Franck (1882—1964) 和 Gustav Hertz (1887—1975) 而得名。后者是那个用振荡电路产生电磁波的赫兹 (Heinrich Hertz, 1857—1894) 的侄子。
② 一个伟大的想法，其被实现的现实会返回头赋予其伟大的标签。关注思想的来源以及思想实现的路径，更远一点去学习如何产生、实现和应用思想，方为正经。思想再伟大，也不足为外行道；思想再明晰，对外行也道不明。玻恩的个人遭遇，很好理解。
③ 参见声子理论相关论述。这里的数学底子是对称矩阵的对角化。

特定的光量子统计；反之亦然。

　　类似德拜的那种用波动理论和光量子的概念混合也能得到普朗克公式，但几乎不切入问题的实质。也许，把问题之波动理论的一面同光量子理论分开才是一贯的。光量子的统计是玻色统计，此结果可不是不自然的[①]，它和独立光粒子假说 (Annahme der unabhängier Lichtkorpuskeln) 无关，而是作为本征振动统计的移植。因此，独立光粒子统计的假说也没踩到点儿上。

　　量子理论的空腔辐射处理方式虽然得到了普朗克公式，但是得到的部分体积 (Teilvolumen) 里的能量涨落表示却是错的。得到正确的普朗克谱分布公式的模型，未必能得到正确的能量涨落表达式。此文的新理论或能提供干涉涨落那一项的正确表达。体系的状态由 $n_1, n_2, n_3, \dots$ 标识，有相同的统计权重，其能量为

$$E_n = \sum_k n_k \cdot h\nu_k \tag{9.2}$$

另有零点能 $C = \frac{1}{2}\sum_k h\nu_k$。不考虑偏振的问题，计算本征频率在 $\nu \to \nu + \mathrm{d}\nu$ 之间，对应 $\frac{2l}{c}\nu = \sqrt{m_1^2 + m_2^2 + \dots + m_s^2}$ 的正整数集 $m_1, m_2, \dots, m_s$ 有多少种可能性，其中 $l^s = V$ 是 s-维空间的体积。这样得到的本征频率数，同德拜、玻色计算的频率 ν 以下的 "小室" 数目，是一样的。

　　根据德拜的统计思路，带有 r-个量子的振子的数目正比于 $\frac{1}{r}\mathrm{e}^{-rh\nu/kT}$，而普朗克公式可以通过 $\sum_{r=1}^{\infty} \mathrm{e}^{-rh\nu/kT} = \frac{1}{\mathrm{e}^{h\nu/kT}-1}$ 得到。注意，这里的计数从 $r = 1$ 开始，就得不出 0-个能量量子的振子数。此外，没有 $r = 0$ 项，零点能就没有意义。根据玻色的表述，带有 r-个量子的振子的数目正比于 $\left(1 - \mathrm{e}^{-h\nu/kT}\right)\mathrm{e}^{-rh\nu/kT}$，则容易得到普朗克公式如下

$$\sum_{r=1}^{\infty} r\left(1 - \mathrm{e}^{-h\nu/kT}\right)\mathrm{e}^{-rh\nu/kT} = \frac{1}{\mathrm{e}^{h\nu/kT}-1} \tag{9.3}$$

上述 "带有 r-个量子的振子" 的说法在 Wolfke (1921) 和 Bothe (1924) 那里则是 "带有 r-个量子的光量子分子"。

[①] 德国人把这种否定之否定当家常，没有从康德哲学中文版引申出的那种高贵。

现在看涨落问题。对于体积为 V、只在 $\nu \to \nu + d\nu$ 之间同库 (Reservoire)[1]交流的体系，记 $z_\nu d\nu$ 为单位体积内的小室数或者本征频率数，爱因斯坦倒用玻尔兹曼原理的计算结果为

$$\bar{E} = \frac{z_\nu h\nu}{e^{h\nu/kT} - 1} V \tag{9.4a}$$

$$\bar{\Delta}^2 = h\nu\bar{E} + \frac{\bar{E}^2}{z_\nu V} \tag{9.4b}$$

注意，此处 z_ν 都没有乘上 $d\nu$，应该是遗漏。

如果从波场里的干涉出发计算能量涨落，经典理论只会给出上式的第二项，细节见洛伦兹 [Hendrik Antoon Lorentz, *Les theories statistiques en thermodynamique* (热力学中的统计理论), Leipzig (1916)]。艾伦菲斯特的分析 [Ehrenfest (1925)] 表明，爱因斯坦考虑涨落时从一开始就要求关于体积的可加性，即对于处于平衡态的体系，若划分其体积为部分体积 V_1, V_2，则熵表达式 $S(V)$ 需满足 $S(V_1 + V_2) = S(V_1) + S(V_2)$。至今的空腔辐射的量子理论未能满足这一点。现在从量子力学的角度来从干涉出发计算涨落。为简单计，仅考虑一根长度为 l 绷紧的弦。把弦振动作傅里叶变换

$$u(x,t) = \sum_{k=1}^{\infty} q_k(t) \sin\frac{k\pi x}{l} \tag{9.5}$$

哈密顿量为

$$H = \frac{1}{2}\int_0^l [u^2 + (\partial u/\partial x)^2]\,dx = \frac{1}{4}\sum_{k=1}^{\infty}\left\{\dot{q}_k(t)^2 + \left(\frac{k\pi}{l}\right)^2 q_k(t)^2\right\} \tag{9.6}$$

如果用新的矩阵力学，把傅里叶分量改造为矩阵元 $q_k(nm)$，矩阵元只在对角线附近不为零，即当

$$n_j - m_j = 0,\ j \neq k \tag{9.7a}$$

$$n_k - m_k = \pm 1 \tag{9.7b}$$

时，矩阵元 $q_k(nm)$ 才不为零。不熟悉这部分内容的读者请参考矩阵力学三部曲的第一篇，有英文译本。由此计算得到

---

[1] 此处的库指的是环境。在 5.2 节那里则是指环境包裹的热系统。

$$\overline{\Delta^2} = h\nu\bar{E} + \frac{\bar{E}^2}{z_\nu V} \tag{9.8}$$

此过程中多出了第一项，是因为矩阵 $q_k(nm)$ 和 $\dot{q}_k(nm)$ 的原因，具体的就是约当得出的、后来刻在玻恩墓碑上的公式 $pq - qp = \frac{h}{2\pi i}$，一般量子力学教科书会写为

$$[x, p] = xp - px = i\hbar \tag{9.9}$$

此为正则量子化条件，与零点能的存在相关联、相一致。约当由此得出了 $\hat{p}_x = -i\hbar\partial_x$ 这个量子力学精髓。

9.2　黑体辐射研究与波动力学

波动力学的诞生主要与三个人有关，爱因斯坦、德布罗意和薛定谔，诱因是波粒二象性的确立。光的能量量子概念，$\varepsilon = h\nu$，可以说就是以量子-波二象性 (quantum-wave duality) 的面目出现的，这个公式的左侧是能量量子，而右侧是波的频率。量子-波二象性，后来又出来了波-粒二象性 (wave-particle duality) 的概念。电子的波，辐射的波，在 1925 年前后可以说是个确立的概念。金斯在其 1909 年的文章中不断提到电子的波，认为电子的波与以太中同频率的辐射之间有快速的能量交换，显然他是拿电子的波当成实在的存在的。洛伦兹就曾注意到，辐射是电磁波，但作为电磁波源的运动电荷则联系着物质，波与有重物质也有内在联系。爱因斯坦从其研究生涯开始时就关注辐射的本性，确立了二象性的存在并强调其意义重大。有些关于二象性的形而上讨论常咋咋呼呼地把波-粒当作矛盾的、对立的概念，却不知道那不过都是关于存在的先验的、片面的、一定程度上固化了的概念。**从前的认识是我们接触真理的垫脚石而不是绊脚石。**物理世界就在那里，和谐而深邃，顾此失彼而且幼稚浅薄的是我们关于世界的认识。熟悉 androgyny[①] 概念的人从不为波粒二象性烦恼。

有了波粒二象性，至少抹平了一些物理概念上的不自洽。黑体辐射研究确立了辐射的波粒二象性和有重粒子的波粒二象性，但辐射有波理

---

① Ανδρογυνισμός，雄雌同体，非常自然的现象。

论 (当时认为就是麦克斯韦波动方程),而粒子没有波动方程。波动力学是为了描述粒子,具体地说是理想气体分子和电子的波动行为构造的。德布罗意 1923 年给出了相波 (onde de phase) 的波长、频率同粒子的动量和能量之间的关系。与此同时,康普顿效应又强化了辐射的粒子性的一面。当德布罗意的论文捅破了 (双向的) 波粒二象性这层窗户纸时,爱因斯坦的反应是积极的。当德拜在 1925 年底读到德布罗意的学位论文时,他认为若论起波动性那怎么也得有个波动方程吧。这个任务,薛定谔当真了也迅速在 1925—1926 年完成了,因为他有基础。薛定谔一直研究气体,作为关键的一步,薛定谔于 1925 年试着计算过理想气体的波频率。

辐射的波粒二象性和粒子的波粒二象性,两者确立的路径是不同的。光从前被认为是波,也被认为是颗粒 (corpuscule)。到 1887—1888 年确立了电磁波的存在和光是电磁波。电磁波是先是波,然后普朗克-爱因斯坦发展光量子理论,1910 年德拜用量子化假设得到普朗克公式,1912 年庞加莱从数学上证明了量子化是得到普朗克公式的充分必要条件,这算是把光的量子-波二象性 (quantum-wave duality) 确立了。而物质的波粒二象性是反过来的路径,气体分子以及电子的颗粒性是本初的认识,1924 年左右爱因斯坦的理想气体理论以及德布罗意的粒子波动性的提议,经薛定谔 1926 年的论文算是确立了有重粒子 (主角是电子) 的波动性理论。

爱因斯坦

爱因斯坦关于黑体辐射的工作此前都有详述,此处简略重复一下与波动力学建立有关的内容。爱因斯坦被认为是确立波粒二象性的天才主角 (presiding genius)。爱因斯坦的研究的一个特点是具有形而上的色彩,比如他认识到理论形式上的不对称可能是物理问题的根源 (formal asymmetry in the underlying theory as the root of physical problems),其在 1905 年在相对论和量子论中都看到了这个问题并围绕这个问题开展工作。他在处理辐射问题中引入的形式不对称,发射有两项而吸收只有一项,被 Wolfke、Bothe 等人给澄清了。基于一般性的形式基础进行思考是理论物理的主要特色，但在这方面爱因斯坦是空前绝后的 (Reasoning based on such general, formal grounds has become a dominant feature of theoretical physics, but it was rare before Einstein, and it has not often been used so effectively since)。

　　普朗克谱公式问世不久，爱因斯坦进入研究生涯。爱因斯坦研究热力学和统计，自然会关注黑体辐射研究和普朗克的工作。爱因斯坦得到有重物质的波粒二象性的途径与德布罗意不同，其于 1904—1905 年即阐述了光 (辐射) 的波粒二象性 [1]，辐射的吸收和发射倾向于粒子图像。爱因斯坦在 1904 年研究气体的涨落。普朗克公式的推导多有可訾议处，但和实验结果完美符合的事实牢牢地支撑着它。爱因斯坦倒过来思考这个问题，认定普朗克分布律是正确的，那这个分布律意味着什么样的辐射结构呢？普朗克公式对应的涨落表达式包含两项，有波粒二象性的诠释。与爱因斯坦的涨落公式相对照，洛伦兹有详细的计算 [Lorentz (1916)。法文]，证明波动干涉只能得到第二项，即 E^2 项 ($v\partial\rho/\partial v$)；由粒子行为可得到第一项，$\frac{E}{hv}(hv)^2$。爱因斯坦的第二步是做了动量涨落分析。计算辐射压表示的公式于第二年发表 [Einstein and Hopf (1910)。见前]。动量涨落和能量涨落之间就差个 c 因子。纯从电磁学和统计力学出发的计算，只能得到干涉项的涨落。爱因斯坦 1916 年的涨落计算，和普朗克公式对上了。爱因斯坦的文章可不是只有一个思想 (single idea)。

　　爱因斯坦 1909，1917 都是从对涨落的研究得到关于辐射二象性的结论。当他 1924 年关注 molecular quantum gas 时，自然还会用涨落分析。令 $E = hv = p^2/2m$, 黑体辐射的涨落同量子气体的涨落是一致的 [Pais, p.437]。相应的诠释为，其中第一项是粒子按照泊松分布而来的涨落，而第二项对应辐射那里的波动行为。这样看来，气体也有辐射所具有的对应行为。问题是爱因斯坦总是往前多走一步。简并气体 (量子气体) 与力学统计下的气体有偏差，这同普朗克分布律下的辐射与维恩分布律下的辐射的偏差可相比拟。如果严肃对待普朗克公式的玻色推导，那就不能把理想气体理论轻松放过 [Einstein (1925), p.3]。

―――――――――

[1] 光的波粒二象性同有重物质的波粒二象性不同，至少前者应该用相对论处理。

爱因斯坦对物质的波动行为是认真的，在 1924 年 9 月就曾建议演示分子束干涉、衍射现象[1]。玻恩曾指出，爱因斯坦的观点是 that waves are there only to point out the path to the corpuscular light-quanta，因此是鬼场 (Gespensterfeld)。1927 年，在柏林，爱因斯坦说过 "What nature demands from us is not **a quantum theory or a wave theory**; rather, nature demands from us a synthesis of these two views which thus far has exceeded the mental power of physicists"。这句话惊到笔者了。此前我读量子理论时都是把量子理论看作至少是包括薛定谔波动方程、波函数等内容的理论，现在看来在很多经典的语句中，quantum theory 中的 quantum 就是 (原先误以为是连续体的分立) 粒子，quantum theory 是和 wave theory 相对应的两种理论。

德布罗意

法国科学家德布罗意是近代物理学史上非常独特的一个人 (图 9.2)。德布罗意出生于贵族之家，先是学习历史至 1910 年，后随其兄著名物理学家莫里斯 (Maurice de Broglie, 1875—1960) 学习物理，1914—1919 年服兵役期间接触到了无线电，此后在其兄领导的实验室工作，研究

图 9.2 德布罗意

---

[1] 分子束后来发展成了专门的研究方向。笔者想指出，任何用粒子探测器记录干涉花样以证明波动性的实验都会遭遇概念性的尴尬，会暴露出对波粒二象性理解的苍白。再者，由于分子束是电中性的，把分子束逮住加以电离然后释放出来再测量以验证分子波动性的做法，让人不忍置评。不是所有的诺贝尔物理奖得主都懂普通物理，普朗克、爱因斯坦这样的得主是例外。

X-射线光电效应以及 X-射线谱学等。1920 年，德布罗意开始发表论文，从此一发不可收拾，一生著述无数。

　　德布罗意是一个非常高效的研究者，即以 1922—1925 年间关于辐射与物质波的论断而言，也是高论迭出。部分相关论文罗列如下：

[1] Louis de Broglie, Rayonnement noir et quanta de lumière (黑体辐射与光量子), *Journal de Physique* **3**, 422–428 (1922).

[2] Louis de Broglie, Ondes et quanta (波与量子), *Comptes Rendus* **177**, 507–510 (1923).

[3] Louis de Broglie, Quanta de lumière, diffraction et interferences (光量子，衍射与干涉), *Comptes Rendus* **177**, 548–551 (1923).

[4] Louis de Broglie, La théorie cinétique des gaz et le principe de Fermat (气体运动论与费马原理), *Comptes Rendus* **177**, 630–632 (1923).

[5] Louis de Broglie, Waves and quanta, *Nature* **112**, 540 (1923).

[6] Louis de Broglie, Sur la définition générale de la correspondance entre onde et movement (波与运动对应的一般定义), *C. R. Acad. Sci.*, **179**, 39–40 (1924).

[7] Louis de Broglie, Recherches sur la Théorie des Quanta (量子理论研究), *Annales de Physique* (10e série) **3**, 22–128 (1925).

[8] Louis de Broglie, Sur la fréquence propre de l'électron (电子的固有频率), *C. R. Acad. Sci.* **180**, 498–500 (1925).

　　德布罗意 1923 年的波与量子一文，其论证用语在今天看来非常生疏，摘录几句，供读者找找感觉。一个固有质量为 m_0 的运动粒子，速度为 $v = \beta c$，根据能量惯性原理 (le principe de l'inertie de l'ènergie)，其应具有内能 $m_0 c^2$。又根据量子原理 (le principe des quanta)，可以赋予这个内能以频率为 ν_0 的简单周期现象，有关系

$$h\nu_0 = m_0 c^2 \tag{9.10}$$

在固定观测者看来，运动体的总能量与对应的频率应有关系 $h\nu = \frac{m_0 c^2}{\sqrt{1-\beta^2}}$。但如果这个固定观察者观察运动体内的周期现象，那频率应是

$v_1 = v_0 \sqrt{1 - \beta^2}$。在 1963 年再版的学位论文序言中，德布罗意说他 1923 年经过长时间沉思，突然想到可以把爱因斯坦 1905 年的发现推广到物质粒子 (le point matériel) 上[①]。

德布罗意的物质波思想汇集在他 1924 年的学位论文中。主要论点罗列如下：相对论将所有质点的匀速运动联系到某个波的传播，其相位在空间中的位移速度超过光速 (La théorie de relativité conduit alors à associer au mouvement uniforme de tout point matériel la propagation d'une certaine onde dont la phase se déplace dans l'espace plus vite que la lumière)。波的射束等同于运动体可能的轨道 (Les rayons de l'onde sont identiques aux trajectoires possibles du mobile)。将相位波的概念引入统计力学为在气体的动力学理论中引入量子做了合理性辩护，发现黑体辐射规律如同是将原子间能量分布应用于光量子气体 (à retrouver les lois du rayonnement noir comme traduisant la distribution de l'énergie entre les atomes dans un gaz de quanta de lumière)。笔者在此想强调，关于物质波，Materiewelle，这是一个德文词，后来有了英文转写 matter wave，而德布罗意使用的是 onde de phase 的概念。Onde de phase，中文将之翻译为相位波是不负责任的，易造成误解。Phase，相，不是相位。德布罗意明确指出，Notre théorème nous apprend d'ailleurs qu'elle représente la distribution dans l'espace des phases d'un phénomène; c'est une « onde de phase » (我们的定理可理解为它表示一个现象在相空间中的分布。此乃相波也)，由此可见 Onde de phase 应理解为相空间中的波。经典力学、统计力学、量子力学，其舞台始终是相空间。相应地，数学意义上的振动的 phase，可表示为 $(kx - \omega t)$，是个关于时空的无量纲量而不是什么相-位。当在物理中需要指明这是个相空间中的现象时，phase 会写为 $(px - Et)/\hbar$，此处 $(px - Et)$ 的量纲为作用量，它牵扯到时-空及其对偶物理量所构成的相空间。再强调一下，玻色-爱因斯坦凝聚也是相空间里的凝聚，而熵增加意味着混乱度的增加，那里的混乱也是相空间里看

---

① 注意，英语、德语里的 matter 有对应的法语词 matière。德布罗意在提及波与物质作用时倒用的是 matière，见于 la radiation à la matière。这提醒我们，如今把 material 一概汉译为材料，matter 译成物质，是有问题的。在德语中，Material 的意义非常广泛，部分意义与同源词 Matter 重叠，更多地对应中文的材料的德语词是 Stoff。

着混乱而不是我们的三维物理空间里的乱糟糟[①]。

物质波的关键为关系式

$$p = \hbar k = \frac{h}{\lambda}; E = \hbar\omega = h\nu \tag{9.11}$$

这里的能量和动量的粒子性表述都是相对论意义下的

$$p = mv/\sqrt{1 - v^2/c^2}, E = mc^2/\sqrt{1 - v^2/c^2} \tag{9.12}$$

在电子显微镜等实际应用中，电子的加速电压 V 同波长之间的关系为

$$\lambda = \frac{h}{\sqrt{2meV}} \tag{9.13a}$$

显然，这形式上对应

$$eV = \frac{(h/\lambda)^2}{2m} \tag{9.13b}$$

这是在谈论电场做功和电子动能。计入相对论修正，$\lambda = \frac{1.23}{\sqrt{V(1+1.96\times10^{-7}V)}}$，波长的单位为 nm。对于 400 kV 的加速电压，电子的物质波波长约为 0.002 nm，可以实现晶体的高分辨成像。

德布罗意 1923 年的波粒二象性思想打开了新的实验可能性，开辟了近代量子力学时代。德布罗意 1924 年的学位论文在 1925 年发表出来，在 1925 年论文的打印本传到了爱因斯坦、德拜、薛定谔等德语国家的名教授之手。爱因斯坦和薛定谔对德布罗意的思想很感兴趣。1926 年，薛定谔给出了波动方程。

薛定谔

薛定谔是量子力学奠基者之一。薛定谔也早就研究量子气体理论了 [Gasentartung und freie Weglänge (气体简并与自由程), *Physikalische Zeitschrift* **25**, 41–45 (1924)]。爱因斯坦 1925 年的文章未见对普朗克和薛定谔关于气体简并的讨论的引用。薛定谔关注气体在足够低的温度下的简并，主要是为了满足能斯特定理。为此，薛定谔得到了相变点温度的表达式

$$T = h^2/mk\lambda^2 \tag{9.14}$$

---

① 宁愿教半生不熟的学问，也不要教人故意约化了的学问。

其中 λ 是平均自由程或者平均原子间距这样的特征长度。薛定谔 1925—1926 年构造波动力学时，一直在研究气体的量子理论 [Erwin Schrödinger, Bemerkungen über die statistische Entropiedefinition beim idealen Gas (论理想气体熵的统计定义), *Sitzungsberichte der Preußischen Akademie der Wissenschaften*, Physikalisch-mathematische Klasse, 434–441 (1925)；Die Energiestufen des idealen einatomigen Gasmodells (理想单原子气体模型的能级), 23–36 (1926)；Zur Einsteinschen Gastheorie (论爱因斯坦的气体理论), *Physikalische Zeitschrift* **27**, 95–101 (1926)]。

波动力学的第一个顶峰，是薛定谔为了德布罗意的物质波所构造的波动方程及其应用举例，分四部分发表于 1926 年 [Erwin Schrödinger, Quantisierung als Eigenwertproblem (量子化作为本征值问题), *Annalen der Physik*, Series 4, (I) **79**, 361–376; (II) **79**, 489–527 ; (III) **80**, 437–490; (IV) **81**, 109–139 (1926)]。其间，薛定谔还阐述了波动力学同矩阵力学之间的关系 [Über das Verhältnis der Heisenberg-Born-Jordanschen Quantenmechanik zu der meinen (论海森堡-玻恩-约当的量子力学同我的量子力学之间的关系), *Annalen der Physik*, Series 4, **79**, 734–756 (1926)]。在这篇文章中，薛定谔坦承启发他的是德布罗意的学位论文和爱因斯坦的意义深远的论述。特别地，薛定谔作为出发点使用的 $W = e^{S/k}$，即对玻尔兹曼熵公式的倒用，即出现于爱因斯坦 1909 年的工作中。关于这五篇量子力学经典文献，有各种语言的译本和各种角度的解读，此处就不再赘述了。感兴趣的读者请参考相关专业文献，也可以参考笔者的《量子力学——少年版》及量子力学讲座。

紧接着薛定谔的波动力学方程，1927 年出现了泡利的二分量波动方程 [Wolfgang Pauli, Zur Quantenmechanik des magnetischen Elektrons (磁电子的量子力学), Zeitschrift für Physik **43**(9–10), 601–623 (1927)]，1928 年出现了狄拉克的四分量的相对论量子力学方程 [P. A. M. Dirac, The Quantum Theory of the Electron, *Proc. R. Soc. Lond.* A **117**, 610–624 (1928)]。泡利和狄拉克此前都研究过辐射问题和量子统计。至此，从量子力学一词出现算起历时约 5 年，量子力学正式建立。

薛定谔 1925 年底的"论爱因斯坦的气体理论"一文对于理解波动

力学的产生至关重要，简单介绍见 8.6 节。

9.3　多余的话

简单说两句吧。波，水之 (弹性) 皮也，大自然界中最常见的现象。在德语中，波 (Welle) 和概率 (Wahrscheinlichkeit) 的首字母相同，有助于将波同概率论联系起来。电磁波和量子力学波函数的波似乎不是同一个意思。愚以为，或许波的世界描述是两个层次的，物理量传播所表现出的波以及作为概率幅的波。概率幅是复数 (二元数)，而概率是 0 到 1 之间的实数 (一元数)。

补充阅读

[1] Albert Einstein, *Letters on Wave Mechanics*, Open Road (2011).

[2] Erwin Schrödinger, *Collected Papers on Wave Mechanics*, Chelsea (1928).

[3] Martin J. Klein, Einstein and the Wave-particle Duality, *The Natural Philosopher* **3**, 3–49 (1964).

[4] Heinrich A. Medicus, Fifty Years of Matter Waves, *Physics Today* **27**(2), 38–45 (1974).

[5] Louis A. Girifalco, *Statistical Mechanics of Solids*, Oxford University Press (2000).

[6] Anthony Duncan, Michel Janssen, Pascual Jordan's Resolution of the Conundrum of the Wave-particle Duality of Light, arXiv:0709.3812v1.

[7] Erwin Schrödinger, *Statistical Thermodynamics*, Cambridge University Press (1948).

大音希声，大象无形。

——《道德经》

摘要　　黑体辐射研究的对象是辐射及其同物质间的相互作用，其理论必然是相对论性的。因为辐射在热现象中的重要角色，相对论热力学也是应有之义，热力学量各以本性有不同的洛伦兹变换行为。运动物体辐射的研究指向质能关系。维恩位移定理是洛伦兹变换不变性的要求。从零点辐射的关联函数在非惯性框架之间的变换可以导出普朗克分布公式。黑体辐射是需要用量子论眼光看待的相对论性热现象。

关键词　　相对论，洛伦兹变换，变换不变性，质能关系，维恩公式，零点辐射，关联函数，普朗克分布

10.1　相对论热力学

黑体辐射研究天然地是个相对论问题，因为它的对象是光。黑体辐射是需要用量子论眼光看待的相对论性热现象。黑体辐射的研究从一开始就应该应用相对论统计。经典力学和经典电动力学是有内在矛盾的，后者必须是相对论的。通过点碰撞来分配能量对于非相对论力学是令人满意的，但是对于牵扯到加速粒子辐射的相对论电动力学，则是不合适的。含能量配分的经典统计力学是非相对论性的理论，它不能支撑粒子或者波的零点能概念——自从普朗克提出零点能以后，这个概念就牢牢地在理论物理中站稳了脚跟，虽然许多理解可能是错的。热的传导方式之一是热辐射，因此用相对论的眼光看一般意义下的热力学也是自然的。没有"相对论热力学"(relativistic thermodynamics) 一章的《热力学教程》是不完备的。实际上，1905 年狭义相对论甫一问世，普朗克即将之用于在相对论热力学方向上培养博士，且于 1906 年即毕业了第一位相对论博士 Kurd von Mosengeil (1884—1906)。因为 Mosengeil 不幸摔落山中，其学位论文在 Annalen der Physik 上的发表版出自普朗克和维恩之手。你看，第一篇相对论学位论文是关于黑体辐射的，确切地说是关于运动的热辐射的 (bewegte Wärmestrahlung)。初步算来，相对论热力学应该至少包括如下三方面的内容: (1) 黑体辐射公式的推导; (2) 运动

空腔辐射体的运动学问题，这指向质能关系；(3) 热力学量如体积 V 与压强 p、熵 S 与温度 T 的洛伦兹变换。随着对相对论的认识不断深入，相对论提供了更多揭示辐射本质的角度，维恩位移定律、普朗克分布公式都可以从相对论出发推导而来。此外，还有将热力学向广义相对论的拓展。

20 世纪初哈森诺尔以及普朗克等人的关于空腔辐射和热力学的论文有：

[1] Friedrich Hasenöhrl, Zur Theorie der Strahlung bewegter Körper (运动物体辐射理论), *Sitzungsberichte der mathematisch-naturwissenschaftlichen Klasse der kaiserlichen Akademie der Wissenschaften, Wien*, IIa, **113**, 1039–1055 (1904). 有英文本 On the Theory of Radiation of Moving Bodies

[2] Friedrich Hasenöhrl, Zur Theorie der Strahlung in bewegten Körpern (运动物体辐射理论), *Annalen der Physik* **15**, 344–370 (1904). 有英文本 On the Theory of Radiation in Moving Bodies

[3] Friedrich Hasenöhrl, Zur Theorie der Strahlung in bewegten Körpern—Berichtigung (运动物体辐射理论——勘误), *Annalen der Physik* **16**, 589–592 (1905).

[4] Friedrich Hasenöhrl, Zur Thermodynamik bewegter Systeme (运动体系的热力学), *Sitzungsberichte der mathematisch-naturwissenschaftlichen Klasse der kaiserlichen Akademie der Wissenschaften, Wien*, IIa, **116**, 1391–1405 (1907).

[5] Friedrich Hasenöhrl, Zur Thermodynamik bewegter Systeme (Fortsetzung) [运动体系的热力学 (续)], *Sitzungsberichte der mathematisch-naturwissenschaftlichen Klasse der kaiserlichen Akademie der Wissenschaften, Wien*, IIa, **117**, 207–215 (1908). 有英文版全文 On the Thermodynamics of Moving Systems

[6] Kurd von Mosengeil, Theorie der stationären Strahlung in einem gleichförmich bewegten Hohlraum (匀速运动空腔内静态辐射的理

论), *Annalen der Physik* **327**(5), 867–904 (1907).

[7] Max Planck, Das Prinzip der Ralativität und die Grundgleichung der Mechanik (相对论原理与力学基本方程), *Verh. Deutsch. Phys. Ges.* **8**, 136–141 (1906). 有英文版 The principle of relativity and the fundamental equations of mechanics

[8] Max Planck, Zur Dynamik bewegter Systeme (运动系统的动力学), *Sitzungsberichte der Königlich-Preussischen Akademie der Wissenschaften, Berlin.* Erster Halbband (29), 542–570 (1907)；重发于 *Annalen der Physik*, Series 4, **26**(6), 1–34 (1908).

[9] Max Planck, Notes on the Principle of Action and Reaction in General Dynamics, *Physikalische Zeitschrift* **9**(23), 828–830 (1908).

[10] Max Planck, General Dynamics & Principle of Relativity, *Eight Lectures on Theoretical Physics*, Columbia University Press (1915).

这几篇文章在一起足以了解相对论初起时相对论热力学的大概内容。

相对论是与辐射相关的热力学理论的必然要素。相对论视角下的辐射研究也一直带来令人惊讶的认识。由于笔者对此问题关注时间太短，此处只能稍作提及。

10.2 温度的洛伦兹变换

相对论角度下讨论黑体辐射，如果坚持普朗克公式的形式不变的话，那剩下的可讨论的对象就是体系的绝对温度了。关于光频率的变换有相对论性多普勒效应 [Albert Einstein, Über die Möglichkeit einer neuen Prüfung des Relativitätsprinzips (一种验证相对性原理的可能性), *Annalen der Physik* **328**(6), 197–198 (1907)]。绝对温度在不同惯性参照系中的表现，目前有绝对温度满足 $T' = T$，$T' = T/\gamma$ (Planck & Einstein)，$T' = \gamma T$ (Ott & Arzeliès) 等三种观点 [Kamran Derakhshani, Blackbody radiation in moving frame, arXiv:1908. 08599v1]，其中 $\gamma = 1/\sqrt{1 - v^2/c^2}$。观点之乱，反映的是我们还没能建立起相对论热力学的现实。至于广义相对论热力学，目前有托尔曼 (Richard C. Tolman, 1881—1948) 的 $T\sqrt{-g_{00}}$ 是不变量

的说法 [Richard C. Tolman, On the extension of thermodynamics to general relativity, *PNAS* **14**, 268–272 (1928)]，其中 $g_{\mu\nu}$，$\mu, \nu = 0, 1, 2, 3$ 是时空的度规张量，应该是指 Tolman-Ehrenfest 关系。愚以为，绝对温度是统计量不是力学量，它是一个多体体系骤生出来的概念 (a statistical quantity emerging in a complex system)，对于绝对温度 T 这种非力学量如何在相对论语境下处理，可能是建立相对论热力学的一个困难，但不是关键所在。笔者以为建立相对论热力学的关键是如何协调力学之关于作用量共轭的理论框架和热力学之关于能量共轭的理论框架[①]。不解决这个框架性问题，我看不到相对论热力学建立的可能。如下讨论涉及的文献中会选择 $T' = \gamma T$。

相对论甫一建立，就被用到热力学体系物理量的变换上了。爱因斯坦从相对论导出如下结论，发射辐射的原子其质量要减少

$$\Delta m = E/c^2 \tag{10.1}$$

其中 E 是辐射的能量。这说明光是个独立存在，而非依赖于某种介质的状态；光的发射和吸收意味着惯性[②]的传递。这些认识自然会落到黑体辐射及与置身其内其外的物质上。爱因斯坦 1907 年的文章就有热力学相关讨论 [Albert Einstein, Relativitätstprinzip und die aus demselben gezogenen Folgerung (相对性原理及由其导出的结果)，*Jahrbuch der Radioaktivität* **4**, 411–462 (1907)]，其第 13 节为 Volumen und Druck eines bewegten Systems (运动系统的体积与压力)，第 15 节为 Entropie und Temperatur bewegter Systeme (运动体系的熵与温度)，结论是压力是不变量，但

$$V = V_0 \sqrt{1 - v^2/c^2} \tag{10.2a}$$

熵 S 是不变量，但

$$T = T_0 \sqrt{1 - v^2/c^2} \tag{10.2b}$$

---

① 此书将付印时，注意到 John von Neumann 1927 年的 Thermodynamik quanten-mechanischer Gesamtheit (热力学-量子力学系综) 一文 (*Nachrichten von der Gesellschaft der Wissenschaften zu Göttingen*, Mathematisch-Physikalische Klasse, 273–291)，匆匆未及研读。
② 惯性，质量，惯性质量，是同一个概念。

论证用到了可逆绝热过程。式 (10.2) 为哈森诺尔 1907—1908 论文中的方程 (14)。很奇怪为什么同为广延量，体积有运动带来的变化而熵是不变量。

尽管有托尔曼等人的努力，相对论热力学、统计力学一直未能建立起令人信服的理论体系 [H. Otto, Lorentz-Transformation der Wärme und der Temperatur (热与温度的洛伦兹变换), *Zeitschrift für Physik* **175**, 70–104 (1963)]。基于频率的洛伦兹变换 $v' = v\sqrt{1 - v^2/c^2}$，闵可夫斯基在 1915 年给出了体积为 V、以速度 v 运动的空腔，其中辐射的能量为

$$E = \frac{1 + v^2/3c^2}{(1 - v^2/c^2)^3} VT^4 \tag{10.3}$$

[Hermann Minkowski, Das Relativitätsprinzip (相对性原理), *Annalen der Physik* **352**(15), 927–938 (1915)。此文原发表于 *Göttinger Mathematischen Gesellschaft*, 5 November, 1907]，但这远不足以给出黑体辐射问题的相对论版。

10.3 空腔辐射与质能关系

研究运动物体热辐射的主角当推奥地利物理学家哈森诺尔，这是一个在谈论相对论和黑体辐射时无法绕开的人物 (图 10.1)。哈森诺尔在维也纳大学跟随斯特藩和玻尔兹曼学习，后于 1896 年在艾克斯纳门下获得博士学位。1907 年，哈森诺尔接替玻尔兹曼在维也纳大学的位置，期间指导过的学生包括艾伦菲斯特、薛定谔等。这里是一条清晰的从热物体的辐射规律经统计规律到波动力学的学术脉线，凸显学术传承的重要意义。哈森诺尔 1915 年不幸死在第一次世界大战的战场上，他的辉煌的物理学家生涯戛然而止。

哈森诺尔在 1904 年即研究运动物体的辐射理论，发表过系列论文。在 Mosengeil 1907 年文章后面的 791—792 页上有哈森诺尔的题为 Zur Theorie der stationären Strahlung in einem gleichförmig bewegten Hohlraume (匀速运动空腔中的稳态辐射理论)[①] 的点评。哈森诺尔指出，遵循朗博 cosine-律的相对运动的辐射 [die (wahre) relative Strahlung

---

① Hohlraume，原文如此。

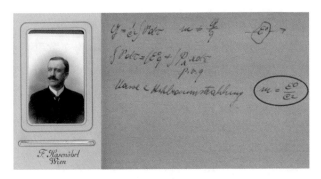

图 10.1 哈森诺尔以及学生记录的哈森诺尔讲课内容，
上面有 "Masse e Hohlraumstrahlung $m = \frac{\varepsilon^0}{c^2}$" 的字样

das Lambertsche Kosinus gesetz befolge] 是我觉得唯一同热力学契合的假设。在 Mosengeil 论文的 869 页，这句为 "运动黑体的真正的相对辐射过程服从 Lambert cosine-律 [Die wahre relative Ausstrahlung eines bewegten schwarzen Körpers befolgt (im relativen Strahlengänge) das Lambertsche Kosinusgesetz]"。此外，亚伯拉罕 (Max Abraham, 1875—1922) 也有关于运动空腔辐射的理论 [Max Abraham, Zur Theorie der Strahlung und des Strahlungsdruckes (论辐射的理论和辐射压的理论), *Annalen der Physik* **319**(7), 236–287 (1904)]。这些信息可以作为研究此一问题的起点。

运动空腔的黑体辐射自然指向质能关系——漏光了它就是一个运动的光源，是相对论的研究对象。质-能关系在庞加莱 1900 年的文章 "洛伦兹理论与反作用原理" [La théorie de Lorentz et le principe de réaction, *Archives néerlandaises des sciences exactes et naturelles* **5**, 252–278 (1900)] 中是同电磁能的湮灭与产生的一个悖论相关联的。庞加莱提出了辐射动量的概念：若一定体积内封闭了电磁能量 dE，则这种假想流体有动量，对应的质量为 dE/c^2。在论电子的动力学 [Sur la dynamique de l'électron (论电子的动力学), *Comptes rendus hebdomadaires des séances de l'Académie des sciences* **140**, 1504–1508 (1905)] 一文中，庞加莱为电子引入的拉格朗日量形式为

$$L = mc^2 - \frac{1}{2}mv^2 \tag{10.4}$$

也即电子的势能为 $U = mc^2$，静止的电子具有能量 mc^2。一些文献有此一说，笔者也希望有，然而所引庞加莱 1905 年的文章里并没有。相关内容，可参阅法文版维基百科 Théorie de l'ether de Lorentz (洛伦兹的以太理论) 条目。根据经典电磁学，一个粒子在电磁场中被电场加速做功，在 dt 时间内吸收能量为 dW(来自电场方向)，获得往前的动量 p 来自洛伦兹力，为 dW/c。可以认定这些都来自电磁波，电磁波于是有关系 $p = E/c$，这是个后来影响了量子力学建立的重要关系。

19 世纪末到 20 世纪初的一段时间里，为了理解带电物体的质量如何依赖于静电场，那时已有电磁质量的说法，甚至还分为纵向质量

$$m_L = m_0/(1 - v^2/c^2)^{3/2} \tag{10.5a}$$

和横向质量

$$m_T = m_0/(1 - v^2/c^2)^{1/2} \tag{10.5b}$$

的说法。这些都是物理理论发展过程的真实内容，质量随运动改变的陈旧观念早已被抛弃。质量如同电荷，是粒子的标签，是不变量 (参阅拙著《相对论——少年版》)。

1904 年，哈森诺尔计算空腔里热的辐射压力效果，得出的结果是，拥有辐射能量的空腔的质量有一个明显的增量

$$\Delta m = \frac{8}{3} E/c^2 \tag{10.6}$$

亚伯拉罕在一封信中指出哈森诺尔这个结果是错的。1905 年，哈森诺尔回应了亚伯拉罕的批评，并利用亚伯拉罕的简单方法得到新的结果

$$\Delta m = \frac{4}{3} E/c^2 \tag{10.7}$$

据说自 J. J. Thomson (1881) 以后，维恩 (1900)、亚伯拉罕 (1902)、洛伦兹 (1904) 等人都用过所谓的电磁质量 $m_{em} = \frac{4}{3} \frac{E}{c^2}$ 来描述电磁能对一个物体质量的贡献，此处不作深入探讨。

普朗克 1906 年的论文关注力学的基本方程，给出了一个叫运动势 (kinetische Potential) 的量的表达式

$$H = -mc^2\sqrt{1 - q^2/c^2} + \text{const.} \tag{10.8}$$

其中 q 是速度，和一个叫活力 (lebendige Kraft) 的量的表达式

$$L = mc^2\sqrt{1 + \rho^2/m^2c^2} + \text{const.} \tag{10.9}$$

其中 ρ 是动量。你看，都有 $E = mc^2$ 的影子，但又确实没有传说中的质能关系的这个表达。

更有趣的是，在普朗克的《热辐射理论教程》1906 年版第 57 页上有光粒子 (Lichtpartikel) 的说法。在计算光粒子束的活力 (die lebendige Kraft，即动能) 时，普朗克假设光粒子的质量为 m，其动能为 $\frac{mc^2}{2}$，这显然是一般有重粒子的动能表达式。此外，普朗克认为从与面元的法线成 θ 角的方向上入射的光，其速度的法线分量为 $c\cos\theta$。这些都表明，虽然在 1906 年的普朗克培养出了第一个相对论博士，他本人对相对论问题也是处在懵懵懂懂中。也是在阅读他们的论文中，笔者认识到光速之没有参照框架的问题，除了理解为来自任何运动光源的光，其速度为 c，还应该加上对于任何两点间的光的传输，其速度为 c。光速没有一般意义上矢量的分解问题。也许应该说，光速不是矢量，这也是光子动量没能写成矢量形式的原因 (见 11.3 节)。

1907 年，普朗克指出吸收或者发射了热能的物体，其惯性质量变化为

$$m - M = E/c^2 \tag{10.10}$$

进一步地，普朗克得出

$$M = (E_0 + pV_0)/c^2 \tag{10.11}$$

形式的质能等价表达式 [原文里的方程 (48)]，为的是给出一个不依赖于速度的体系质量。这些论证和公式多有可訾议之处，比如普朗克为运动辐射体引入的做功项的表达式

$$A = q\mathrm{d}G - p\mathrm{d}V \tag{10.12}$$

其中 G 是与速度 q 共轭的运动量 (Bewegungsgröße)，这些后来都鲜有人再提及。然而，这些讨论都指向了能量和质量存在一定的对应关系，惯性质量和有重质量是否等同 (Identität von träger und ponderabler Masse)

的问题，都对后来的物理发展起到重要的作用。这些在理论发展初期如何思考、如何辨析正误的功夫，是值得学习的功课。详细讨论见 Stanley Goldberg, Max Planck's philosophy and his elaboration of the special theory of relativity, *HSPS* **7**, 125–160 (1976)]。

说质能关系 $E = mc^2$ 是爱因斯坦的成就是对爱因斯坦的误解。

10.4 劳厄的维恩位移定律相对论证明

1943 年，劳厄给出了一个维恩位移定律的相对论证明 [Max von Laue, Ein relativistischer Beweis für das Wiensche Verschiebungsgesetz (维恩位移定律的相对论证明), *Annalen der Physik*, Series 5, **43**, 220–222 (1943)]。劳厄说早就有从相对论对维恩位移定律的证明 [Max von Laue, *Das Relativitätsprinzip* (相对性原理), Bd. I, Braunschweig (1921) S.241; Wolfgang Pauli, Relativitätstheorie (相对论), *Enc. d. math. Wiss.* V (2), 543–775, Teubner (1921) S.649]，此处是对当年工作的重复。证明很简单，因为是针对单色、偏振的辐射束而不是针对空腔辐射。

考察一频率 v、频宽 $\mathrm{d}v$、焦面面元 $\mathrm{d}\sigma$、空间角微元 $\mathrm{d}\Omega$，长度 l，与 $\mathrm{d}\sigma$ 的法向之间的倾角为 θ 的光束，其能量为

$$E = \frac{l}{c} I_v \mathrm{d}v \mathrm{d}\sigma \cos\theta \qquad (10.13)$$

其熵为

$$S = \frac{l}{c} s_v \mathrm{d}v \mathrm{d}\sigma \cos\theta \mathrm{d}\Omega \qquad (10.14)$$

其中 I_v, s_v 表示能量和熵的流强度。这两个关系在每个合理的参照框架内成立。

洛伦兹变换下，E/v，S 和数 $Z = \frac{v^2}{c^3} l \mathrm{d}v \mathrm{d}\sigma \cos\theta \mathrm{d}\Omega$ 不变。可以这样理解。E/v 是不变量，爱因斯坦 1905 年第一篇相对论论文中就证明了[①]。其实是 E/hv 作为一个数目，是不变量。熵 S 的不变性，普朗克在《热辐射理论》一书 (见上一节) 中有证明。其实是，如果接受玻尔兹曼熵公式，熵与状态数等价，是个数，则是不变量，则 $Z = \frac{v^2}{c^3} l \mathrm{d}v \mathrm{d}\sigma \cos\theta \mathrm{d}\Omega$

[①] 所给信息 A. Einstein, *Ann. d. Phys.* **17**. S.829. (1905) §8 似乎有误。

近似地是光束的自由度数目，因此也是不变量。从这三个不变量出发，容易看出，

$$\frac{c^2}{\nu} \frac{E}{Z} = \frac{I_\nu}{\nu^3}; \quad \frac{c^2 S}{Z} = \frac{s_\nu}{\nu^2} \tag{10.15}$$

也是不变的。这样，I_ν 和 ν 的组合只有 $\frac{I_\nu}{\nu^3}$ 这一个独立不变量，否则 ν 也必是不变的。但是，s_ν 只依赖于 I_ν 和 ν，故而存在关系

$$\frac{s_\nu}{\nu^2} = f\left(\frac{I_\nu}{\nu^3}\right) \tag{10.16}$$

其中 f 是未定函数，早已包含维恩位移定律的内容。利用关系 $\frac{\partial s_\nu}{\partial I_\nu} = \frac{1}{T}$，此即

$$\frac{1}{T} = \frac{1}{\nu} f'\left(\frac{I_\nu}{\nu^3}\right) \tag{10.17}$$

故有

$$I_\nu = \nu^3 F\left(\frac{\nu}{T}\right) \tag{10.18}$$

也就是存在维恩位移定律。

10.5 从广义相对论变换导出普朗克公式

黑体辐射如今虽然不再是研究热点，它依然会被从意想不到的角度加以思考。愚以为，在我们真正获得对辐射的正确认识之前，黑体辐射这个模型存在都不会乖乖地猫在物理学史的角落。不久前，玻耶从相对论时空结构的角度推导了带零点能的普朗克分布 [Timothy H. Boyer, The Planck blackbody spectrum follows from the structure of relativistic spacetime, arXiv:1609.06178v1; Blackbody radiation in classical physics: A historical perspective, *American Journal of Physics* **86**, 495–509 (2018)]，值得关注。兹简述如下，供参考。

在经典相对论物理的框架内，是可以得到黑体辐射的普朗克谱分布的。在非惯性参照框架内，正温度下的热辐射同零点辐射 (zero-point radiation) 直接联系[①]，后者取决于时空的测地线结构。非相对论力学不

[①] 零点辐射应是指零温度下的辐射，不是谐振子能级 $E_n = (n+1/2)h\nu$ 中的参数 $n = 0$ 对应的辐射。如果只我一个人误解过，那太好了。

支持辐射零点能的思想。零点辐射对应随机的经典辐射谱，其关联函数只依赖于测地线距离 (geodesic separation)。平直时空里的闵可夫斯基框架太平凡，时间膨胀变换把零点辐射带入其自身。在静态非惯性框架，加速赋予了零点关联函数以结构。时间膨胀变换把零点辐射转变成正温度下的热辐射[①]。非惯性框架里的热辐射谱可以携带回惯性框架，结果是从时空结构的基本思考得到闵可夫斯基框架里的黑体辐射的普朗克谱分布公式。普朗克常数看似是无源零点辐射的标度。这些都是经典物理。

从相对论标量场的零点辐射 $\varepsilon_0(\nu) = \frac{1}{2}h\nu$ 之关联函数

$$\langle \varphi_0 \; \varphi_0 \rangle = \frac{-hc/2\pi^2}{c^2(t-t')^2 - (x-x')^2 - (y-y')^2 - (z-z')^2} \tag{10.19}$$

出发，这里的 h 和量子力学没有任何关系，就是一个系数而已，这样选择是为了和经典的零点辐射 $\varepsilon_0(\nu) = \frac{1}{2}h\nu$ 联系上。时间膨胀变换可理解为

$$\bar{\varphi}(ct, x, y, z) = \sigma\varphi(\sigma ct, \sigma x, \sigma y, \sigma z) \tag{10.20}$$

则关联函数是此变换下的不变量。对于闵可夫斯基空间，无法从零点辐射通过这个时间膨胀变换得到热辐射。但是，在平直空间中的静态非惯性参照框架内，比如 Rindler frame 内，那就不一样了。此时，

$$
\begin{aligned}
& \langle \varphi_0\,(\eta, \xi, y, z)\, \varphi_0(\eta', \xi', y', z') \rangle \\
& = \frac{-hc/2\pi^2}{2\xi\xi'\cosh(\eta - \eta') - \xi^2 - \xi'^2 - (y-y')^2 - (z-z')^2},
\end{aligned}
\tag{10.21}
$$

在同一空间点上的关联函数约化为

$$
\begin{aligned}
\langle \varphi_0\,(\eta, \xi, y, z)\, \varphi_0(\eta', \xi, y, z) \rangle & = \frac{-hc/2\pi^2}{2\xi^2\cosh(\eta - \eta') - 2\xi^2} \\
& = \frac{-hc/2\pi^2}{4\xi^2 2\sinh^2[c(t-t')/2\xi]},
\end{aligned}
\tag{10.22}
$$

这个零点关联函数获得了关于时间坐标的特征。注意，在一般框架中，绝对温度和空间度规由 Tolman-Ehrenfest 关系 $T(g_{00})^{1/2} = \text{const.}$

[①] 此处时间同温度相联系。这让笔者联想起凝聚态理论中的 $T + it$ 的连接，但我没能力把中间的细节补齐。

相连接 [R. C. Tolman and P. Ehrenfest, *Temperature equilibrium in a static gravitational field*, *Phys. Rev.* **36**, 1791–1798 (1930); R. C. Tolman, *Thermodynamics and Cosmology*, Dover (1987), p.318]。对关联函数作傅里叶分析即可得到热辐射谱,

$$\varepsilon(v, T) = \frac{1}{2} hv \coth(\frac{hv}{2kT}) \tag{10.23}$$

这个公式就是带零点能[①]的普朗克谱分布,

$$\frac{hv}{e^{hv/kT} - 1} + \frac{1}{2} hv = \frac{1}{2} hv \coth(hv/kT) \tag{10.24}$$

此文中推导的一些中间步骤,笔者有些拿不准,但是感觉作者的许多观点很靠谱。作者指出:(1) 人们也不理解经典零点辐射的概念,当前辐射理论基于相对论和非相对论之不自洽的混用[②];(2) 热平衡就是 featureless, of no-structure, random;(3) 物理学家们没认识到,普朗克谱分布反映的恰是相对论的时空结构。最后一点笔者觉得可能正确。空腔里的辐射,那是个纯由速度为 c 的存在所组成的体系,它应该是相对论的舞台!它的性质,热力学的、相对论的,应该都在那里。如果没有,那我们就构造!写到此,笔者忽然想到,激光来自黑体辐射研究,但激光恰恰是黑体辐射的反面、对映点 (antipode)。多年前,笔者对着关于物理理论的衔尾蛇形象写下了 extremities meet (极端相遇) 二字,黑体辐射和激光是这个哲学的鲜明例子。

10.6 多余的话

一个体系处于熵最大的状态,那它就是尽可能无特征、无结构的 (as featureless as possible, structureless)。然而,它却是有结构的,会表现出来,我们的研究就是要找出其中的结构。存在不同的方向或者路径能揭示它的结构。布朗运动和相对论都用于 quantum structure of radiation

---

① 关于零点能,好象存在概念混乱。零点能应该是 $T = 0$ 时还表现出来的能量,还是最低能级的非零此一事实而与温度无关?一些理论中存在零点能带来的发散,或与概念交叉混用有关。笔者未深入了解过,不敢妄言。

② 某些研究给人的感觉是,研究者执其一端,按照自己掌握的那点儿技术、方法一通发挥。没有问题,就制造问题,管它是什么性质的问题。至于物理该是什么样的,与我何干?

(辐射的量结构) 的研究。此处的 quantum 没有今天量子的意思。得到正确的普朗克公式的模型，未必能得到正确的能量涨落表达式。布朗运动，相对论，量子理论，波粒二象性，波动力学，这些概念汇聚的唯一焦点，是爱因斯坦。

劳厄作为普朗克的助手时，第一时间接触了发展相对论的爱因斯坦，迅速让自己成了一个真正的相对论学者。1911 年，劳厄出版了他的《相对论》第一卷。32 年后，劳厄用相对论证明了维恩位移定律，其意义，在笔者看来，是指出黑体辐射这个光的体系，其物理规律在本原上必然是相对论的。人家用相对论到底做出了哪些物理，远远超出了我的想象力。这让我肃然起敬。

补充阅读

[1] Max von Laue, *Die Relativitätstheorie*, Band 1: *Die spezielle Relativitätstheorie* (相对论，卷 1：狭义相对论), Vieweg & Sohn (1911).

[2] Max von Laue, *Die Relativitätstheorie*, Zweiter Band: *Die Allgemeine Relativitätstheorie und Einsteins Lehre von der Schwerkraft* (相对论，卷 2：广义相对论与爱因斯坦引力学说)，Vieweg & Sohn (1921).

[3] P. A. M. Dirac, *Classical Theory of Radiating Electrons*, Royal Society of London (1938).

[4] B. H. Lavenda, W. Figueiredo, Mechanism of Blackbody Radiation, *International Journal of Theoretical Physics* **28**, 391–406 (1989).

第 11 章　关于黑体辐射的一些浅见

物理对世界的描述，越抽象就越深刻、越丰盈。

大脑怀孕才是最艰辛的劳动。

摘要　　黑体辐射的普朗克公式揭示了大自然的许多奥秘，宜从不同侧面加以考察。光依然是神秘的有待理解的存在，光动量量子不是矢量应该算是问题之一。

关键词　　普适常数，局域性，量子化

11.1　普朗克谱分布公式面面观

普朗克谱分布公式就是一头猪，浑身上下都是宝。普朗克谱公式一般写为

$$\rho_\nu d\nu = \frac{8\pi\nu^2 d\nu}{c^3}\frac{h\nu}{\exp(h\nu/k_B T)-1} \tag{11.1a}$$

为了看清其深藏的诸多意义，可进一步地改写成

$$\rho_\nu d\nu = 2\frac{4\pi}{c}\frac{\nu^2 d\nu}{c^2}\frac{h\nu}{\exp(h\nu/k_B T)-1} \tag{11.1b}$$

的样子。将普朗克公式拆成不同部分来看，能看到不同的物理 (领域)，也就看到了一部黑体辐射的研究史，甚至一大部分近代物理史。

(A) 三个普适常数 h，k_B 和 c。就确立过程而言，其中以作用量子 h 的角色被确定最靠前，而具有经典物理意义的 k_B 和 c 稍微靠后。光速 c 不光是个常数的问题，从技术层面上说它是个整数 299,279,458 m/s，从物理思想上说，$c=1$。普朗克常数 h 是作用量子 (quantum of action)，是量子化的角动量和自旋的单位。h 是一维世界的相空间体积量子，物理的几何化就着落在它身上。包含了 h，k_B 和 c 这三个普适常数的黑体辐射谱分布让人们看到了热力学、电动力学、光学、相对论和量子力学诸理论的统一。愚以为，未来如果有纳入了引力的大统一理论，一定应该有个纳入了 G，h 和 c 这三个普适常数的公式，为此我们需要找到或者构造它们同时出现的场景。

(B) 因子 2。从前基于经典电磁学推导时，说它是光束的两种偏振。等到了量子时代，面对光子的概念，偏振的概念不好使了 (也许还好使，但是应该在动量空间或者相空间？)，这个 2 就被解释为

光子的两种自旋态。光子有自旋为 1。自旋为 1 的粒子，根据量子力学，其自旋角动量应该有三种投影，1, 0, −1。那为什么光子的投影只有 1 和 −1 呢？据说，因为光子是光子啊，这是相对论效应。好吧。注意，在玻色那里，他想把这个 2 理解为类似螺旋性 (helicity) 的两值性。愚以为，这个问题估计得等我们真明白光是咋回事了才能理解。关于光，目前我们还处于理解得越多就越糊涂的阶段。

(C) $\frac{4\pi}{c}$。这是三维空间照射到一个壁上的流强度同粒子数密度之间的关系，$j = \frac{c}{4\pi}\rho$，$\rho = \frac{4\pi}{c}j$，其中必出现的系数。在黑体辐射的语境下，那是关系 $\rho_\nu = \frac{4\pi}{c}B_\nu$。在辐射相关的诸多问题的推导中，都有空间角微元 $\mathrm{d}\Omega = \sin\theta\mathrm{d}\theta\mathrm{d}\varphi$ 的身影，其积分即为 4π。三维空间的立体角 4π 出现在库仑力公式 $F_{12} = \frac{1}{4\pi\varepsilon_0}\frac{q_1 q_2}{r^2}$ 中，其实把 $F_{12} = \frac{1}{4\pi\varepsilon_0}\frac{q_1 q_2}{r^2}$ 写成 $F_{12} = \frac{1}{\varepsilon_0}\frac{q_1 q_2}{4\pi r^2}$ 的形式，图像才正确。牛顿的万有引力公式也该这么写，不是 $F_{12} = -G\frac{m_1 m_2}{r^2}$，而是应写成 $F_{12} = -G\frac{m_1 m_2}{4\pi r^2}$ 的形式。这两个公式都是描述三维空间任何点源的强度 (矢量) 随距离衰减的现象，它们之间的差别在于质量 m 是无极性的标量而电荷 q 是个有极性的标量。这个写与没写 4π 因子的问题，给初学牛顿力学和电磁学的同学带来很多困惑。

(D) $h\nu$。$\varepsilon = h\nu$ 是频率为 ν 的辐射的能量量子。

(E) 函数 e^x。这是最神奇的函数，人人都该深入了解的一个函数。它的逆函数是 $\ln x$。关系式 $(x\ln x - x)' = \ln x$ 简直就是统计物理的核心。$x^n\mathrm{e}^{-x}$ 是合格的分布函数。

(F) 函数 $\frac{1}{\mathrm{e}^x - 1}$。这是普朗克谱公式的核心，是表征玻色-爱因斯坦分布的函数，它来自对整数的加上权重函数为 e^{-kx}，$k = 0, 1, 2, \ldots$ 的求平均。如果只对 $k = 0, 1$ 求加权平均，结果为 $\frac{1}{\mathrm{e}^x + 1}$，这是表征费米-狄拉克分布的函数，表现出不相容的架势。对于黑体辐射，此函数为 $\frac{1}{\mathrm{e}^{h\nu/kT} - 1}$；对于理想气体，此函数为 $\frac{1}{\mathrm{e}^{(\varepsilon-\mu)/kT} - 1}$，其中 μ 是化学势。光子的化学势为 0。

(G) $\frac{h\nu}{\exp(h\nu/k_\mathrm{B}T) - 1}$ 是在温度为 T 的平衡态下频率为 ν 的辐射的能量值。

(H) 对于辐射场加二能级分子的体系，$\frac{1}{e^{h\nu/kT}-1}$ 是受激辐射同自发辐射之间的概率之比，"-1"来自受激辐射。对于辐射场加无内能级粒子的体系，$\frac{1}{e^{h\nu/kT}-1}$ 中的"-1"来自散射问题的二次项 $\rho_\nu\rho_{\nu'}$。

(I) $\frac{8\pi\nu^2 d\nu}{c^3}$，量纲与体积倒数同。在驻波模型中会被解释为单位体积内频率在 $\nu \to \nu + d\nu$ 的模式数。玻色把 $\frac{8\pi\nu^2 d\nu}{c^3}V$ 解释为能量为 $h\nu \to h(\nu + d\nu)$ 之间的相空间体积按 h^3 划分的数目。

(J) 其他。估计还有很多物理，但我还没悟到。

11.2　对光是局域量子化存在的理解

一个物理理论是否正确，首先要经受住逻辑判断的考验。一个存在内在逻辑矛盾的理论肯定是不正确的。物理史上有一个绝妙的例子，就是落体实验。从前亚里斯多德的物理学主张在地面上重的物体下落较快。传说中伽利略曾经从比萨斜塔抛下两个铁球，证明了不同重量的物体同步下落 (图 11.1)。后世有许多或真或假的所谓落体实验，比如比较震撼的俺也不知道真假的在月球表面的锤子与羽毛同步下落的视频。不管这些实验是真是假，实验都无力证明"引力场中物体同步下落"这一论断——同步与否是个原则性问题而不是测量误差问题。且不说永远没有令人信服的同步开始下落以及到达落点的实验判定等问题，即便一切无碍，设测得的两个物体的下落时间分别为 t_1, t_2，无论 $|t_1 - t_2|/(t_1 + t_2)$ 多小，都可以被诠释为"看，误差竟然有那么大"，从而得出不是同步下落的结论。反过来，以逻辑推论的方式来论证。假设不同重量的物体下落不同步，重的物体下落得快，则将两物体侧面硬连接得到一个更重的物体，它下落要比构成它的两块物体都快。然而，原来的两个物体连接到一起下落，不是下落慢的那个拖着下落快的那个吗？怎么作为一个整体反而更快了呢？这是什么神奇的世界，真实世界不是这样的。反过来，若两物体同步下落，则将两物体侧面硬连接得到一个更重的物体，其下落方式与单个物体的下落方式同。这样看来，两物体无论轻重同步下落的图像是免于逻辑矛盾的。不管实验多粗糙，测量的 $|t_1 - t_2|/(t_1 + t_2)$ 值有多大，两物体无论轻重同步下落的理论才可能是正确的理论。

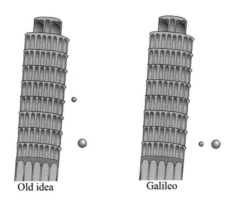

Old idea　　　　　　　Galileo

图 11.1 传说中的比萨斜塔上的落体实验

　　特别值得关注的是，伽利略得到不同重量的物体同步下落的结论，来自对 thermoscope (温度仪) 中浮力现象的深度思考。在具有密度梯度的液体中，具有不同密度的物体会表现出不同的悬浮行为来：密度小于液体密度的物体会浮在液面上，和液体密度相等的物体会悬停在液体中的某个位置，而密度大于液体密度的物体会沉到底部。减小液体的密度，此前悬停在液体里的物体会沉到底部，而一些此前浮在液面上的物体开始下落；进一步减小液体的密度，则又有一些此前浮在液面上的物体开始下落。物体下落行为的差别来自其密度同液体密度之差的差别。现在设想极限情形，液体的密度为零，物体密度的不同没有可表现出差别的舞台，它们合理的下落行为应是同步下落——因为没有因素诱发其密度的不同得以表现出来。注意，这里物体的特征从重量换成了密度。这段讨论，笔者已经忘了在哪本伽利略的著作中读到的了。为了帮助大家理解这个论证的奥妙，举个数学的例子说明。虽然 $1.2 \neq 3.4 \neq 5.6$，但 $0 \times 1.2 = 0 \times 3.4 = 0 \times 5.6$，$1.2^0 = 3.4^0 = 5.6^0$。

　　黑体辐射的普朗克公式以及能量量子概念的出现，更加激起人们理解光的本性的兴趣。以普朗克公式为出发点，那关于辐射的构成 (Konstitution der Strahlung) 能推知点儿什么呢？在这一点上，爱因斯坦又做到了直击问题的本质，他 1905 年到 1909 年的论文都强调黑体辐射问题必然牵扯到光的吸收与发射的问题。根据爱因斯坦 1909 年得到的关于黑体辐射场涨落的结果，涨落由两项之和构成，其中一项来自辐射的类粒子性，另一项来自辐射的类波动性。很多年前，笔者隐约意识到光的波粒二象性更应该看作是高频时光更多地表现为粒子，而在低频时更多地表现为波。如今从爱因斯坦的黑体辐射场涨落公式来看，瞬间就合理了。

受此启发，笔者于 2021 年 10 月 20 日想到关于波粒二象性，也许还可以作如下诠释：自点光源出发的辐射，在近处 (能量) 密度大时，波动性明显，到远处密度变得稀疏时，粒子性变得明显。这是笔者对波粒二象性的一个诠释，即便有错也令人鼓舞。与此相应，在 *La valeur de la science* (科学的价值) 一书里庞加莱曾论及数学的物理目的与美学目的，他认为我们不可牺牲任何一个。这两个目的是不可分的，达成其一的最佳办法是瞄准另一个，至少绝不可让另一个逸出视野 (ces deux buts sont inséparables et le Meilleur moyen d'attendre l'un c'est de viser de l'autre, ou du moins de ne jamais le perdre de vue)。庞加莱如是说，而这，愚以为也是对光的波粒二象性的一个贴切的表述。关于波粒二象性，我们瞄准其中一个时，绝不可让另一个逸出视野。

由此可以给出光必然是量子化分立存在，用爱因斯坦的原话说是 lokalisierten Energiequanten (局域化能量量子) 的一个简单的逻辑论证。考察如下情景，从光源向外发出一列光，持续时间为 τ。因为空间的各向同性，在 t 时刻后，$t \gg \tau$，所发出去的光可以认为分布在半径为 ct、厚度为 $c\tau$ 的球壳内，球壳体积为 $4\pi c^3 t^2 \tau$。权且将这个球壳称为被照明了的空间。如果光是某种连续体 (continuum)，则其能量密度以及相关联的其他物理量随着时间的推移在被照明了的空间里都单调地趋于零。这样，在被照明了的空间中任何有限体积内，可能都无法感知光的存在，这和事实，或者说我们的经验，或者说我们的期望，不符。再者，一个密度越来越小最终趋于零的连续体如何存在，也是一个不易回答的问题。就经验而言，一个越来越大的物质球壳 (比如气球) 是无法维持其存在的——气球被吹得足够大时必然会爆。这可以理解为，那个让气球可以被看作 continuum 的内在结构无法维持最终崩塌了。这样看，辐射是连续体的物理图像会带来明显的困难。反过来，如果我们认为从源发出的辐射是局域化的类粒子流，至少在离光源稍远一些这个图像是正确的话，则随着时间的推移在远处的被照明了的空间内趋于零的只是粒子数密度，一个此处表示为 $N/4\pi c^3 t^2 \tau$ 的数学量而已。它不会为辐射的物理图像带来前述的那些困难，虽然关于辐射我们还没有最终的物理图像。其实，光的发射现象即要求辐射必是局域量子化的存在还有一层证据：光有动量。在光源处发生一个发射事件，发出能量脉冲 ε，对应的必有反冲动量 ε/c 个，故发射出去的辐射不可以以球对称的形式存在，因为那样总动量为 0，无法保证发射过程动量守恒。各向同性空间中自一点发出的连续体必是球对称的，故辐射不可以是连续体。顺便提一句，康普顿实验证明光的粒子特性是因为它是吸收端的实验。康普顿把光量子当成具有能量和动量的经典弹球 (!)，得到了正确的 X-射线被电子散射后波长改变的规律。康普顿的效应的解释，是同时使用了波-粒两个图像。

上述论证基于一个简单的事实，辐射有个发射的过程。太阳的升起，让我们知道光有个发射的过程，这个说法未必正确，但是我们人类自己操控的柴火、电灯让我们确信光有个发射的过程，这里有一个从无到有的过程。上述论证还是用了球波 (spherical wave。不应理解为球面波) 的概念。从一个光源连续发出的光充满以源为中心、半径为 $c\tau$ 的球形空间。在三维物理空间中，点源发出的辐射，假设在近处可以用波近似的话，是球波。如果用平面波想象一束光，平面波的假象则会限制这个想法，因为平面波没有无限延展变稀薄的问题。笔者想通这一点，来自福格特 (Woldmar Voigt, 1850—1919) 对爱因斯坦 1909 年论文点评的启发。三维空间的平面波，从字面上看就是个降维产物。平面波是个很坏的模型，极具误导性。

11.3　光量子动量不是矢量

爱因斯坦在晚年坦承，这么多年过去人们对光的认识并没有多少进步。在撰写黑体辐射的过程中，笔者注意到关于光的认识上的一个显然的、但却未有人明确指出 (确切地说是我不知道) 的问题，即光量子动量的表达式

$$p = \frac{h\nu}{c} \tag{11.2}$$

中的内禀缺陷。在这个表达式的右侧，h, c 是宇宙普适常数，而 ν 是个数 (number)，也就是说 $\frac{h\nu}{c}$ 在任何意义上都不是一个矢量 ($\frac{h\nu}{c}$ is in no sense a vector)，但是光量子的动量是不折不扣的矢量。也就是说，表达式 (11.2) 不是一个合格的物理公式。警醒的读者在研究康普顿效应时可能也早就注意到了这一点，在康普顿效应的解释中，$\frac{h\nu}{c}$ 或 $\frac{h}{\lambda}$ 的动量性质是手动强加的。此外，关系式

$$E = pc \tag{11.3}$$

作为光的色散关系，显然故意含糊了一个问题，即矢量 $\boldsymbol{p}$ 是如何变成标量 E 的？对于有重粒子，

$$E = \frac{\boldsymbol{p} \cdot \boldsymbol{p}}{2m} \tag{11.4}$$

是借助矢量内积把动量矢量转化成了能量这个标量的，是数学意义上无可挑剔的，但表达式 (11.3) 显然是有缺陷的。当然，可以手动把 (11.3) 式中的动量改成标量，将之理解为光子动量的模，但那样又有违色散关系 $E = E(p)$ 的本义。

　　光，也许还对我们隐藏了太多，也为此它才是光。在光那里，有物理学的最暗处。

11.4　很多多余的话

　　黑体辐射是一个困扰笔者多年的问题，那些教科书中只言片语的关于黑体辐射的介绍根本不足以展现黑体辐射之一角，也表现不出黑体辐射在物理学中的份量。2020 年初春，笔者旬日足不出户，遂有充裕时间翻阅黑体辐射的原始文献。每念及从来不事稼穑而能衣食无忧，笔者辄油然而生愧意。黑体辐射问题研究，乃近代物理源头之一，物理史上至为波澜壮阔之篇章，若有能力展现黑体辐射研究的全貌不止是奇功一件。笔者遂将一些体会、感悟糅合了读书笔记，整理成文，寄望于或于敝国未来物理学家之成长有所助益。待到在《物理》杂志上连载 10 期后，笔者对自己关于黑体辐射问题的表述大为失望——还有太多的内容没注意到或者没弄懂。2022 年底，我决定自 2023 年 1 月 1 日起专心研读黑体辐射研究的原始文献，把此前的文章补充成专著。在研读黑体辐

射的几年中，我学到了很多物理以及物理研究的方法，也有许多感慨。以下是一些多余的话，想到哪儿说到哪儿，没有条理可言。

我一直认为了解一点儿科学史有助于学习物理。好的物理学史书，马赫写过 *Die Mechanik in ihrer Entwichklung historisch-kritisch dargestellt* (力学：历史与批判的表述)、*Die Principien der Wärmelehre* (热学原理)、*Die Prinzipien der physikalischen Optik* (物理光学史)，都是历史角度下的物理教科书巅峰之作。劳厄写过 *Geschichte der Physik* (物理学史)，洪特 (Friedrich Hund, 1896—1997) 写过 *Geschichte der physikalischen Begriffe* (物理学概念史)。这是我想看到的那种物理学史著作。伟大导师恩格斯 (Friedrich Engels, 1820—1895) 的 *Dialektik der Natur* (自然辩证法) 也可算是这一类的优秀作品。专题的物理学史，以 Jagdish Mehra, Helmut Rechenberg 编著的 6 卷本 *The Historical Development of Quantum Mechanics* 最为震撼，笔者写黑体辐射时想效法却是心有余而力不足。有些物理学家在其论文、讲稿中会特别在意物理学的历史视角。物理学大导师玻恩 (Max Born, 1882—1970) 是这方面的实践者，曾曰过 My physics lecture will partake of both history and philosophy，他的众多物理教科书当如是看。就物理学这种人类智慧的结晶而言，非一流物理学家编著的物理教科书大体说来有千害而无一利——有感于此，笔者在撰写本书期间编纂了《哲人思》，罗列那些物理学巨擘们亲撰的书籍供有心者选用。对于大学本科以上的物理学爱好者来说，物理学应该到物理创造者的原始文献中去寻找，这包括论文、书籍、讲演稿和笔记 (比如薛定谔的笔记)，等等。本书是我再现物理学史上一个事件、但同时又想把它打磨成一本专著的尝试。说句你不信的话，这真是一件赏心悦事。本书呈现的只是初步的结果，内中有诸多不如意处和不连贯的地方。未来等再得空闲，我会努力把其中缺少的细节补上，也希望能补充一些更加成熟的思考。这是我当前能写出的最好水平了，别告诉我你瞧不上，我自己都瞧不上。当然，做好了又如何？再现历史又算不得什么本领，创造历史才算!

科学史上费马大定理被称为下金蛋的鹅。据说被问到为什么不证明费马大定理时，数学家希尔伯特回答道：Why should I kill the goose that lays the golden egg? 所谓的 The goose that laid the golden eggs 是一则伊索寓言，法国人给改成了下金蛋的鸡 (La poule aux oeufs d'or)。笔者以为，黑体辐射就是物理学中会下金蛋的天鹅 (A swan that lays golden eggs)，相对论性原理也是。我在想，物理学中会下金蛋的鸭子该是什么呢 (What is the duck that lays golden eggs in physics)？作为一个普通得不好意思的物理学工作者，能得到一枚物理学金鸭蛋也该知足的。

在准备本书的过程中，我发现我学物理的逻辑链是零碎的、不成体系的，从未曾接触到实质。从前我在课堂上和著述里关于黑体辐射的描述基本上都是错的。我在没有认真研究的情况下就人云而云，这是一个职业科学家不该犯的低级错误。我对曾被我误导了的读者们郑重道歉。我会尽快修改我的《量子力学——少年版》中关于黑体辐射问题的描述。

我的一个感慨是，学 (做) 科学这件事，如果不读原文，真是啥都学不到。不读研究者的原文文献，人云亦云，害死人啊！永远不要相信二手资料，管它经过谁的手！不负责任的书籍或者文章真是太多了。Laissez moi 有失委婉地说，法文版的黑体辐射维基条目 (corps noir-wiki) 整个儿通篇胡说八道。英文版的玻色-爱因斯坦统计条目也没好到哪儿去。说玻色给学生讲，当时的黑体辐射理论不合适，理论预言的结果与实验结果不符，我的天，那时候普朗克公式都 23 岁了好不好？一个欲成为科学家的人，如果读这些 textbook writers 写的书，恐将贻误终生。我们的物理教科书，跳跃得那是真轻灵啊。

在许多地方，我读到的关于黑体辐射的描述是这样的。先有黑体辐射的测量结果，维恩提了个公式来拟合实验结果，和高频部分符合，瑞利-金斯公式则拟和了低频部分，在高频部分发散，哎呀，这是紫外灾难呢。发生灾难了，乖乖，可了不得了。到了 1900 年，普朗克出场了，(用插值法) 调和了维恩谱分布和瑞利-金斯公式，基于辐射能量量子化的假设。这是个革命啊 (乖乖，更了不得了)，从此开启了量子力学的时代。黑体辐射呢？往后就没事儿了。好象黑体辐射研究历史上就那四个人的事儿似的。希望在阅读过本书之后大家能记住，斯特藩-玻尔兹曼定律以及维恩位移定律出现在实验曲线之前，1898 年才有实验数据来

精确验证斯特藩-玻尔兹曼定律，努力推导黑体辐射谱曲线之表达式的
有很多人，而且角度精彩纷呈，而且带来了诸多的物理学进展。至于所
谓的紫外灾难的说法则出现在 1911 年，远在普朗克公式之后，而且是
无足轻重的一件小事儿。普朗克谱分布公式的出现，与其说是研究黑体
辐射规律的结束，毋宁说是开始——研究普朗克公式为什么正确、为什
么得到它的前提中的错误丝毫不妨碍得到它以及还能通过哪些不同的途
径导出它来，这些都带来了大量的近代物理内容。这些内容我到现在才
知道一点儿它们之间的关系。我特别想知道那些大学门门考满分的同学
是怎么学的，他们不困惑吗？

　　黑体辐射研究是对热力学的拓展，其要用到热的力学理论以及辐射
的热理论，前者是从热力学走向统计 (热) 力学的桥梁，后者多少暗示
thermodynamics 和 electrodynamics 之间的血缘关系。就笔者自身而言，
对黑体辐射文献的研读深化了对热力学的理解。当然，这句话是白开
水，任何肤浅的存在都容易被深化。黑体辐射研究的目标是平衡态下热
辐射的谱分布。1900 以前，研究的对象是平衡态；自 1900 年底普朗克
的公式出来以后，研究的对象是达到平衡态的过程，辐射场和其他对象
(虚拟的振子，具体的气体分子、电子) 通过相互作用达到平衡的过程。
走向平衡态的可能正确路径决定了平衡态的样子，让人们从对接近平衡
态的过程的动力学的研究获得对平衡态的描述；反过来，这个平衡态不
依赖达到它的具体路径，这减少了模型选择的困难。根据热力学，闭合
体系趋于热平衡即是玻尔兹曼熵趋于绝对最大的过程。故而黑体辐射研
究的主角是熵。不言熵，何以言热力学平衡！因此，数学形式上这表现
为在保持能量 E (或者用 U 表示) 不变的情况下熵如何达到绝对最大的
问题，因此它是一个能量 E 如何划分 (partition) 的问题，以及如何分配
(distribute) 到不同能量携带者上的问题，而划分 (partition) 问题是此前
几何学和数论早已充分研究过的小问题。这样，为了得到平衡态时谱分
布的数学形式，从满足 $\partial^2 S/\partial U^2 < 0$ 的一个表达式出发就行，这样的函
数 $S = S(U)$ 有最大值。这样就能理解为什么对单个频率 ν，普朗克的
尝试 $\partial^2 S/\partial U_\nu^2 = -\frac{k}{U_\nu(h\nu+U_\nu)}$ 能得到正确的谱分布了。接下来，细致一点
也更显物理一点的，是确定能量的划分方式，为此能量被量子化且被认

为是全同的，来自一定数量的振子，求划分方案的状态数，其最大者即对应平衡态——这是此前玻尔兹曼下的定义。此时的分布函数就是要求的谱分布公式。Bingo!

基于上述内容，笔者的热力学知识得到了深化。热力学的卡诺过程导出两个方程。第一个方程，

$$Q_1 - Q_2 = W \tag{11.5}$$

这是所谓的能量守恒，好理解，在先。第二个方程为

$$Q_1/T_1 - Q_2/T_2 = 0 \tag{11.6}$$

这是克劳修斯构造的，这个不如说是绝对温度 T(它是强度量，不直观)的定义。由 $Q_1/T_1 - Q_2/T_2 = 0$ 的环路积分形式

$$\oint dQ/T = 0 \tag{11.7}$$

克劳修斯引入了熵的概念。考虑到卡诺循环是针对理想可逆过程的，对于实际的物理体系，可以得出结论，一个闭合的体系有

$$dS \geq 0 \tag{11.8}$$

这就是熵增加原理 (其实就是一个推论而已)。也就是说，对一个实际的闭合体系，描述其变化的方程为

$$E = \text{const.}, dS \geq 0 \tag{11.9}$$

笔者忽然悟到，也许世界就该用等式加不等式在两个层次上加以描述(另一个例子是纯力学的，见于质能转化过程)。这是不是能反映诺特(Emmy Noether, 1882—1935) 定理的思想啊！等式表示不变，是约束；不等式是用来描述变化的，是变化的方向与原则。数学处理上，就是对不等式里的量用变分法求极值，把等式表达的约束条件用拉格朗日乘子法带进来。黑体辐射研究一直就是这么做的啊！

平衡态不是死寂。平衡态下平均物理量不变，但是有涨落。涨落需要一个量来描述，就是分布函数里的其他参数，或者以分布函数的函数的形式所指代的某个量。爱因斯坦是真物理学家，知道涨落是由分布函

数唯一地决定的，因此由涨落或许能倒推出分布函数。热辐射，或者说光之气，其涨落会同时有粒子特征和波动特征的贡献。这话也可以这么说，非要坚持同时用粒子和波动的图像来理解光，注定是片面的。**佛不存分别心**。

数值计算意义上的插值法 (interpolation, extrapolation) 研究物理是个非常不值得推荐的做法——我不相信它能带来物理[1]。普朗克绝对不是用插值法获得黑体辐射谱分布公式的，人家是推导公式时，权衡分母中的 U_ν^2 和 $U_\nu \times h\nu$ 结果选择尝试用 $(U_\nu + h\nu)U_\nu$ 作替代，是修改。**真正的事业都有召唤的魔力**。普朗克是碰巧猜出来的谱分布公式？哪有什么巧合，人家不过是早就啥都会而已。爱因斯坦用二能级模型得到黑体辐射公式；泡利用光的电子散射获得黑体辐射公式；爱丁顿能看出普朗克公式的推导无需玻尔兹曼定律；玻色从相空间量子化出发重新推导黑体辐射公式；爱因斯坦将玻色的结果推广到单原子理想气体上还得到了新的统计；爱因斯坦说德布罗意的想法有助于理解玻色-爱因斯坦统计；薛定谔读爱因斯坦，薛定谔注意到德布罗意的工作，结果却是薛定谔于1925 年底得到了量子力学之波动力学形式的薛定谔方程；等等，等等，诸如此类，你要是把这些理解为人家都是碰巧我就不想说啥了。

对学问没有敬畏心，是因为没摸到皮毛。许多研究者们连论文题目都不愿意读懂，更别提深入研读了。不信，问问诸公有几人学、教量子力学时起过念头去找玻尔兹曼提出能量量子化的那篇文章来？考察黑体辐射研究过程，发现那些物理巨擘推导物理时既有对物理问题的切实理解，又有凌空蹈虚的天马行空。真正有意义的凌空蹈虚，是能够带来更美好现实的那种。善于蹈虚的民族，才有能力对人类文明做出实质性的贡献。愚以为，如何在物理教育中纳入这些蹈虚能力的培养，也该当作一件严肃的事儿了。毕竟，这个伟大的民族如她的新时代领袖毛泽东先生所指出的那样，要对人类做出应有的贡献，而这个贡献一定是促成人类文明更上层楼的意义上的。如何蹈虚，庄子的一些思想或许可以参

---

[1] 用直线分别拟合一个有触发机制的物理过程的变化曲线的两端，把这两个直线段的交点处当作 transition point。这种毫无科学功底的人做的科学文章充斥某些科学杂志。

考。当然了，如果有人习惯性把虚理解为假，把蹈虚理解为作假，那就麻烦了。

我斗胆说，可以解释当前的实验结果从来都不是理论正确的依据！试看玻尔的氢原子谱线模型。表达式

$$E_n = E_0 - \frac{c}{n^2} \tag{11.10}$$

可以解释氢原子放电得到的光谱线的位置问题，可那只是实验的一小部分啊。计入斯塔克效应、塞曼效应，它的不足就露出来了。理论解释实验结果听起来正确不正确不重要，理论自身高深与否不重要，能带来新知才重要 (leading us to something new, only this matters)! 普朗克谱分布，其威力来自对实验误差 (错误) 的免疫，所谓 they were essentially immune to experimental errors。反过来，普朗克公式如今被当作是绝对严格的，借此定义了绝对温度。当然了，黑体辐射这样的物理问题可遇不可求。

爱因斯坦 1909 年得到了黑体辐射的能量涨落和辐射压的表达，其由两项组成，一项是波的特征，一项是粒子的特征。爱因斯坦指出，关于辐射的任何完备的处理，都需要波与粒子这两个图像，它们是一个硬币的两面，总是同时存在。愚以为，这才是对波粒二象性在概念提出者那里的本义。爱因斯坦总是比不懂物理的物理学家更懂物理一些。爱因斯坦反过来认定普朗克公式是正确的，由此探究光的构成。爱因斯坦举手投足间都能显出伟大来。我很奇怪的是，关于波粒二象性的确切意义，爱因斯坦早就明确指出来的，为什么后来的那么多量子力学的转述者都熟视无睹而醉心于编造怪力乱神式的描述呢？或者，不是熟视无睹，是干脆没有视过？

此前我读物理学 (史)，总有普朗克成就了爱因斯坦的印象，西文文献里经常看到爱因斯坦是普朗克的 protegé (被保护人) 的说法。爱因斯坦 1905 年的狭义相对论，是普朗克率先响应的，并在 1906 年和 1907 年发文给予拓展。加之那时候普朗克是柏林大学的教热力学的教授，而爱因斯坦不过是瑞士专利局的职员。然而，如今我的观点是，未必不是爱因斯坦成就普朗克在前。爱因斯坦 1904 年和 1905 年的文章才是量子

论的开始，到那时爱因斯坦关于涨落、关于光发射过程、关于光电效应和斯塔克效应的诠释，无一不是在支持辐射能量量子化的观点。所谓的能量量子化，至少在普朗克那里，是在他 1906 年的《热力学教程》之后才有的概念。

黑体辐射研究，愚以为，以爱因斯坦成就最高。爱因斯坦才是永远的神。爱因斯坦最了不起的地方就是总能直击问题的核心。从他 1902 年刚出道时的论文开始，爱因斯坦就是这个水平的，这是一个一般一流物理学家一生都不可企及的高度。2020 年 11 月 2 日夜，笔者读到杨振宁先生 1992 年接受采访时说过的一句话："爱因斯坦有博大精深和令人惊叹的洞察力，不宜将后人和他相提并论。"看看，杨先生这里佩服爱因斯坦的是什么？洞察力啊！

爱因斯坦认识到，能量量子化就得呼唤 δ-函数描述密度。这个描述密度的 δ-函数，在 1930 年狄拉克的著作 *The Principles of Quantum Mechanics* 中是作为特殊的波函数模平方被对待的。这让笔者想起自己一直以来的一个错误观点："量子力学和经典力学的区别在于前者用概率幅波函数说话，而后者用概率说话"。然而，在整个的老量子理论一直到 1925 年的矩阵力学，都是在用经典概率在说话。由黑体辐射引起的玻色-爱因斯坦统计和费米-狄拉克统计，谈论的都是经典概率。黑体辐射后期的讨论，所谓的 "Im Sinne der Quantentheorie (在量子理论的意义下)" 的 Sinne (意义) 就是凑出 $S = k \log W$ 中的状态数 W，要用整数经过排列组合去计算。至于波函数作为概率幅而非概率出现在量子理论中，那是个物理思想的跃变。其中的理由，似乎未见专题讨论将这个问题阐述清楚。笔者猜测，这应该不是就玻恩一篇论文的事情。期望笔者有机会探寻这个问题。

当初写完《黑体辐射公式的多种推导及其在近代物理构建中的意义》这篇长文时，我曾打算 2022 年省吃俭用买一套爱因斯坦论文全集，朝拜用。如今，想买想读的书更多了，庞加莱、洛伦兹、索末菲、爱因斯坦、普朗克、薛定谔、狄拉克等人的著作，都要读一遍才好。感觉这几年来读的这些物理巨擘的论文原文才叫论文。一个人一辈子如果能发表一篇这样的论文，谁还会管哪个机构"唯"或不"唯"呢？爱唯不唯。

我们在学物理的过程中接受了许多莫名其妙的观念却不知道谁说的，也不知道语境是什么。如今的人们似乎都知道光的能量量子是 $h\nu$，h 是普朗克常数，诞生于 1900 年底。可是光的频率这个概念是从哪里来的，谁提出来的？先前光可是只有颜色的说法。普朗克谱密度公式 $\rho_\nu \mathrm{d}\nu = \frac{2\times 4\pi\nu^2 \mathrm{d}\nu}{c^3} \frac{h\nu}{\exp(h\nu/kT)-1}$ 中的因子 2，我们到底打算拿它怎么办呢？统计和量子理论到底该如何弄出个 2 来，或者干脆驳普朗克的面子不要这个 2 了 (估计实验曲线定不下来它)？关于黑体辐射谱分布还有新的推导吗？我希望有，我也相信有。

说到光的统计。许多地方会信口一句光是自旋为 1 的玻色子而不加解释。玻色子遵循的玻色-爱因斯坦统计，其分布函数是 $\frac{1}{e^{(\varepsilon-\mu)/kT}-1}$；当 $\varepsilon = h\nu$ 和 $\mu = 0$ 时，这个分布函数才退化为普朗克分布函数。是故有光子气体的化学势为 0 的说法。然而，到底是光子气体的化学势为 0 还是光就没有化学势，可能有些区别。注意，此外还有光子的质量 $m = 0$ 和电荷 $q = 0$ 的说法，这个和光子根本就没有质量和电荷的标签也未必是一回事儿。同时请注意，费米子统计也是针对有质量粒子得来的统计。光也不是玻色子。有人也许认为这样的想法是故意找别扭。提请各位注意，一个某物理量为 0 的体系同根本没有那个物理量的体系一般不是一回事儿。打个不恰当的比方，一棵桃树没结桃儿，它的"桃数"为 0；一株杏树没结桃儿，对它就不可以谈论"桃数"。当然，对着一片果园点查桃子的数目，可以赋予杏树、李树、皂角树一个为 0 的"桃数"，但"桃数"不是它们的物理量。再退一步，一个物理量无限趋于 0 和等于 0 有时也不是一回事儿。比如，一些立体框架张起的肥皂膜的形貌容易表现出 $F(x, y \to 0) \neq F(x, y = 0)$ 一类的函数来。更多思考未来我会在拙著《0 的智慧密码》中详细讨论。

在 2020 年 11 月 18 日晚 11 点，我忽然意识到后来一些所谓的基于背景辐射测量的研究可能是个小玩笑 (仅仅为了应对昼夜的明亮变化，人眼还配备两套不同灵敏度的感光细胞呢)。所有频率的电磁波都只是电磁波，但每一个频率上都是特定的光学、特定的物理。做过实验的人都知道，光电管一类仪器测量的是仪器对信号的卷积 (convolution)！如何有探测器，在那么宽的频率范围内响应有那么大的动态范围，还有同样的响应函数，这可是个令人为之奋斗终生的问题。那个什么望远镜，带的探测器是如何响应的，频率范围多宽，测量辐射强度的动态范围多大，谱仪的响应函数长什么样，信噪比可还能容忍，仪器可曾针对什么刚性的物理过程校准过，是多少次测量数据的数值累加？在知道这些之前，最好不要太盲目地就相信测到了一个对应绝对温度 T 为多少多少 K 的黑体辐射，那-不-可-能。关于黑体辐射测量的应用，我赞同关于太阳辐射测量的结论：在测量波长足够宽的范围内 (从约 100 nm 到远红外处) 谱线有黑体辐射特征 (总体趋势为单峰结构)，辐射构成对应的黑体辐射的温度约为 6600 K (也有 5800 K 的说法)。

回过头来理一理黑体辐射研究与温度有关的问题。先有的温度和对温度的量度，高温下的热辐射引起谱分布的研究，维恩关于黑体辐射谱的初步描述 $u(\lambda, T) = \lambda^{-5} f(\lambda T)$；后来发现这就是一个概率性的分布函数，函数的形式里有个参数，就是此前的温度。这反而提供了对温度的理解。当普朗克的谱公式的决定性被确定了以后，绝对温度就有了真正的绝对的意义：有了基于黑体辐射的绝对温标。柏拉图的《理想国》(Πλατών Πολιτεία) 提及苏格拉底曾说过 "任何不完善的事物都不能成为其他事物的标准"。黑体辐射公式是完美的，是关于理想的黑体辐射的公式，它因此成为了绝对温度的标准。与黑体辐射可媲美的，是此前的卡诺循环。理解不了理想情形的绝对性，及其作为模型、作为参照、作为渐近极限的意义，就理解不了相关的物理。

黑体辐射的学问核心是统计力学，妥妥地是相对论统计和量子统计的发轫。统计力学在处理实际物理问题上的作用，我们在有了这个认识以后回过头去看就会更加确信这一点。太多的物理情景中，物理定律只能是统计的。论及相对论与量子力学，相对论性统计在基础层面，而量子要求却不是基础的。我瞎说哈，缺少统计力学的宇宙理论很难是正确的。至于凝聚态中的超导等问题，愚以为超导首先是个热力学问题，或者如黑体辐射那样是个电磁现象的热力学问题。不是热力学意义上的超导理论如果不是无的放矢，那也是隔靴搔痒，或者是霸王硬上弓，在一通神推导后硬和临界温度扯上关系了事。

不掌握统计物理、不能正确诠释统计数据的社会学者可能会得出误导性结论，对此要多加小心。

黑体辐射是唯一一个纳入了 c, h, k 这三个普适常数的物理情景。三个普适常数 c, h, k 相遇在黑体辐射这一个问题上，有何深意？光速 c 联系着时空，被用于锚定时间，出现在 $(x, y, z; ict)$ 中。普朗克常数 h 在普朗克公式中联系着温度 T 的倒数。普朗克常数 h 联系着时间的倒数，出现在 $h\nu$ 和 $2\pi Et/h$ 之类的表达中。那么出现在 kT，$S = k \log W$ 中的玻尔兹曼常数 k 联系着什么？我希望它也应该联系着时间。考虑到 $T + it$ 这样的组合，则常数 k 与时间也应有比较别致的联系方式。我瞎猜，常数 k 应当应用于非平衡态的热力学与统计物理，则其同时间的联系是动力学的，可能不只是一句"时间的箭头"那么简单。

关于黑体辐射、量子力学以及相关的研究路径，文献中存在大量的误解。在撰写本书过程中笔者进一步理解了什么是"兼听则明，偏听则暗"。不依原作者原文原义的想当然描述就是诬陷。

就物理理论的创造而言，指望从测量数据 (常常是部分的、粗糙的、层次尚未触及问题实质的) 得出正确理论是不现实的，甚至指望测量数据判断理论的正误都不切实际。同其他学问的自洽与否倒是个理论正确性的重要判据。一个理论孤立地看或许能做到头头是道；但是同相关理论放到一起考量，可能就会显出不自洽来。缺乏自洽性会毁了一个理论的正确性或正当性。

黑体辐射的空腔里是空的，但可以借助别的存在得到黑体辐射分布。普朗克用的是 Resonator 和 Oscillator，说辐射是这些振子发射的。初学黑体辐射时，我总是为这个振子而困惑。在读了足够多关于普朗克推导的评论之后，我才释然。想起电影《海上钢琴师》中的一幕。电影最后，钢琴师抬起双手凌空虚弹，你仿佛已经听到了旋律 (图 11.2)。钢琴师把手抬起，空气中就充满了音乐。钢琴师的手是真实的，音乐是真实的，那钢琴就是真实的。**因为抽象，所以更加真实**。那双手正在弹奏的、按说该存在不妨存在但可以不存在的钢琴，就是黑体辐射语境中的振子。黑体辐射研究用到的模型有很多，不知道怎么三下两下就得出了那个普朗克公式；会做物理的，就是这样会无中生有，Etwas aus Nichts zu schaffen。黑体辐射推导表现出模型的独立性，我恕个罪然后才敢说，有些推导，比如爱因斯坦的推导，也是一通操作猛如虎，看得人云里雾里的。但是，全部吸收且全部转化成热 (黑)、动态平衡这两个要素是要强调的。可见，就黑体辐射推导与模型的关系而观之，欲得有特色物理的精髓，黑才是王道。

图 11.2　手、钢琴与协奏曲

　　黑体辐射研究最终指向了量子力学的诞生，包括固体量子论、量子统计等。从黑体辐射到量子力学的学术传承发生在两个地方。一是发生在德国的柏林，从基尔霍夫、亥尔姆霍兹，加上熵概念的引入者克劳修斯，传到维恩和普朗克。普朗克被公认为量子概念的奠基人，但其实能量量子的概念最先是玻尔兹曼引入的，早于普朗克 20 多年。另一个地点是奥地利的维也纳，从斯特藩、玻尔兹曼经艾克斯纳 (Franz Serafin Exner, 1849—1926)、哈森诺尔，传到薛定谔。还有一点值得注意，薛定谔 1920 年在德国耶拿大学做过维恩的助手，他应该熟悉维恩的研究经历。薛定谔 1926 年的方程是量子力学的基本方程，虽然加上泡利 1927 年的方程和狄拉克 1928 年的方程，(关于电子的) 量子力学的面貌才略有轮廓。1927 年薛定谔接替柏林大学普朗克的位置，也算是一个物理历史圆满的案例。提及薛定谔，让我们不得不记住另一个近代物理发源地：瑞士的苏黎世。薛定谔可是在苏黎世那里访问时写下他的方程的。相对论 (爱因斯坦、闵可夫斯基)、量子力学 (爱因斯坦、薛定谔、外尔)、规范场论 (外尔、薛定谔)、固体量子论 (爱因斯坦、德拜) 都是在苏黎世那里诞生和发展的，请记住爱因斯坦、闵可夫斯基、德拜、外尔和薛定谔这几个在苏黎世的打工者。我只说一句感慨：学术传承，要有学术才有学术传承。学术传承的美谈发生在学术的发源地。此外，除了庞加莱的那篇法文的，瑞利和金斯的几篇英文的，黑体辐射研究论文的主体来自德语文化圈，包括奥地利、瑞士、德国和荷兰①。我的一点感悟是，以哲学为思想基础的、借助数学开辟道路的物理研究可能是最有效的。

研读黑体辐射的历史文献，让笔者对热力学、统计力学、量子力学以及它们之间的内在联系多了一些认识。值得一提的一个收获是，笔者认识到点源发出的辐射向空间传播的事实必然要求辐射是量子化的存在。这是个朴素的思想，但是符合逻辑。如果传播的存在是连续的，则面临越来越稀薄的存在，会带来其是如何能够存在的难题。局域量子化的存在，那在远方越来越稀薄的就是个数密度趋于零的数学问题，不会带来额外的物理学难题。

黑体辐射写到这里，还是留有许多遗憾，因为许多事情不知道，一时又没时间都弄清楚。兹举一例。1911 年外尔 (Hermann Weyl, 1885—1955) 发表了"论本征值的渐近分布"[Hermann Weyl, Über die asymptotische Verteilung der Eigenwerte, *Nachrichten der Königlichen Gesell- schaft der Wissenschaften zu Göttingen*, 110–117 (1911)] 一文，得出了在紧致域上拉普拉斯算子本征值的渐近分布，即 Weyl's law，1912 年又用变分原理给出了新的证明 [Hermann Weyl, Das asymptotische Verteilungsgesetz linearen partiellen Differentialgleichungen (线性偏微分方程的渐近分布律), *Mathematische Annalen* **71**, 441–479 (1912)]。外尔不断回到这个问题，后来还将之用于弹性体系得到了外尔猜想。1915 年，外尔指出拉普拉斯算符本征值的渐近分布的第一项正比于体积 [Hermann Weyl, Das asymptotische Verteilungsgesetz der Eigenschwingungen eines be- liebig gestalteten elastischen Körpers (任意构型弹性体本征振动的渐近分布律), *Rend. Circ. Mat. Palermo* **39**, 1–50 (1915)]，此乃洛伦兹在黑体辐射研究中首先猜测的一个结果。除了体积以外的其他参数不起作用。黑体辐射，量子力学和这拉普拉斯算子的本征值，它们凑到一起的逻辑关系算是契合的。本征值渐近分布，学过点儿量子力学的看到这里会眼睛一亮，本征值是量子力学得以建立的关键词啊 (参见薛定谔 1926 年的

---

① Dutch, 你把德语，Deutsch, 含在嗓子眼里说得再含混一些，就是它了。

"量子化作为本征值问题")。未来有时间，笔者会把这里的问题理清楚。

最后，作为总结，笔者给出自己的关于什么是黑体辐射的肤浅理解。什么是黑体辐射？黑体辐射就是在给定总能量 U 下熵 S 绝对最大的那样分布的辐射，分布函数为 $f(\nu) = \frac{1}{e^{h\nu/kT}-1}$。该分布取得 (assume, erwerben) 一个被称作温度的统计参数 T，使得辐射总能量 (体积密度) $U = \sigma T^4$。当前这本《黑体辐射》收尾时，我更加确信，这世界上至少还有 85% 以上的物理知识是我闻所未闻的。我学的不过是一些支离破碎的结论，对于学问的体系、获得学问的方法与过程关注甚少，至于提炼问题和解决问题的能力则是几近于无。

到此刻这本书收尾，加上此前我写过《量子力学——少年版》《相对论——少年版》和《云端脚下——从一元二次方程到规范场论》，我可以自信地说我几乎阅读了相对论、量子力学、规范场论前期所有重要文献的原文。本书是匆忙中的急就章。如果有啥未纳入的，那是我还不知道的，容我学习后再行补充。敬请读者朋友批评指正，提供更多的文献与见解，以襄助这份事业。如果只是指出作者的才疏学浅，你大可不必费心，我才不在意你的态度呢。尚飨！

补充阅读

[1] Klaus Hübner, *Gustav Robert Kirchhoff: Das gewöhnliche Leben eines außergewöhnlichen Mannes* (基尔霍夫：非凡者的平凡人生), Regionalkultur (2010).

[2] Karl-Eugen Kurrer, *The History of the Theory of Structures: Searching for Equilibrium*, Ernst & Sohn (2018).

[3] Thomas S. Kuhn, *Black-body Theory and the Quantum Discontinuity 1894–1912*, The University of Chicago press (1978).

[4] Sean M. Stewart, R. Barry Johnson, *Black-body Radiation*, CRC Press (2017).

[5] Hendrik van Hees, Hohlraumstrahlung (空腔辐射), 2007 (unpublished).

[6] Hans Kangro, *Early History of Planck's Radiation Law*, translated by R. E. W. Madison, Taylor & Francis (1976).

[7]   Dieter Hoffmann, Schwarze Körper im Labor (实验室里的黑体), *Physikalische Bläter* **56**, 43–47 (2000).

[8]   Hans Kangro, *Planck's Original Papers in Quantum Mechanics*, Taylor & Francis (1972).

[9]   Martin J. Klein, Max Planck and the Beginning of the Quantum Theory, *Arch. Hist. Exact. Sci.* **1**(32), 459–479(1961).

[10] Martin J. Klein, Thermodynamics and Quanta in Planck's Work, *Physics Today* **19**(11), 23–32 (1966).

[11] Bertrand Duplantier, Le mouvement brownien：divers et ondoyant (布朗运动：分立与波动), *Séminaire Poincaré* **1**, 155–212 (2005).

[12] Evgeni B. Starikov, *A Different Thermodynamics and its True Heroes*, CRC Press (2019).

[13] Daniel Kleppner, Rereading Einstein on Radiation, *Physics Today* **58**(2), 30–33 (2005).

[14] Rob Hudson, James Jeans and Radiation Theory, *Stud. Hist. Phil. Sci.* **20**(1), 57–76 (1989).

[15] E.A. Milne, *Sir James Jeans: A Biography*, Cambridge University Press (1952).

[16] Walter Ritz, Über die Grundlagen der Elektrodynamik und die Theorie der schwarzen Strahlung (电动力学基础与黑体辐射理论), *Physikalische Zeitschrift* **9**, 903–907 (1908).

[17] Walter Ritz, Albert Einstein, Zum gegenwärtigen Stand des Strahlungsproblems (论辐射问题的现状), *Physikalische Zeitschrift* **10**, 323–324 (1909).

[18] Sándor Varró, Einstein's Fluctuation Formula (unpublished).

[19] Martin J. Klein, *Paul Ehrenfest: The Making of a Theoretical Physics*, Elsevier (1985).

[20] Gilbert Lewis, The Conservation of Photons, *Nature* **118**, 874–875 (1926).

[21] Magdalena Waniek, Klaus Hentschel, Nicht zu unterscheiden (莫加分辨), *Physik Journal* **10**(5), 39–43 (2011) .

[22] William H. Louisell, *Quantum Statistical Properties of Radiation*, Wiley (1990).

[23] Olivier Darrigol, Statistics and Combinatorics in Early Quantum Theory, *Historical Studies in the Physical and Biological Sciences* **19**(1), 17–80 (1988).

[24] Olivier Darrigol, Statistics and Combinatorics in Early Quantum Theory, II, *Historical Studies in the Physical and Biological Sciences* **21**(2), 237–298 (1991).

[25] Jeroen van Dongen, The Interpretation of the Einstein-Rupp Experiments and Their Influence on the History of Quantum Mechanics (unpublished).

[26] Zbigniew Oziewicz, Doppler's Relativity of Radiation Energy versus Compton's Scattering/Reflection, *Hadronic Journal* **39**(2), 253–269 (2016).

[27] Wassim M. Haddad, *A Dynamical Systems Theory of Thermodynamics*, Princeton University Press (2019).

[28] S. I. Wawilow, *Die Mikrostrukture des Lichtes* (光的微结构), Akademie Verlag (1954).

跋

努力想象那不可想象的遥远……

—— 刘慈欣，《三体·死神永生》

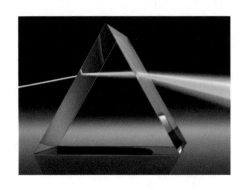

终于仓促将《黑体辐射》书稿交付了，这是倍感无力之后的艰难决定。

必须强调，当前的这个版本是阶段性的，我对相关问题的理解是不全面的、不透彻的、不深入的。我希望，在若干年之后，在对经典力学、经典电动力学、热力学、热的力学理论、电磁的热理论、统计力学和光学有了将它们作为一个有机整体的更多了解以后，我能有机会重新拾起这个问题，作一稍微令人满意一些的阐述。黑体辐射作为 70 多年的理论物理前沿问题 (其实应该说一直到今天都是)，其作为物理学家培养教程的功用是无可比拟的。

思考黑体辐射过程中的一个体会是，要尽可能阅读原文，对于转述和引用之类的要保持高度的警惕。读者对我这里的关于黑体辐射的论述也请保持高度的警惕，遇到疑难时赶紧去翻阅原文 (consult the original papers)。在撰述了量子力学、相对论和黑体辐射这三个主题后，我有幸几乎读完了爱因斯坦所有的论文，这可以说是意料之外的收获。此外，我也阅读了一众物理学巨擘的许多原始文献，发现庞加莱做物理真正诠释了什么是高屋建瓴，而普朗克的《热辐射理论教程》是那种学问创造者的自出机杼，难怪看起来行云流水。平庸的人生走一遭，尝试过理解伟人，那也是好的。在此过程中，我又仔细复习了据说初入大学时就该学习的哈密顿力学、电动力学、热力学以及统计力学，体会到了许多从前了无感觉的内容。比如，我觉得热力学第一定律是对孤立体系的定义，第二定律关切的是关于第一定律中的那个守恒物理量——它叫什么名字似乎不是多么重要——的分割方案 (partition scheme)。第一定律冷冰冰地对外，第二定律描述热乎乎的内在。

关于黑体辐射的文献汗牛充栋。笔者驽钝，几年读下来也只能管中窥豹，略入门径。什么感觉呢？仿毛泽东主席的《贺新郎·读史》，那就是"一篇读罢头飞雪，但记得洋洋洒洒，几处神迹。空腔围光作道场，勘(猜)破(得)自然规律。有多少风流人物？"我希望这本《黑体辐射》捎带着给我个人打下物理学史研究的基调。

在撰写过程中，总有新的发现让我激动，也总有那种 eureka moments 让我惊叹。"天意从来高难问"否？所幸人类群体中出现过几个科学家。更幸运的是，印刷术和互联网技术把他们的思想记录了下来并让我们有机会沐浴在这些伟大思想的光芒中。我把这些文献都仔细地放在这里，是为了让对具体细节感兴趣的人知道去读什么并请你真地养成去读的习惯。我读了一小部分，没读全，这是没办法的事情。读书，要读出作者已经点出来了但他可能没有意识到的内容。当然，我们不仅要学习这些物理巨擘们如何思考，还要特别地学习他们如何制造一堆不知所云的垃圾(含模型、推导与计算、论证等)最后让自然规律以存在之抽象数学之极限的形式优雅地自动出现的本领。物理学只需要在正确的地方正确。正确的结果会证明过程乱来的合理性。(科学的)奥秘一旦被发现，就是藏无可藏的显而易见。

照例，在一本书写完之后，应该高兴地哼哼几句歌的。歌曰：

樱桃好吃树难栽，
不下苦功花诶不开。
学问不会从天降吭吭吭，
划时代的成果 nei 忽悠不来哎！

这个开心是书稿将完成时的短暂错觉，真正的写书过程是非常折磨人的，有我 2022 年 10 月 15 日所撰《码书谣》为证。歌曰：

为人莫写书，

写书活儿苦。

辞章未付梓，

先教自己读。

一遍又一遍，

安得不呕吐？

若令读十遍，

吓退天下庸才如吾从此不敢乱码书。

思想逐渐淡出的物理学，留给物理学家怎样的落寞和尴尬啊。

这篇跋是我在完稿前急不可耐地先写好的。

2023 年 2 月 20 日，北京